本书系国家社科基金项目“城市垃圾危机视域下环境治理政社协同的场域、机制与路径研究”（17CGL038）最终成果，得到中国慈善联合会、敦和基金会“敦和 · 竹林计划”项目及中国矿业大学（北京）“双一流”引导经费资助。

城市垃圾风险治理

复合场域、政社关系及合作构建

谭爽 著

中国社会科学出版社

图书在版编目（CIP）数据

城市垃圾风险治理：复合场域、政社关系及合作构建／谭爽著．—北京：中国社会科学出版社，2023.11

ISBN 978－7－5227－2603－8

Ⅰ.①城…　Ⅱ.①谭…　Ⅲ.①城市—垃圾处理—风险管理—研究—中国　Ⅳ.①X799.305

中国国家版本馆 CIP 数据核字(2023)第 178402 号

出 版 人　赵剑英
责任编辑　许　琳　姜雅雯
责任校对　王　龙
责任印制　郝美娜

出　　版　中国社会科学出版社
社　　址　北京鼓楼西大街甲 158 号
邮　　编　100720
网　　址　http://www.csspw.cn
发 行 部　010－84083685
门 市 部　010－84029450
经　　销　新华书店及其他书店

印　　刷　北京君升印刷有限公司
装　　订　廊坊市广阳区广增装订厂
版　　次　2023 年 11 月第 1 版
印　　次　2023 年 11 月第 1 次印刷

开　　本　710×1000　1/16
印　　张　18.75
字　　数　298 千字
定　　价　108.00 元

序

现代化与城市化是紧密相联的，特别是工业和科学技术的现代化，极大地推动了城市化，而城市化反过来又推动了现代化。城市化所推动的不仅仅是工业和科学技术的现代化，还有人的现代化，包括人的生活方式的现代化。毫无疑问，城市化给人们的生活带来了极大便利，大大地提高了人们的生活质量。然而，凡事总有两个方面，垃圾围城就是城市化带来的负面效应之一。为了解决这一难题，城市管理者施行过多个方案，比如，在技术方面，先后采用过“垃圾填埋”“垃圾焚烧”等方案，但这些方案，都曾遭到周边居民的反对。因为不论是“垃圾填埋”还是“垃圾焚烧”，都有可能造成当地一定程度的环境污染，有损当地居民的利益，难免会引起他们的反感甚至抗议，严重的可能导致社会稳定风险。因此，城市垃圾风险治理问题，不仅仅是一个环境风险治理的问题，也是一个社会稳定风险治理的问题。

在城市垃圾风险治理问题的研究中，更多的研究者是直接引入西方学者的概念，称为邻避问题，在这方面的研究已有不少学术成果问世。但在国内也有部分学者，结合中国的制度环境和社会实际，将邻避问题称为敏感性（大型）工程的社会稳定风险问题，国家社会科学基金还就这一问题的研究立有重点和重大项目，如本人在 2011 年先后承担了国家社会科学基金的重点项目《特殊重大工程项目社会稳定风险评估及预警模型研究》和重大项目《大型工程社会稳定风险评估研究》，本书作者谭爽就是以上项目课题组的重要成员之一。而且她在这方面的研究颇有成就，除发表了数十篇相关研究的学术论文外，还出版了 2 本学术专著。早在 2013 年她就出版了其博士学位论文《核电工程社会稳定风险预警机制研究》（新华出版社），这可以说是国内研究这一领域的第一本专著，也是上述项目的重要研究成果之一。该书出版后，引起核电领域中一些关心核电建设风险专家的特别关注。2020 年她又出版了《从前传到后传：公民性视域下能源设施邻避危机的治理转型》（新华出版社），在这一专著中，进一步深化了她对邻避危机引发的社会稳定风险治理的认识。现在呈现在作者眼前的是她在这一领域研究的第三本专著，在这一专著中，她把研究视角转向了城市垃圾风险治理，并从复合场域、政社关系及合作构建的视角，深入阐述了城市垃圾风险治理的一系列理论和实践问题，不仅为城市垃圾风险治理研究提供了新的理论观点，而且为城市垃圾风险治理实践提供了新的政策思路。

从某种意义上说，城市垃圾治理是一个比较老旧的话题。因为有城市就会出现城市垃圾问题，从而也就需要有城市垃圾治理。但在工业革命以前，城市规模相对较小，因而城市垃圾问题也显得不太突出，人们对城市垃圾治理问题的关注有限。随着工业革命的到来，城市规模的扩大，城市垃圾问题变得越来越严重，因而人们对城市垃圾治理问题的关注度也越来越高。特别是随着现代化的发展和城市化的推进，城市垃圾问题越来越成为现代城市社会的一个难题，如果这一难题不能得到有效解决，不仅会严重影响城市人民的生活，而且还会严重制约城市生态环境和经济社会的良性发展，甚至会给城市的生存和发展带来全方位的风险，尤其是它所带来的生态环境风险、社会稳定风险，如果严重到一定程度，还会引发经济风险和政治风险，必须引起我们的高度重视。因此，我们需要通过改进其治理结构和治理方式，提高其治理水平，从而使城市垃圾产生的风险控制在可承受的范围之内，为城市人民的生产、生活和经济社会发展提供一个良好的生态环境和社会环境，为城市的现代化创造更好的条件。

在我国古代，很早就有关于垃圾治理的法律。《韩非子·内储说上》载："殷之法，弃灰于公道者断其手。"这里的"灰"就是指垃圾，如果有人将垃圾乱扔在公道（街道）上就要"断其手"，可见惩罚之严厉。唐代《唐律疏议》中也载："其有穿穴垣墙，以出秽污之物于街巷者，杖六十。直出水者，无罪。主司不禁，与同罪。"如果有人把污秽之物丢在街巷，就要被处以杖责六十的刑罚，而且规定主管者不履行相应的管理职责，将同罪。可见，古代街道上垃圾管理的主体是公权力或官府，管理的方式主要是通过惩罚来禁止乱扔垃圾。从现代管理学的视角看，这是一种单一主体的消极管理方式。随着现代城市的发展，城市垃圾管理逐步由消极方式转变为积极方式，政府不仅出台各种规定，禁止乱扔垃圾，更是积极地采用各种方式处理垃圾，如填埋、焚烧等。但是在相当长的一段时间内，城市垃圾管理的主体依然是政府，公民参与的程度很低，正如本书所概括的“一元化垃圾管理范式”。

本书研究成果的一个重要特点是不再仅仅从城市垃圾管理的角度讨论这一问题，而是引入“风险”和“治理”的概念，从“风险治理”的角度来讨论这一问题。将“风险”概念引入，这就意味着不再仅仅是谈论城市垃圾处理，而是将其扩展到城市生态环境风险和社会稳定风险，乃至经济风险和政治风险；将“治理”概念引入，这就意味着不再仅仅是从政府的视角来讨论城市垃圾管理，而是将城市垃圾风险治理的主体扩展到包括政府和社会组织、居民个人等在内的多主体，即关注城市垃圾风险治理的“多主体治理模式”。在此基础上，作者创新性地以城市垃圾风险链条为依托，将对政府和社会组织的观察放置于垃圾分类、焚烧监督、宣传教育、冲突化解、政策倡导五个治理场域中，从“理念（怎么想）”“结构（什么样）”“话语（怎样说）”“行动（如何做）”四个维度入手，通过调查研究和对各场域的政社关系的分析，提出了“调适性协作”“合纵连横”“协作中博弈”“缺席式共治”“选择性聆听”等城市垃圾风险治理过程中五种互动形态，并分别构建了以“超越工具主义的发展式合作”为目标、以“登上高阶梯的协商式合作”为目标和以“调和新分歧的互嵌式合作”为目标的行动路径。

作者在本书中对城市垃圾风险治理的理论探讨是应该值得充分肯定的，而且其中的一些观点是很具有启发性的，这对于推进这一领域的风险治理研究具有较重要的学术价值，同时对于政府制定这一领域的风险治理政策和实践方案也有一定的借鉴意义。但是，从更高要求看，作为一项应用性很强的研究课题，如果作者能对城市环境卫生部门做更深入的访谈和资料查阅、分析，了解更多城市垃圾风险治理的政策和实践，特别是对有关城市垃圾风险治理的具体政策和实践进行历时性的、国内外多城市的纵向和横向比较分析，在此基础上提出更有针对性的政策建议或实践方案，就能更进一步地体现本成果的应用价值。当然，任何一项研究成果，都很难做到十全十美。本研究尚未解决的问题，恰好为这一领域的进一步探讨留下了空间。

马克思说过，在科学上没有平坦的大道，只有不畏劳苦沿着陡峭山路攀登的人，才有希望达到光辉的顶点。自然科学研究是这样，社会科学研究也是这样，从事科学研究是一项崇高的事业，也是一项艰辛的事业。尽管作者在近年的科学研究中已取得不少可喜的成果，但未来的道路还很长，希望作者再接再厉，不畏艰险，继续努力攀登，争取获得更多更好的成果。

胡象明

2023 年 5 月 1 日于北京清林苑

目　录

第一章

绪　　论

第一节　研究背景与意义

一　研究背景

近两个世纪前，马克思在描绘人类社会发展的远景时，提出了两个标志：物质极大丰富，精神极大提高。在这两百年中，科技进步、改革开放及全球化进程推动社会生产能力和民众消费水平持续提升，马克思对于“物质丰富”的期待已成为现实。在此背景下，我国社会的主要矛盾也由“人民日益增长的物质文化需要同落后的社会生产之间的矛盾”转化为“人民日益增长的美好生活需要和不平衡不充分的发展之间的矛盾”。但与此同时，高生产和高消费导致垃圾数量激增，“垃圾大山”成为城市环境治理中的重负。目前，我国已经跃居世界垃圾产量第二大国，600余座城市中有近三分之二陷入“垃圾围城”窘境，遥遥领先于美国、德国、日本等发达国家。2020年，生态环境部发布的《全国大、中城市固体废物污染环境防治年报》显示：2019年，我国19个大、中城市生活垃圾产生量为23560.2万吨①，较2016年的生活垃圾产生量18850.5万吨增长了24%。根据测算，2020年我国城市生活垃圾的产生量将是2006年的2倍。②

---

① 中华人民共和国生态环境部：《2020年全国大、中城市固体废物污染环境防治年报》，2020年12月20日，https://www.mee.gov.cn/ywgz/gtfwyhxpgl/gtfw/202012/P020201228557295103367.pdf，2022年2月11日。

② 国家环保总局环境规划院：《2008—2020年中国环境经济形势分析与预测》，中国环境科学出版社2008年版，第12页。

垃圾汹涌，治理水平却相对不足，具体表现为垃圾源头减量与分类覆盖面有限，部分垃圾处理设施在地方邻避运动中夭折停建，垃圾投放、收集、运输、处理的链条尚不畅通，资源循环利用的模式亦不成熟等。与上述短板同时存在的，是城市居民环境敏感度的提升和污染容忍度的下降。因此，若垃圾问题处理不当，极易引发次生社会风险。如2007年，意大利南部坎帕尼亚大区首府那不勒斯就曾遭遇过“垃圾危机”的威胁。由于当地垃圾管理计划混乱且缺乏足够的垃圾处理设施，时逢拾荒工人“大罢工”，导致街道垃圾成堆，生活环境严重受损。市民的不满情绪逐渐演变成骚乱事件，威胁社会安全。为尽快消纳垃圾，政府计划在国家公园新建垃圾填埋场，然而这一决定也遭到当地居民强烈反对，再次引发了为期一个多月的抗争。

为避免同类现象发生，在我国，党和政府对垃圾治理高度重视。2016年12月，习近平总书记在中央财经领导小组第十四次会议上将其列为重要议题，强调要加快建立分类投放、分类收集、分类运输、分类处理的垃圾处理系统，形成以法治为基础、政府推动、全民参与、城乡统筹、因地制宜的垃圾分类制度，努力提高垃圾分类制度覆盖范围。[①] 以之为始，我国加快了“现代化垃圾治理体系”的构建步伐。一方面，针对前端分类减量，国务院办公厅于2017年发布《生活垃圾分类制度实施方案》，计划2020年年底前在46个重点城区实施生活垃圾强制分类。2018年，全国人大修订《中华人民共和国固体废物污染环境防治法》（以下简称《固体废物污染环境防治法》），将治理中心由末端处置转向前端减量化、资源化。2019年年初，住房和城乡建设部召开全国城市生活垃圾分类工作会，提出在全国地级及以上城市全面启动生活垃圾分类工作。2019年6月，习近平总书记再次对垃圾分类工作作出重要指示，强调“实行垃圾分类，关系广大人民群众生活环境，关系节约使用资源，也是社会文明水平的一个重要体现”[②]。同年，《固体废物污染环境防治法

---

① 中华人民共和国中央人民政府：《中央财经领导小组第十四次会议召开》，2016年12月21日，http://www.gov.cn/xinwen/2016-12/21/content_5151201.htm，2021年12月20日。

② 人民日报评论员：《做好垃圾分类 推动绿色发展》，《人民日报》2019年6月4日第1版。

（修订草案）》首次提出将垃圾分类纳入国家立法。2020 年，该法再次修订，在“加强生活垃圾分类管理”“限制一次性塑料制品”等方面提出要求，用最严密的法治保护生态环境，回应公众期待。另一方面，针对末端消纳处置，2016 年印发的《“十三五”规划纲要》《“十三五”生态环境保护规划》《“十三五”全国城镇生活垃圾无害化处理设施建设规划》等重要文件多次强调治理垃圾污染的紧迫性，并将焚烧确定为垃圾处理的主要方式，预计到 2020 年年底，直辖市、计划单列市和省会城市（建成区）生活垃圾无害化处理率达到 100%。2020 年 8 月，国家发展改革委、住房城乡建设部、生态环境部又联合印发《城镇生活垃圾分类和处理设施补短板强弱项实施方案》，将提升焚烧处理能力作为核心目标之一。由此可见，分类与焚烧是我国城市垃圾治理并驾齐驱的两驾马车。但现阶段，垃圾分类效果尚未在全国范围内显现，焚烧又因为可能带来二噁英、飞灰等环境污染物而遭遇此起彼伏的地方性抗议。进退维谷之间，原生“垃圾污染”、次生“焚烧风险”及其衍生的“邻避冲突”正构成城镇化建设中的“垃圾风险链”，对生态环境安全、社会公共安全等造成威胁。

在各类环境议题中，垃圾与每个人的日常生活关系最为紧密，也最迫切地呼唤所有社会主体关注及参与。2016 年，中共中央、国务院在《关于进一步加强城市规划建设管理工作的若干意见》中指出，根治垃圾问题需“建立政府、社区、企业和居民协调机制”，鼓励“一元化垃圾管理范式”向“多中心垃圾治理范式”转型。[①] 2020 年，《关于构建现代环境治理体系的指导意见》出台，旨在建立健全环境治理全民行动体系，加强对社会组织的管理和指导，促使公民自觉履行环境保护责任。在国家战略和政策引导下，垃圾治理的利益相关方受到极大鼓舞，在各自领域积极行动、贡献力量。其中，社会组织表现尤为突出。他们以环境公益为目标，秉承“金山银山就是绿水青山”发展理念，在垃圾分类倡导、焚烧设施监督、反焚冲突化解等领域开展大量工作，为垃圾治理培植了良好的社会土壤，可谓政府最坚实的环保盟友。

经过多年积累，我国垃圾议题社会组织已经蔚然成风，联结为一张

---

① 谭爽：《城市生活垃圾分类政社合作的影响因素与多元路径——基于模糊集定性比较分析》，《中国地质大学学报》（社会科学版）2019 年第 2 期。

覆盖垃圾全链条的公益网络，与政府、企业、公众的协同行动也取得了重要进展。但其与政府的关系仍未完全理顺，合作成效依然有限，在部分情境下甚至存在彼此脱嵌、分而治之的现象，耗散了治理能量，削弱了治理效果。有鉴于此，如何建立健全政社合作机制，以“1 +1 >2”的战略效应破解“垃圾围城”，成为当下亟待探索的课题，也成为理解并优化我国环境治理体系与治理能力的一扇视窗。

二 研究意义

（一）理论意义

第一，立足中国政治社会背景，研究环境治理中的政社互动逻辑与合作机制，可推动合作治理理论、协同理论等的本土化与精细化。诸多理论多源自西方社会，其研究体系和逻辑框架带有强烈的外来色彩，与本土情境不完全适应。加之我国正处于快速发展阶段，公共治理的新形势、新挑战不断出现，不能一味套用原有理论，要在考察具体时段、具体问题的基础上，创造性地拓展与创新，才有可能讲好中国故事。垃圾问题是中国现阶段环境问题的典型，以之为视窗，探讨政府与社会组织的互动特征、类型和路径，有助于推动相关理论的完善、拓展及本土化。

第二，基于“社会视角”而非传统的“技术视角”考察垃圾治理背后的“社会网”，不仅为理解该问题提供新思路，更重要的是以之为依托实现更广泛环境治理的研究框架与理论工具创新。长期以来，理工科背景学者是垃圾领域的研究主力，其关注点在于通过技术研发提升垃圾的可降解性和循环利用率。直至“治理”概念诞生，推动了技术型“垃圾处理范式”、权力型“垃圾管理范式”向民主型“垃圾治理范式”的转向，社会科学才逐渐介入，展开对“多元参与”的讨论。[1] 因基于环境社会治理视角的研究尚处起步阶段，学术理论的产出严重滞后于实践活动的开展，故本书将聚焦社会网络中社会组织这一主体的行动及其与政府合作关系的建构，有助于增加环境治理领域的知识产出。

---

① 谭爽：《城市生活垃圾分类政社合作的影响因素与多元路径——基于模糊集定性比较分析》，《中国地质大学学报》（社会科学版）2019 年第 2 期。

第三，以多学科为依托，拓展理解政社关系的框架。具体而言，将传统以“行动”为核心的“关系表征系统”拓展为包含“理念维度（怎么想）、结构维度（怎么样）、话语维度（怎么说）、行动维度（怎么做）”在内的“四维透镜框架”，用以观察垃圾治理各场域中的社会组织行动策略及政社互动特征。该框架融合公共管理、组织生态学、环境社会学、传播学等不同学科中的相关理论，可以对政社关系进行“万花筒”式的多角度刻画，克服单一切口导致的认知偏颇。

（二）实践意义

第一，通过类型化研究，剖析垃圾治理不同场域下政社互动的特征，构建二者合作的“适应性机制”，回应“治理精细化”的时代诉求，有助于提升环境治理效能。提升治理效能的关键在于因地制宜、因时制宜，针对不同问题分析其本质特征，进而践行恰当的治理策略。鉴于此，本书根据垃圾生命周期将城市垃圾风险治理链条划分为“垃圾分类”“回收循环”“冲突化解”“宣传教育”“焚烧监督”“政策倡导”六个场域[①]，旨在根据不同场域的特征提炼社会组织差异化的行动策略，分析其处理与政府关系的多元技巧，进而精细地描绘垃圾治理全链条中的政社互动画卷，从而改善现有合作理论叙事宏大之不足，增强其对具体情境的解释力，为提升政社合作绩效提供支撑。

第二，垃圾治理政社合作机制的探索，对于同类环境问题中政社关系的优化具有重要参考价值，有利于促进环境多元共治体系建立健全。我国社会问题的解决一般都由政府全权负责，垃圾管理最初亦是环卫部门的职责。随着经济发展、市场化进程加快、社会自治能力提升，政府与社会的关系格局发生变化。总览垃圾治理链条，在很多环节中企业已经介入并得到政府支持。相较而言，社会组织与政府的合作还不够顺畅，甚至偶有冲突摩擦。本书以“场域”为界考察政社关系，不仅能够深刻理解垃圾问题，也能从不同侧面回应我国环境治理面临的挑战，并基于对各场域的分析，提炼可操作、可推广的经验，助力打造绿色、低碳社会的治理共同体。

---

① 谭爽：《焚烧风险，邻避运动与垃圾治理：社会维度的系统思考》，《世界环境》2018 年第 6 期。

第二节 研究情境与对象

本书立足“垃圾围城”困局，以“政社关系及其合作构建”为研究对象，探讨城市垃圾风险全链条中，政府与社会组织在各场域下的现实互动关系及其通过何种机制、何种路径突破彼此间的壁垒，实现有效合作，破解环境困局。

一 研究情境：三重风险、六大场域与三类功能

（一）三重风险

提到“垃圾围城”，人们脑海里多会浮现如下画面：摩天大楼鳞次栉比的现代化城市周围星罗棋布地围绕着大小不一、形式各异的垃圾场。再将镜头拉近一些，便会看见横流的污水，闻到刺鼻的气味，困于缠绕的蚊蝇。然而，无论这幅画面多么令人触目惊心，却亦无法将垃圾给城市发展带来的挑战全盘展示。在环境观念和技术能力落后的时代，原生垃圾污染是人们关注的核心，让其消失则是垃圾管理的终极目标。随着环保意识增强、现代化处置能力提升，垃圾似乎有了更好的归宿。但由之导致的分类难题、焚烧风险、反焚抗争，又给垃圾治理带来了新的考验。一边是垃圾数量急速上升、亟待消纳，一边是建厂焚烧、抗议不断。这些画面共同构成一条环环相扣的“垃圾风险链”，牵一发，动全身。

本书试图依循这一链条，将垃圾围城的治理任务做精细切割，让诸多场域得以独立呈现。这不仅能拓展人们对垃圾的认识，同时也在一定程度上折射出环境议题的丰富性与环境治理的复杂性。具体而言，以垃圾从产生到消纳的生命周期为轴，“垃圾风险链”涵盖如下三重风险：首先，来自原始垃圾污染的“初级风险”，即垃圾在源头产生后，因未得到妥善分类投放而给城市市容、水源、土地造成的污染。其次，来自垃圾末端处置的“次级风险”。焚烧是现阶段垃圾消纳的主流方式，其虽然能够在一定程度上提升垃圾消纳的数量和效率，但也会因焚烧技术不达标、管理不到位等而导致环境污染物排放超标，给水、土、大气等带来次生伤害。焚烧所产生的二噁英、飞灰等物质正是当前垃圾治理争议中的焦点。最后，来自反焚邻避冲突的“衍生风险”，也即公众由于不满垃圾焚

烧设施对其安全、环境、利益、权利等方面可能或业已产生的侵害，通过集体抗争，拒绝项目在自家“后院”修建。以2006年年末“北京市六里屯反焚案”为滥觞，我国已发生此类冲突数十例，成为城市治理现代化进程的掣肘。

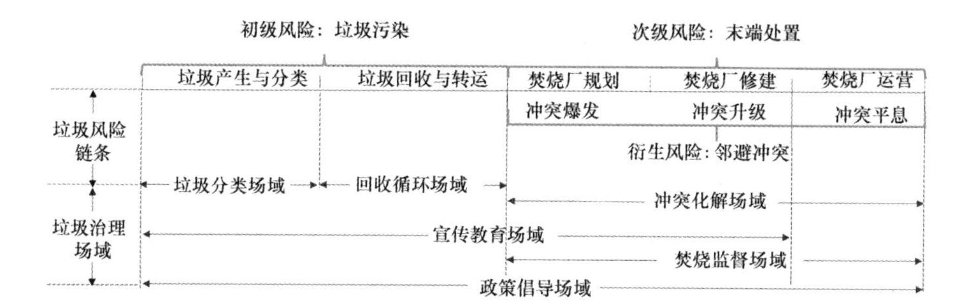

图1.1 城市垃圾风险链条与治理场域

（二）六大场域

面对相互嵌套的垃圾风险链，政府与社会组织积极行动，试图将风险消弭于萌芽状态。本书将双方的互动空间拆解为六大“场域”，以便对其多样性做精细化分析。根据法国社会学家布迪厄（P. Bourdieu）的场域理论（field theory），每一个场域可以被定义为“在各种位置之间存在的客观关系网络或构型”①，是“行动者关系网络中各种社会力量和因素的综合体”，“场域的核心在于其中主体的力量对比及其紧张状态”②。这一阐释恰好与本书想要探讨的主题契合：首先，在垃圾治理各场域的社会网络中，政府和社会组织是极为重要的一对互动体。场域重在探讨行动者之间的关系框架，本书也聚焦于各场域中的政社关系逻辑。其次，场域认为，冲突是社会生活不变的特征，行动者对于权力、资本、规则等的争夺建构起一个又一个充满竞争的空间。与之吻合，本书所关注的垃圾治理场域也充斥着或明或暗、或激烈或温和的话语争夺与权利博弈。最后，场域中的规则会根据行动者的权势对比变化而变化。政府与社会

① ［法］皮埃尔·布迪厄、［美］华康德：《实践与反思：反思社会学导引》，李猛、李康译，中央编译出版社1998年版，第133—134页。

② 高宣扬：《布迪厄的社会理论》，同济大学出版社2004年版。

组织在话语、结构、行为互动过程中的调适、协商、妥协等，都不断修正着垃圾治理各场域内部的规则逻辑，最终达成共识，促成合作。六大场域具体界定如下：

第一，垃圾分类场域。社区是城市生活垃圾产生和处理的第一道关口。如果垃圾的“量”能够在社区得以缩减，垃圾分类的“质”能够在社区得以提升，后续转运和处置的风险则可明显降低。因此，政府和社会组织在社区的工作目标就是培育社区管理者和居民对垃圾减量分类的认知及行动力，帮助其塑成绿色生活习惯。

第二，回收循环场域。我国垃圾回收的主体有二：一类是由政府环卫部门和回收企业组成的回收体系；另一类则是走街串巷回收废品的个体商贩。二者各有其回收网络，近几年出现合作并轨的初步趋势。如果前端分类得当，垃圾经过再次分拣后，具有再利用价值的部分将进入市场循环利用。根据调研，笔者发现，目前该场域的运转主要依靠利益驱动，企业是其中的核心，社会组织功能尚不显著，故暂不做专门讨论。

第三，焚烧监督场域。在该领域发挥作用的主要是政府生态环境部门和专事环境监督的社会组织。其通过政策供给、环保督察、信息公开申请、实地调研等方式对垃圾焚烧设施及企业进行污染物排放和环境责任履行等方面的监督。

第四，宣传教育场域。垃圾风险链条中的宣教与传播大致分为两种类型：一类是关于垃圾分类减量重要性和策略方法的“一致性”宣教，是政府与社会组织合作度较高的场景；另一类则是关于焚烧风险的“争议性”传播，对此，以政府和企业为主体的“技治共同体”和以部分环保组织和公众为代表的“常民共同体”之间存在一定分歧，处于博弈状态。上述两者共同形塑着复杂的政社关系。

第五，冲突化解场域。反垃圾焚烧厂修建的邻避冲突关涉社会治安和政治稳定，在六个场域中最为敏感，社会组织也最难进入。故在大部分反焚案例中，鲜少能捕捉到社会组织的身影。尽管如此，本书依然从另一个视角观察到其在冲突化解中发挥效能的独特策略以及与政府的巧妙互动。

第六，政策倡导场域。顶层战略设计和政策优化是解决环境问题的首要驱动力。因此，政策倡导也成为部分社会组织的终极目标。其在垃圾分类、焚烧监督、冲突化解等场域中累积的经验都成为建言献策的养分。同时，该场域也是观察国家治理体系中政社关系最直观的截面。

（三）三类功能

为了提升研究结论的可推广性，本书将实践中的行动场域做进一步概化。按照萨拉蒙（Lester M. Salamon）教授及其团队的分析，社会组织所提供的公共物品可以划分为“服务”和“表达”两个方面。[①] 以此为标准，将六个场域概括为三类功能（见图 1.2）：第一类是“服务型功能”，存在于垃圾分类和回收循环场域。社会组织在其中提供一切可以直接增进公共服务的实践行为。第二类是“表达型功能”，存在于冲突化解和政策倡导场域。社会组织在其中提供公共言论和知识生产，既可以为某些社会群体进行利益代言，也可以就某些公共议题发表自身看法。[②] 第三类是“复合型功能”，存在于宣传教育和焚烧监督场域。社会组织集服务与表达于一身，博弈与合作为一体。针对不同的功能，政府针对社会组织的态度和行动具有显著差异，场域内的关系构型也呈现不同特征。

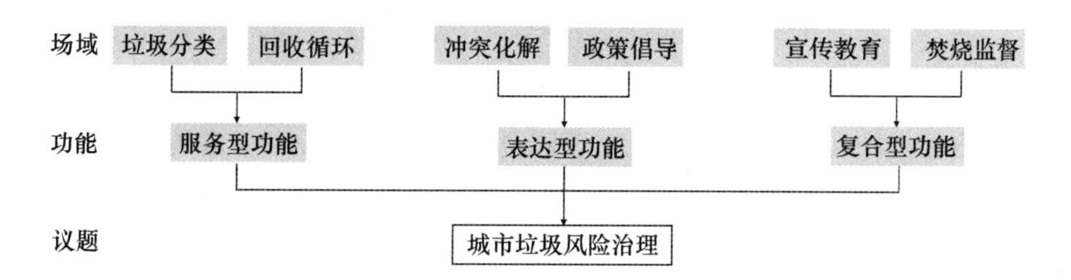

图 1.2 城市垃圾风险治理中的场域与社会组织功能

二 研究对象：“政”与“社”的概念廓清

通常而言，由宏观到微观，政社关系有三重含义：国家与社会关系、广义的政府与社会关系、狭义的政府与社会组织关系。本书聚焦最后一类，即行政机关和社会组织之间的关系，并尝试从中理解国家与社会关

---

① ［美］莱斯特·M. 萨拉蒙、S. 沃加斯·索可洛斯基等：《全球公民社会——非营利部门国际指数》，北京大学出版社 2007 年版，第 27—29 页。

② 唐文玉：《社会组织公共性：价值、内涵与生长》，《复旦学报》（社会科学版）2015 年第 3 期。

系的变迁。

（一）政府

中国的国家治理体系极为复杂。“政府”虽然常常作为单一名词来指代执行国家权力的行政机关，但其内部是由纵横交错的经纬线分割成不同的层次与区块。在垃圾治理所涵盖的六大场域中，不仅住建、发改、环保、宣教等“条”上的部门可能与社会组织存在业务关联，不同层级、区域中的行政机构还会在“块”的层面与社会组织产生交集。可见，本书中的政府是极为复杂的体系，如果瞄准坐标系上的某个部门和某个社会组织的交点做详细论述，既不可能也显得累赘。而且根据田野调查，我们发现，决定政社关系的关键往往不是政府的层级或类型，而是场域本身的特征。因此，为了使结论更易凝练，在论述政社关系时，本书主要以“场域”为依托，着重探讨在具体场景中，最常与社会组织发生实际联系的政府如何处理和回应其诉求。他们有时以具体部门的身份亮相，有时以抽象的制度生产者登场，有时还会以共同体的形式出现。

（二）社会组织

社会组织，又称为“非政府组织”（Non-Governmental Organization，NGO）、“非营利组织”（Non-Profit Organization，NPO）或“民间组织”。在西方语境中，社会组织指独立于国家体系的行政部门和市场体系的企业组织之外的一切第三部门。在我国，社会组织具有广义和狭义的理解。从广义上看，社会组织包含三个部分：一是国家与社会重叠的部分，如人民团体和事业单位。二是市场与社会重叠的部分，如社会企业。三是独立于政府和市场之外的社会部分，如社会团体、基金会、民办非企业、商会、社会基层组织、农村专业协会、工商注册非营利组织、境外在华NGO八种类型。[①] 而在官方用语中，对社会组织的理解则更为狭窄，特指在民政部门注册的基金会、社会团体与社会服务机构。

鉴于社会组织定义本身的多元性和近些年社会组织新形态的发展，笔者结合垃圾治理议题对本书涉及的社会组织范畴做如下规定：

第一，由下至上民间自发组建的社会组织。它们的形态是丰富多样的，既有扎根一线的行动类组织，也有起到网络链接作用的联盟、伞形

① 王名：《社会组织论纲》，社会科学文献出版社2013年版，第63页。

组织，还有作为支持型组织存在的各类基金会。具体写作时，或会涉及部分具有官方身份背景的“枢纽型组织”，但不做重点论述。

第二，已注册且以环保议题为主要业务的基金会、社会团体和社会服务机构。在垃圾治理中，除了环保组织，还存在部分社区或社工类组织，尤其是随着2016年后强制垃圾分类逐渐铺开，越来越多社区社会组织进入。因其生存方式、运作逻辑和环保组织存在一定差异，与本书关注的环境治理主题不甚吻合，故不纳入考察范畴。

第三，未注册或以企业身份注册，但在垃圾议题中发挥重要作用的社会组织。一些联盟型组织受制于多方原因暂时未能在民政部注册，但其在垃圾风险治理中扮演了关键角色，与政府互动频繁，故纳入考察范畴。

第三节 研究设计与内容结构

一 研究设计

本书结合量化与质性方法展开，更为倚重的是后者。主要通过对质性案例的“深描”或“比较”，尽量生动、细致地还原出事件的进程、社会组织的行动策略及其与政府互动关系的建立及变迁，进而获得对问题全面、深刻的了解，并归纳相应理论。案例选取以前文所划分的垃圾治理场域为边界，确保垃圾分类、宣传教育、设施监督、政策倡导、冲突化解五大场域均得以覆盖。

以2006年“北京市六里屯垃圾焚烧厂反建事件”为滥觞，我国进入“反焚”时代。此前，我国社会组织对垃圾问题并不敏感，相关社会组织屈指可数，其数量伴随反焚抗争的愈演愈烈而逐步增加。[①] 2011年年底，分散各地的垃圾议题社会组织集结成为联盟型组织“零废弃联盟”（China Zero Waste Alliance），在垃圾治理各场域中发挥重要作用。[②] 笔者以

① 谭爽：《“缺席”抑或“在场”？我国邻避抗争中的环境NGO——以垃圾焚烧厂反建事件为切片的观察》，《吉首大学学报》（社会科学版）2018年第2期。

② 谭爽：《草根NGO如何成为政策企业家？——垃圾治理场域中的历时观察》，《公共管理学报》2019年第2期。

“零废弃联盟”为依托在五个垃圾治理场域中选取社会组织样本，再通过“滚雪球”方式找到与之存在互动关系的政府部门。由于各场域治理议题性质和研究方法的差异性，样本选取的具体策略和数量各不相同，将在相关章节做详细介绍。但总体来看，案例或样本的确定都遵循典型性、代表性和可接近性等标准，以确保信度与效度。出于研究伦理考虑，除“零废弃联盟”外，其余社会组织名称均用首字母代替。

本书主要采取如下资料收集与分析方法：

1. 问卷调查。为从整体把握我国城市垃圾风险治理中的社会组织概况及其与政府的关系，笔者对“零废弃联盟”成员及部分有业务关系的环保组织进行了问卷调查。调查内容包括政社合作现状、存在问题及社会组织的期望等，旨在为各场域的案例剖析提供基础性背景。

2. 参与式观察。笔者及课题组成员曾参与垃圾治理各场域中具有代表性的研讨会、分享会，也长期作为志愿者参与部分社会组织的日常运行，作为研究者参与政府相关议题的决策咨询，还加入了诸多研讨垃圾治理的线上微信群，在“听他们怎么说”“看他们怎么做”“与他们一起做”的过程中，完成观察记录，获得对事件、对政府、对社会组织的深入了解。此外，观察对象还包括垃圾填埋、堆肥、焚烧设施等，通过参观这些项目园区，了解垃圾处置设施的结构与运行方式，尝试理解政府和社会组织对它们的感受与态度。

3. 深度访谈。这是本书最为倚重的方式。对应于不同的研究阶段，笔者采用了多轮形式不同的访谈方式。研究初期，为确保信息广度，主要采用对社会组织、政府工作人员、相关公众的个人开放式访谈、焦点小组座谈等，以便了解案例过程和背景。研究中期，理论问题逐渐清晰，对信息深度的要求提升，则转化为一对一的结构性访谈，请受访对象围绕研究要点进行叙述和说明。研究后期，笔者还对部分社会组织做了多次补充访谈，将空缺信息或有疑问、有矛盾之处进行补全与核实。

4. 文献研究。访谈时，被访者可能会因记忆偏差或某些主观因素有意无意地过滤掉一些信息。为减轻这一现象导致的缺漏，笔者收集了与垃圾治理各场域相关的政府文件，新浪网、腾讯网、新华网等各大门户网站对社会组织参与垃圾治理的报道，社区论坛、微信群、微博、博客等自媒体文章，WOS 及 CNKI 数据库中的学术论文等。旨在通过一手数据与二手数据的比照，实现对问题多侧面的了解。

通过以上四种途径，笔者共计获取了80份问卷和140余万字的文字资料。资料分析时，通过“三角检定法”进行多种数据相互核实与检验，并综合使用问卷统计、多案例比较、个案深描、个案拓展、扎根分析、模糊集定性比较分析等方法，使叙事更好地为研究目标服务。

二　内容结构

本书由十章构成，详细介绍如下：

第一章绪论部分展示了城市垃圾风险的挑战以及该议题下社会科学领域的“理论贫困”现象，进而引出以垃圾治理为视窗研究政社合作的重要意义，同时介绍垃圾风险链条上的六大场域。

第二章旨在明确研究起点及视角。通过对既有学术成果的梳理，提出“政社关系的四维透镜”分析视角，从理念（怎么想）、结构（什么样）、话语（怎样说）、行动（如何做）四个层面来透视垃圾风险治理复合场域中的政社互动。

第三章从“怎么想”的角度关注公共政策中“应然”的政社关系。以社会组织管理、环境治理和垃圾治理三类政策文本为研究对象，对政策变迁做梳理，进而明确在不同历史阶段、每个具体议题中，国家认为政府与社会组织应该以什么样的方式进行互动。

第四章从“什么样”的角度概览城市垃圾风险治理中“实然”的政社关系。以覆盖垃圾治理各场域的80个社会组织为样本，从组织基本情况、政社合作现状、合作存在问题及未来发展期望等维度进行问卷调查与分析，初步廓清了垃圾议题中政社关系的基本状态，为后文研究奠定基础。

第五章从“如何做”的角度聚焦垃圾分类场域。探索其中政府与社会组织的合作类型及实现路径。具体通过两种方法展开：其一，立足中观层面，使用模糊定性比较方法对27家垃圾议题社会组织与政府的协作路径进行归纳，回答哪些因素影响二者协作，因子间又如何通过多元组合实现“殊途同归”之目的。其二，立足微观层面，通过解剖麻雀式的个案分析，回答不同类型的社会组织如何在参与社区垃圾分类时实现有效的政社合作。

第六章从“如何做”的角度聚焦焚烧监督场域。围绕社会组织的成长发展、行动策略及其与政府的关系建构展开论述。具体分为两部分：第一部分依托组织生态学中的“生态位理论”，以历时视角追溯以垃圾焚烧监督为主要业务的社会组织实现监督模式转型。第二部分依托“价值增值理论”，将视角转移到群落间，分析社会组织如何建立与政府的有效互动，共同提升环境监督绩效。

第七章从“怎样说”的角度聚焦宣传教育场域。从两个层面进行论述：第一个层面立足公共管理学科，着眼“行动”。探讨在垃圾治理宣教的服务中，政府与社会组织如何形成良好协作。第二个层面立足传播学，着眼“表达”。以一个社会组织的微信公众号为研究对象，剖析社会组织如何调动公众的环保意愿与行动，透视垃圾治理中政府与社会组织的理念差异，以及这种差异给环境宣教带来的挑战。

第八章从“如何做”的角度聚焦冲突化解场域。回答社会组织面对“反焚抗争”这一敏感议题，是否有足够的参与空间，是否能实现对政府职能的补位以及发挥了何种效用，具体包括三部分：第一部分从应然角度梳理社会组织的理想角色。第二部分从实然角度分析社会组织如何在这一敏感场域中获取参与空间，助力冲突治理。第三部分通过四个案例的综合分析，阐述社会组织如何与政府携手推动传统的“冲突处置”转型为新型的“冲突转化”。

第九章以“怎样说”的角度聚焦政策倡导场域。依托“倡议联盟框架”理论，探讨社会组织的倡导策略，在联盟互动过程中解读政社合作的难点。并基于个案拓展法，提炼出理解政策倡导中政社关系的六个命题。

第十章是建立在实证研究基础上的规范性结论。首先，基于“结构—功能—关系”三重视窗梳理总结垃圾风险五个治理场域中政社关系的变迁。其次，将五个场域进一步概括为社会组织的“服务型功能”“表达型功能”及“复合型功能”，基于“分类合作”理念剖析宏观环境风险治理中政社合作的挑战与对策。

第二章

文献综述与研究视角

第一节　政社关系研究的理论与文献

一　政府与社会组织的关系研究

学者对“政社关系”的关注曾一直蕴含在“国家与社会关系”的整体研究中。[①] 市民社会理论与法团主义理论是其中最具代表性的理论视角，二者基本构成了相互竞争的两个研究取向：市民社会视角强调国家与社会相分离以及对国家权力的制衡和约束；法团主义视角则强调国家领导社会以及国家与社会之间的协调与计划。[②]

（一）西方政府与社会组织关系理论

1. 市民社会理论

一般认为，市民社会最早由古希腊思想家亚里士多德提出。他在《政治学》一书中首创了“Politike Koinonia”的概念，认为“城邦的一般含义就是为了要维持自给生活而具有足够人数的一个公民集团”，[③] 公民是其中的主体。西塞罗进一步将市民社会解释为和野蛮社会相区别的文明社会，现代英语中的“Civil Society”便由此演化而来。[④] 洛克是市民社会理论发展的关键人物，他认为，人们在自然状态中，自由没有限制、

---

① 彭少峰：《理论脉络与经验反思：政社关系研究述评》，《社会主义研究》2019 年第 2 期。

② 晋军、何江穗：《碎片化中的底层表达——云南水电开发争论中的民间环保组织》，《学海》2008 年第 4 期。

③ ［古希腊］亚里士多德：《政治学》，吴寿鹏译，商务印书馆 1965 年版，第 113 页。

④ 穆方平：《马克思市民社会理论及其中国化阐释》，博士学位论文，复旦大学，2011 年，第 9 页。

财产权得不到保障，因而以社会契约的形式进入市民社会，从而补足自然状态，真正实现自由和平等。[①] 其后，孟德斯鸠在社会契约论的框架内讨论公民社会的问题，指出必须通过限制国家权力来保护社会权利。[②] 黑格尔首次将“市民社会”作为“国家”的对立概念提出，[③] 认为市民社会是在“追逐一己私利的过程中所形成的一套相互依赖的关系”，[④] 与国家所关切的公共利益存在冲突。马克思在黑格尔的基础上从法哲学—政治经济学批判的角度重构了这一概念，认为“家庭和市民社会是国家的前提，它们才是真正的活动者”。[⑤] 波兰尼也认为，在国家之外所发现的这个社会其实只是市场体系。葛兰西指出，人类社会具有“市民社会”和“政治社会（国家）”这两个上层建筑，“二者一方面相当于统治集团通过社会行使的‘霸权’职能，另一方面相当于通过国家和‘司法’政府所行使的‘直接统治’或管辖职能”。[⑥] 哈贝马斯则建立了“政治系统—经济系统—公共领域”的三分法，认为市民社会的核心机制由非国家和非经济组织在自愿基础上组成，[⑦] 是私人领域的一部分。科恩、阿拉托进一步提出“国家—经济—公民社会”三分理论，认为公民社会是独立的、介于经济和国家之间的领域，[⑧] 其功能在于保障个人的基本权利，提升社会的民主、自由和平等性。[⑨]

2. 法团主义理论

与公民社会理论不同，法团主义（corporatism）强调国家领导社

---

① ［英］洛克：《政府论》，叶启芳、瞿菊农译，商务印书馆1964年版，第59页。

② ［法］孟德斯鸠：《论法的精神》，张雁深译，商务印书馆1997年版，第154页。

③ 刘迟、营立成：《马克思视野下的“市民社会”理论研究》，《东北师大学报》（哲学社会科学版）2014年第1期。

④ 邓正来、［英］J. C. 亚历山大：《国家与市民社会：一种社会理论的研究路径》，中央编译出版社1999年版，第90页。

⑤ 《马克思恩格斯全集》第1卷，人民出版社1979年版，第428页。

⑥ ［意］安东尼奥·葛兰西：《狱中札记》，曹雷雨、姜丽、张跣译，中国社会科学出版社2000年版，第7页。

⑦ ［德］哈贝马斯：《公共领域的结构转型》，曹卫东、王晓珏、刘北城、宋伟杰译，学林出版社1999年版，第35页。

⑧ Cohen J. L., Arato A., Cohen J. L., *Civil Society and Political Theory*, Cambridge, MA: MIT press, 1992, p. 9.

⑨ 景跃进、张小劲：《政治学原理》，中国人民大学出版社2015年版，第62—64页。

会。相比于市民社会视角，法团主义因与东亚政治传统及其社会性质具有较高的亲和关系，从而成为解释东亚社会经济发展的重要理论。①

法团主义理论的起源可以追溯到《圣经》、古希腊和古罗马的传统、中世纪的天主教思想、社会有机体论以及民族主义观念。② 19 世纪中叶，资产阶级自由化的不断发展使得经济急速繁荣，但与此同时产生的社会矛盾也十分尖锐，法团主义在这一时期开始萌芽，成为欧洲国家解决社会问题、维护社会稳定的最新选择。③ 它反对自由主义过分崇尚个人的理念以及马克思主义阶级冲突的思想，渴望社会团结，主张社会和谐。④ 到第二次世界大战时期，由于法西斯政权被打破，法团主义名誉扫地，但其实践仍在继续。进入 20 世纪 70 年代中期后，以斯密特（Schmitter）为代表的学者将法团主义定义为一种利益代表制度。利益集团在国家同意的前提下建立，国家授予各利益集团在领域内一定的垄断权，但利益集团领导人的选择要受到国家的控制。⑤ 格哈德（Gerhard）强调，法团主义是一种决策形成的制度化模式，大的利益组织彼此之间以及与公共权威机构之间不只在利益表达上甚至利益调解上共商，而且在价值的权威性分配和政策执行上共商与合作。⑥ 国内学者指出，法团主义认为，政府是最终的决策者和裁定者，更关注政府如何通过与选定社团建立特定关系以实现自身目的。这与市民社会中鼓励社团自治、维护公共领域的思路是非常不同的。⑦⑧ 但也有学者认为，该范式具有两面性：一是强调国

---

① Unger J., Chan A., "China, corporatism, and the East Asian model", *The Australian Journal of Chinese Affairs*, No. 33, 1995, pp. 29 – 53.

② 张静：《法团主义》，社会科学文献出版社 1998 年版，第 127—147 页。

③ 毕素华：《法团主义与我国社会组织发展的理论探析》，《哲学研究》2014 年第 5 期。

④ 彭少峰：《理论脉络与经验反思：政社关系研究述评》，《社会主义研究》2019 年第 2 期。

⑤ Philippe C. Schmitter, "Still in the century of corporatism?" *The Review of Politics*, Vol. 36, No. 1, 1974, pp. 85 – 131.

⑥ Lehmbruch G., "Liberal Corporatism and Party Government", *Comparative Political Studies*, Vol. 10, No. 1, 1977, pp. 91 – 126.

⑦ 安戈、刘庆军、王尧：《中国的社会团体、公民社会和国家组合主义：有争议的领域》，《开放时代》2009 年第 11 期。

⑧ 景跃进、张小劲：《政治学原理》，中国人民大学出版社 2015 年版，第 273—274 页。

家借力中介团体实现对社会与市场的渗透和引导，进而提升公权力的合法性与效率；二是在一定程度上认可社会与市场的自主性[①]，并不对其实施严格管控。

（二）中国本土的政社关系探索

自改革开放以来，我国确立了中国特色社会主义道路，政社关系改革成为我国改革领域的重要组成部分。国内学者对政社关系的研究论述也多以市民社会理论和法团主义理论为基础。

20世纪80年代末开始，市民社会理论成为指导中国政治研究的主导性范式。[②] 率先把这一视角引入中国国家与社会关系研究的是奥斯特加德，他提出了“社会对抗国家”的逻辑理论。[③] 而后，越来越多学者沿袭该路径进行实践考察。如怀特（White）发现，经济改革带来非官方民间经济组织的不断成长，推动了中国市民社会的萌芽。[④] 裴敏欣认为，在中国的政治社会背景下，市民社会并不必然成为一种规模化的现象，但社团的大量出现及其功能发挥依然可以反映市民社会因子的萌芽。[⑤] 在此基础上，中国社会组织与国家的关系也在不同学者的笔端被多样化地阐释。如托尼·赛奇（Tony Saich）将其描述为“与国家商榷”的策略，[⑥] 康晓光等则认为，较之公民社会、法团主义、人民社会等理论，“行政吸纳社会”能更准确地描述中国的政社关系。[⑦]

市民社会视角强调国家与社会相分离，社会领域独立于国家。但从

---

① Williamson P. J., *Varieties of Corporatism: A Conceptual Discussion*, Cambridge University Press, 1985, p. 75.

② David, Da-Hua, Yang, “Civil Society as an Analytic Lens for Contemporary China”, *China An International Journal*, Vol. 2, No. 1, 2004, pp. 1 – 27.

③ 康晓光、韩恒：《分类控制：当前中国大陆国家与社会关系研究》，《社会学研究》2005年第6期。

④ Gordon White, “Prospects for Civil Society in China: A Case Study of Xiaoshan City”, *The Australian Journal of Chinese Affairs*, Vol. 1, No. 29, 1993, pp. 63 – 87.

⑤ Pei M., “Chinese Civic Associations: An Empirical Analysis”, *Modern China*, Vol. 1, No. 24, 1998, pp. 285 – 318.

⑥ Saich T., “Negotiating the State: The Development of Social Organizations in China”, *China Quarterly London*, Vol. 161, 2000, pp. 124 – 141.

⑦ 康晓光、张哲：《行政吸纳社会的“新边疆”——以北京市慈善生态系统为例》，《南通大学学报》（社会科学版）2020年第2期。

实践来看，当代中国并不存在完全独立于国家的社会组织，因此，一些学者转而用法团主义视角对我国的政社关系进行研究。他们认为，从我国的基本国情以及国际环境的角度来看，法团主义模式更契合中国现实发展的需要，可用于形塑中国未来的“国家—社会”关系走向，[①②] 因为我国的社团得到较为完备的法律法规引导，已基本实现从国家主义向国家法团主义的过渡，[③] 且有可能进一步转变为社会法团主义。[④] 然而，由于我国政治社会背景的复杂性和社会组织的多元非均衡性，基于西方社会背景下提出的公民社会理论和法团主义理论均存在一定局限。[⑤] 鉴于此，不少学者瞄准中国实践做出本土化努力，从宏观结构层面以及微观策略层面入手，提出许多有针对性的理论。[⑥]

首先，从宏观结构视角出发，关注社会组织的独立性。王颖等人认为，虽然社会空间在市场经济改革的进程中得以拓展，但作为社会中间层的社会组织依然具有半官半民的特性，并未真正独立。[⑦] 沈原讨论了我国社会团体的“形同异质”，指出，从外观上看，社会团体虽然呈现出自治团体或法人团体的样貌，但却依然是共产主义正式组织的一环。[⑧] 于晓虹和李姿姿则从经济学交易视角描绘了中国社团“官民二重性”的本质。[⑨] 以上理论的解释大都将政社关系视为一种自上而下的高度控制关

---

① Chan U. A.，“China，Corporatism，and the East Asian Model”，*Australian Journal of Chinese Affairs*，No. 33，1995，pp. 29 – 53.

② 孙双琴：《论当代中国国家与社会关系模式的选择：法团主义视角》，《云南行政学院学报》2002 年第 5 期。

③ 顾昕、王旭：《从国家主义到法团主义——中国市场转型过程中国家与专业团体关系的演变》，《社会学研究》2005 年第 2 期。

④ 刘鹏：《三十年来海外学者视野下的当代中国国家性及其争论述评》，《社会学研究》2009 年第 5 期。

⑤ 杜平：《如何成为枢纽？一个社会组织探索内在性自主的个案研究》，《广东社会科学》2019 年第 2 期。

⑥ 彭少峰：《理论脉络与经验反思：政社关系研究述评》，《社会主义研究》2019 年第 2 期。

⑦ 王颖、折晓叶、孙炳耀：《社会中间层——改革与中国的社团组织》，中国发展出版社 1993 年版，第 2—10 页。

⑧ 沈原、孙五三：《从“人民团体”到“社会团体”》，《中国青年科技》1999 年第 3 期。

⑨ 于晓虹、李姿姿：《当代中国社团官民二重性的制度分析——以北京市海淀区个私协会为个案》，《开放时代》2001 年第 9 期。

系，社会组织的独立性几乎丧失。但也有一些学者提出了国家与社会之间的共生互动理论，认为政府与社会组织应当被视作一种相互合作的关系。如康晓光和韩恒提出了“分类控制”这一解释框架，形成了国家主导之下与社会组织相互融合的关系结构。[①][②] 唐文玉提出了“行政吸纳服务”的理念，认为政社间最理想的关系应是支持与配合，而非控制与替代。[③] 纪莺莺用“双向嵌入”来概括这种关系，即社会组织能够对政府的制度设定和功能需求给予积极的“能动性”回应，推动双方有效合作。[④]

其次，从微观策略视角出发，对社会组织的自主性问题进行讨论。学者们大抵认可目前社会组织的活动仍处于国家主导的逻辑之下，表现出“依附式自主”的特征。[⑤] 但在这个过程中，社会组织也会采取技巧性策略来扩宽行动空间。或是在压缩公共利益表达功能、保留公共利益供给功能的情况下，为了适应制度环境并持续获取社会资源，愿意暂时性获取“去政治的自主性”；[⑥] 或是审时度势地选择拒绝、避免、默许和欢迎四种不同性质和层次的行动来处理与其他组织的关系；[⑦] 又或是尝试在“对抗”和“嵌入”这两极之间开辟一条“积极但不激进”的道路，形成“强国家，巧社会”的格局，以吻合中国“以和为美”“和而不同”的文化底色。[⑧]

---

① 康晓光、韩恒：《分类控制：当前中国大陆国家与社会关系研究》，《社会学研究》2005年第6期。

② 康晓光、张哲：《行政吸纳社会的“新边疆”——以北京市慈善生态系统为例》，《南通大学学报》（社会科学版）2020年第2期。

③ 唐文玉：《行政吸纳服务——中国大陆国家与社会关系的一种新诠释》，《公共管理学报》2010年第1期。

④ 纪莺莺：《从“双向嵌入”到“双向赋权”：以N市社区社会组织为例——兼论当代中国国家与社会关系的重构》，《浙江学刊》2017年第1期。

⑤ 王诗宗、宋程成：《独立抑或自主：中国社会组织特征问题重思》，《中国社会科学》2013年第5期。

⑥ 唐文玉、马西恒：《去政治的自主性：民办社会组织的生存策略——以恩派（NPI）公益组织发展中心为例》，《浙江社会科学》2011年第10期。

⑦ 何艳玲、周晓锋、张鹏举：《边缘草根组织的行动策略及其解释》，《公共管理学报》2009年第1期。

⑧ 谭爽、张晓彤：《“弱位”何以生“巧劲”？——中国草根NGO推进棘手问题治理的行动逻辑研究》，《公共管理学报》2021年第4期。

二 政府与社会组织合作治理研究

正如前文所述，政府与社会组织之间的关系是多样化的。既可能因为时代变迁而变化，也会因为不同性质的社会组织或不同的治理议题而呈现出不同特征。但在众多关系形态中，“合作”始终是双方持续追求的理想状态。尤其在中国，随着现代化社会治理体系建设和治理能力提升的需求，政社合作越发成为治理实践中的应有之义，相关研究也呈现迅猛增长态势。

（一）国外研究综述

1. 合作动因研究。学者认为，政府与社会组织合作关系的主要动力在于双方能够发挥各自的比较优势，获得任何单方都无法获得的资源。① 通过为社会组织提供机会和平台，能够实现治理效率和效果的提升。② 可见，政府与社会组织合作的起点在于相互依赖，其过程需要相互增权。③ 另外，政府与社会组织各自的局限性也成为合作的重要原因。④ 政府在专业知识和能力上的短板以及社会组织对于资金的渴求推动合作。⑤ 例如，在人权、环境保护、救灾和发展援助等人类关注的社会问题领域中，社会组织可以提供政府无法提供的一些技术信息和专业知识。⑥ 而政府则是

---

① Brinkerhoff J. M.,“Government-nonprofit partnership: a defining framework”, *Public Administration and Development: The International Journal of Management Research and Practice*, Vol. 22, No. 1, 2002, pp. 19 –30.

② Persson A.,“Environmental policy integration and bilateral development assistance: challenges and opportunities with an evolving governance framework”, *International Environmental Agreements: Politics, Law and Economics*, Vol. 9, No. 4, 2009, pp. 409 –429.

③ Joel Samuel Migdal, Atul Kohli and Vivienne Shue, *State Power and Social Forces: Domination and Transformation in the Third World*, New York: Cambridge University Press, 1994, p. 4.

④ ［美］莱斯特·M. 萨拉蒙：《公共服务中的伙伴——现代福利国家中政府与非营利组织的关系》，田凯译，商务印书馆2008年版，第51页。

⑤ Gazley B., Brudney J. L.,“The purpose (and perils) of government-nonprofit partnership”, *Nonprofit and Voluntary Sector Quarterly*, Vol. 36, No. 3, 2007, pp. 389 –415.

⑥ Teegen H., Doh J. P., Vachani S.,“The importance of nongovernmental organizations (NGOs) in global governance and value creation: An international business research agenda”, *Journal of International Business Studies*, Vol. 35, No. 6, 2004, pp. 463 –483.

社会组织资源获取的重要渠道之一。[1]

2. 合作关系模型研究。吉德伦（Gidron）等人根据政府与社会组织在公共服务中担任的角色，将二者之间的关系划分为政府支配模式、双重模式、合作模式以及社会组织支配模式。[2] 克莱默（Cramer）将政府与社会组织关系模式划分为基于彼此冲突的二元论和基于彼此合作的整体论。[3] 科斯顿（Coston）认为，政府与社会组织关系是动态变化的，以政府对制度多元化的态度为依据，呈现为包含压制、敌对、竞争、契约订定、第三方政府、合作、互补以及协作模式在内的连续光谱。[4] 与科斯顿一样，詹妮弗·布林克霍夫（Brinkerhoff Jennifer）根据“组织身份—资源相互依赖”两个定义维度将“伙伴关系”与“契约关系、扩展关系和操纵性关系或吞并性关系”等其他关系区分开来，提出了政社伙伴关系的动态模型。[5] 纳吉姆（Najam）则以目标和策略两个维度为标准构建了包括合作、对抗、互补和吸收在内的“4C 模型”。[6] 而库恩（Kuhnle）与塞利（Selle）通过“亲密度”以及“依赖度”将两者的关系划分为“整合依附型、分离依附型、整合自主型和分离自主型”四类。[7]

3. 不同领域中的政社合作研究。第一，环境治理领域。学者发现，在城市垃圾治理过程当中，社会组织能够协助政府改进社区固体垃圾管

---

① ［美］保罗·C. 纳特、罗伯特·W. 巴科夫：《公共和第三部门组织的战略管理：领导手册》，陈振明等译，中国人民大学出版社 2002 年版，第 130—138 页。

② Gidron B.，Salamon L. M.，Kramer R. M.，*Government and the Third Sector*：*Emerging Relationships in Welfare States*，Jossey-Bass，1992，p. 18.

③ Stratford J. S.，J. Stratford，Bordeianu S.，“Privatization in four European countries：Comparative studies in government-third sector relationships”，*Journal of Government Information*，Vol. 21，No. 4，1994，pp. 379 – 380.

④ Coston J. M.，“A model and typology of government-NGO relationships”，*Nonprofit and Voluntary Sector Quarterly*，Vol. 27，No. 3，1998，pp. 358 – 382.

⑤ Brinkerhoff J. M.，“Government-nonprofit partnership：a defining framework”，*Public Administration and Development*：*The International Journal of Management Research and Practice*，Vol. 22，No. 1，2002，pp. 19 – 30.

⑥ Najam A.，“The four C's of government third Sector-Government relations”，*Nonprofit Management and Leadership*，Vol. 10，No. 4，2000，pp. 375 – 396.

⑦ Kuhnle & Selle，*Government and Voluntary Organization*：*A Relational Perspective*，Aldershot，Hants，England；Brookfield，Vt：Ashgate，1992，p. 30.

理系统，从而改善社区公共环境。[①] 迪维亚·古普塔（Gupta Divya）等人认为，非政府组织通过宣传政府政策、计划、规则和条例，可以促进社区参与森林治理。[②] 第二，突发公共卫生领域。学者指出，政府通过与社会组织的有效合作，可以深化沟通、加快集体行动，从而促进改善社区复原力。[③] 政府对民间社会组织的包容开放态度能有效开创应对危机的新局面。如在新冠疫情防控期间，韩国政府为社会组织提供了大量资金、资源以及加入病毒救治的机会，其疫情应对模式得到了国际社会的赞扬。[④] 在日常状态下，也只有政社协力才能更好地提供高质量的全面性教育和性生殖健康服务，改善地方和难民社区的生活质量。[⑤] 第三，社会救助领域。莫妮卡·西多尔（Sidor Monika）等人利用纳吉姆的4C模型分析波兰和捷克当局就无家可归者问题与社会组织的合作，发现两国的政府与社会组织在“互补性”基础上运作，能更有效达成目标。[⑥] 土耳其在收治叙利亚难民时，其“忠实”于国家的民间社会组织充当了“分包商角色”，在接收难民方面承担了很多国家责任。[⑦]

（二）国内研究综述

“合作”是近些年关于我国政社关系研究中的高频词汇。学者们普遍

---

① Ahsan A., Alamgir M., Imteaz M., et al, “Role of NGOs and CBOs in waste management”, *Iranian Journal of Public Health*, Vol. 41, No. 6, 2012, pp. 27-38.

② Gupta D., Koontz T. M., “Working together? Synergies in government and NGO roles for community forestry in the Indian Himalayas”, *World Development*, Vol. 114, 2019, pp. 326-340.

③ Park E. S., Yoon D. K., “The value of NGOs in disaster management and governance in South Korea and Japan”, *International Journal of Disaster Risk Reduction*, Vol. 69, 2022, p. 102739.

④ Jeong B. G., Kim S. J., “The Government and Civil Society Collaboration against COVID-19 in South Korea: A Single or Multiple Actor Play?”, *Nonprofit Policy Forum*, De Gruyter, Vol. 12, No. 1, 2021, pp. 165-187.

⑤ Yeo K. J., Lee S. H., Handayani L., “Effort of NGO in Promoting Comprehensive Sexuality Education to Improve Quality of Life among Local and Refugee Communities”, *International Journal of Evaluation and Research in Education*, Vol. 7, No. 1, 2018, pp. 17-24.

⑥ Sidor M., Abdelhafez D., “NGO-Public Administration Relationships in Tackling the Homelessness Problem in the Czech Republic and Poland”, *Administrative Sciences*, Vol. 11, No. 1, 2021, p. 24.

⑦ Danış D., Nazlı D., “A faithful alliance between the civil society and the state: Actors and mechanisms of accommodating Syrian refugees in Istanbul”, *International Migration*, Vol. 57, No. 2, 2019, pp. 143-157.

认为，构建政府、企业、社会组织合作伙伴关系势在必行，[①] 并相信中国可以实现“强政府—强社会”型合作，达到“1 +1 >2”的效果。[②] 在具体实践中，学者发现了很多不同类型的合作形态和路径。如张卫海通过对历史与实践的观察，描摹了二者“相互促进、共生共强”的折中道路。[③] 张旖旎则从社会学角度出发，运用依附理论，提出了社会组织与政府间从强依附到弱依附的合作连续系统。[④] 还有学者立足组织视野，运用资源依赖理论提出构建基于公民公共服务的政社互动关系。[⑤] 除了理想模式的构建，合作过程中出现的一些问题也得到了学者关注，他们将合作的制约因素归纳为：社会组织对国家的权力依附、资源依赖、财权事权不匹配的政府间服务提供体制[⑥]、合作实践中的不平等关系、项目的短期运作与发展的长期性矛盾等。[⑦]

西方学者建构的各类合作理论同样被国内学者应用于该议题中，从主体、功能、流程、类型等维度，在社会管理创新、公共危机管理、环境管理等领域展开了长期而扎实的研究。受制于篇幅，仅对与本书密切相关的环境治理做梳理。在环境治理领域，学者普遍认可生态环境是全社会的问题，需要建立有效的政府合作机制来改善随着经济发展出现的环境和生态问题。[⑧] 相关论述横跨三个尺度：

第一，宏观尺度的概论性理论叙事。学者指出，环境治理中的政社

---

① 葛道顺：《中国社会组织发展：从社会主体到国家意识——公民社会组织发展及其对意识形态构建的影响》，《江苏社会科学》2011 年第 3 期。

② 杨和平：《公共服务领域内政府与社会组织的关系构建——基于博弈论研究的视角》，《贵州市委党校学报》2013 年第 6 期。

③ 张卫海：《国家与社会“良性互动”关系模式的实现路径探析——兼论我国公民社会组织发展的困境及对策》，《西北农林科技大学学报》2011 年第 1 期。

④ 张旖旎：《从强依附到弱依附：社会组织与政府的关系研究——基于 YC 基金会三个志愿者驿站的个案分析》，硕士学位论文，中国社会科学院研究生院，2015 年，第 1—33 页。

⑤ 汪锦军：《浙江政府与民间组织的互动机制：资源依赖理论的分析》，《浙江社会科学》2008 年第 9 期。

⑥ 敬乂嘉：《社会服务中的公共非营利合作关系研究——一个基于地方改革实践的分析》，《公共行政评论》2011 年第 5 期。

⑦ 吕纳：《购买服务中政府与社会组织合作实践研究——以嘉定区购买助残服务为例》，《福建行政学院学报》2012 年第 1 期。

⑧ 王玉明：《地方环境治理中政府合作的实践探索》，《广东行政学院学报》2010 年第 3 期。

合作实质上是一种制度化、依附性的合作，政府对社会组织的维持或限制由其利益的契合程度决定。① 有学者引用"嵌入理论"来描述中国政府与社会环保组织的关系，认为政社合作不仅仅是一种控制型合作，国家也可以通过嵌入社会，实现环境共治。② 也有学者发现，随着中国政治环境与社会结构的转型，政社双方的边界变得相对明确，二者形成双向的、策略性的合作，逐渐出现"合作共强"的现象。③ 与此一致，Katarina 指出，要想使环境治理的效果显著提升，政府与环保组织必须密切合作、共同监督。④ 总而言之，政府与社会组织应实现合作机制下的相对动态平衡，而不是静态相依或相离。双方应努力保持相互独立，共同向前却永不相交，避免明确的"激进对抗"或"联姻合作"，建立起一种独立平等、互信互助的合作。⑤

第二，中观尺度的普适性策略探析。通过对不同场景及案例的整合与对比，学者从"要素维度"和"内容维度"入手建构政社合作路径。要素维度关注"领袖作用""信任塑造""能力培育""规则制定"等对协同效果的影响。如有学者发现，大部分成功的民间环保组织背后都有一个成功的领导人利用其自身资源促进组织发展及政社合作。⑥ 又如，有学者指出，在政社协同合作的过程中，政府要发挥立体化支持功能，走出双方缺乏共识、缺乏信任、缺乏沟通的困境。⑦ 内容维度则确立了环境服务外包、政策网络吸纳、环境社会监督、环保技术研发等合作方式。如有学者指出，在行政职能改革的驱动下，我国逐渐以外包形式将社会

① 康晓光、韩恒：《分类控制：当前中国大陆国家与社会关系研究》，《社会学研究》2005 年第 6 期。

② Gulati R.，"Alliances and networks"，*Strategic Management Journal*，Vol. 19，No. 4，1998，pp. 293 – 317.

③ 韩照婷、唐植、田梦贤：《有待成长的绿色第三方——政府主导背景下的社会环保组织协同治理》，《经营与管理》2019 年第 5 期。

④ Katarina，"Cooperative Governance and Its Realization in the United States-Based on the Analysis of Social Capital Theory"，*Social Sciences*，Vol. 34，No. 3，2012，pp. 102 – 106.

⑤ 郭雪萍：《民间环保组织在环境治理中如何当好"助手"》，《江苏经济报》2020 年 3 月 20 日第 B3 版。

⑥ 林红：《我国民间环保组织发展的历时和共时向度》，《中华环境》2016 年第 8 期。

⑦ 顾金土、金巧巧：《农村环境治理中草根环保 NGO 与地方政府的关系探究》，《江西农业学报》2016 年第 5 期。

服务职能转移给社会。社会组织的主动性和积极性由此提升，并有效改变了政社关系。[①] 此外，在政策网络吸纳下，社会组织的倡导推动着地方政府创新，使政社关系朝着健康稳定状态发展。[②] 环境社会监督同样是社会组织关切的议题。通过监管政府的环保行动，其不仅推动环保决策透明化，同时也调动公民维护自身及国家环境权益的积极性。[③] 总之，环保社会组织经过自我创新、提升能力、延伸触角，正逐渐成为公众与政府之间的坚实桥梁，有效推动环境问题化解。[④]

第三，微观尺度的单一议题深剖。宏观与中观尺度所得到的“理想观点”在转换为“现实行动”时往往遭遇“落地难”。作为回应，部分学者探讨具体环境问题解决时的政社协同。例如，在水资源治理中，其建议通过转变政府职能、吸引多主体参与等方式，实现单一管理向多元治理的转变，从而建立政府、市场与社会的多元合作模式。[⑤] 在气候变化议题中，学者发现社会组织往往成为先行者，在知识分享的同时有效串联起社会网络，促进协同治理。[⑥] 在这一系列的问题中，“城市垃圾危机”因为近年来在发展中国家频频上演，所以成为新的研究增长点。

三　垃圾治理中的社会组织行动及政社合作研究

垃圾治理作为系统工程，需要构建政府主导、社会组织与居民共同参与的协同治理格局。这一观点得到各方认可，针对社会组织行动和政社关系的成果也越发丰富，呈现如下两种视角：

（一）总览垃圾困局整体，进行整体性研究

面对垃圾围城和围村困境，政府独自应对需要消耗高昂的行政成本，

---

① 罗观翠、王军芳：《政府购买服务的香港经验和内地发展探讨》，《学习与实践》2008 年第 9 期。

② 李健、成鸿庚、贾孟媛：《间断均衡视角下的政社关系变迁：基于 1950—2017 年我国社会组织政策考察》，《中国行政管理》2018 年第 12 期。

③ 朱海伦：《无缝隙环境监督管理模式》，《社会科学战线》2008 年第 4 期。

④ Diani M., Donati P. R., “Organisational change in Western European Environmental Groups: A framework for analysis”, *Environmental Politics*, Vol. 8, No. 1, 1999, pp. 13 – 34.

⑤ 李桂连：《中国西部地区水资源协同治理模式研究》，硕士学位论文，内蒙古大学，2015 年，第 27 页。

⑥ 王雪纯、杨秀：《适应气候变化行动中的协同治理——基于国际案例的比较分析》，《环境保护》2020 年第 13 期。

而社会主导又面临资源不足和能力有限的短板，故二者协同合作是必然趋势。对此，学者指出，应当依靠制度、技术、社会资本[①]等要素，从主体、职能、流程等方面构建城市垃圾协同治理机制，打破“碎片化”下的组织壁垒和自我封闭状态。[②] 尽管合作治理已大势所趋，但是，合作机制不够健全、制度体系尚不完善等顽疾[③]导致实践困难重重，亟须创造各类有利条件，为社会组织提供制度化的参与平台。[④] 对此，学者基于案例总结出多样化的合作模式。如王树文基于公众参与程度和政府管制程度两个变量，构建了“诱导式”“合作式”和“自主式”三种城市生活垃圾管理的公众参与模型，有助于梳理城市生活垃圾管理问题中的各方职责。[⑤] 王晓楠则发现，政治参与和政府信任可以通过构建一个嵌套的影响因素模型来促进社会力量参与垃圾治理。[⑥] 如上种种，为厘清垃圾议题下的政社关系做出了有益贡献。

（二）以垃圾生命链条为轴，对各环节做精细化探索

首先，着眼前端“垃圾分类”环节。有学者指出，日本、美国、德国等发达国家成熟的多中心体系对中国的垃圾分类具有借鉴价值。[⑦] 如日本根据自身资源的特点，建立了公民、企业、社会组织共同参与的废物管理协调机制；[⑧] 德国政府通过公开招标将一些公共服务项目委托给合格的社会团体、企业事业单位等。就我国垃圾分类实际情况而言，很长一

---

① 庄海伟：《从政府动员到政社互动：农村生活垃圾分类中的协同治理——以上海市为例》，《中共青岛市委党校·青岛行政学院学报》2019 年第 4 期。

② 李珍刚、胡佳：《城市垃圾协同治理机制的构建》，《广西民族大学学报》（哲学社会科学版）2013 年第 5 期。

③ 孙盈：《上海市城市社区生活垃圾分类治理问题研究——以浦东新区 Y 街道为例》，硕士学位论文，华东师范大学，2019 年，第 64—69 页。

④ 李婷婷、常健：《“一主多元”协作模式的复合失灵、演变逻辑及其破解路径——基于 T 市城市生活垃圾分类回收处理项目的考察》，《理论探索》2020 年第 3 期。

⑤ 王树文、文学娜、秦龙：《中国城市生活垃圾公众参与管理与政府管制互动模型构建》，《中国人口·资源与环境》2014 年第 4 期。

⑥ 王晓楠：《公众环境治理参与行为的多层分析》，《北京理工大学学报》（社会科学版）2018 年第 5 期。

⑦ 刘梅：《发达国家垃圾分类经验及其对中国的启示》，《西南民族大学学报》（人文社会科学版）2011 年第 10 期。

⑧ 吕维霞、杜娟：《日本垃圾分类管理经验及其对中国的启示》，《华中师范大学学报》（人文社会科学版）2016 年第 1 期。

段时间都是由政府主导，近些年才开始出现社会组织参与的积极探索。其参与策略可归纳为政策软化[①]、社区培育[②]和服务承接[③]三条路径，而保障条件、起始条件、过程条件、结果条件四大要素会影响城市垃圾分类的政社合作及其效果。[④] 可以通过构建“自上而下＋自下而上”的双向行动模式，建立社会力量主导的垃圾分类自治空间。[⑤]

其次，关注中端“转运回收”环节。朱丹提出，建立以多元利益相关方共管共治共营为基础、以专业增值第三方物流服务为核心、以价值共创为纽带的战略协同式垃圾回收逆向物流系统。[⑥] 谷晓芬则提出了政府主导型、企业主导型和利益相关者共同治理型等电子废弃物回收产业链模型。[⑦] 彭本红等发现，外部环境和各主体协同能力共同决定了电子废弃物回收的效果。[⑧] 吴金芳倡导构建“嵌入性互补”理论模型来应对市场机制的“失灵”。[⑨] 中国面临的挑战还驱使学者寻求“他山之石”，如黄文冰就引介了巴西以社会组织为核心的“塞普利模式”，梳理其如何通过政府部门、企业和公众的三方合作来实现废弃物管理水平的提升。[⑩]

最后，聚焦末端“垃圾焚烧”环节。西方学者关注社会组织在垃圾

---

① 文素婷：《环保 NGO 推进垃圾分类政策议程分析——基于多源流理论的视角》，硕士学位论文，华中科技大学，2013 年，第 1—41 页。

② 陈魏：《环保社会组织参与的社区垃圾分类何以可能？——基于 A 社会组织的个案研究》，硕士学位论文，华东理工大学，2015 年，第 1—70 页。

③ 李文娟：《协同治理视角下民间环保组织推进大都市社区生活垃圾分类的探索与研究——以上海市爱芬环保为例》，硕士学位论文，华东理工大学，2015 年，第 1—40 页。

④ 谭爽：《城市生活垃圾分类政社合作的影响因素与多元路径——基于模糊集定性比较分析》，《中国地质大学学报》（社会科学版）2019 年第 2 期。

⑤ 崔晓彤：《城市垃圾分类的协同管理模式研究》，《环境科学与管理》2015 年第 10 期。

⑥ 朱丹：《共同治理下的城市餐厨垃圾回收逆向物流系统》，《厦门理工学院学报》2014 年第 6 期。

⑦ 谷晓芬：《电子废弃物回收产业链协同治理机制研究》，硕士学位论文，南京信息工程大学，2016 年，第 62—67 页。

⑧ 彭本红、武柏宇、谷晓芬：《电子废弃物回收产业链协同治理影响因素分析——基于社会网络分析方法》，《中国环境科学》2016 年第 7 期。

⑨ 吴金芳：《嵌入性互补——城市生活垃圾回收中的政府与市场》，《河南社会科学》2013 年第 9 期。

⑩ 黄文冰：《塞普利模式及其对我国社会组织发展的启示》，《社团管理研究》2009 年第 6 期。

焚烧设施引发社会冲突中的角色,[①] 发现其时常作为地方抗争团体的“支持者”,[②] 帮助居民解决土地使用纷争,[③④] 并有组织地将所暴露出来的环境风险推入国家政策议程。[⑤⑥] 但受制于特殊的政治社会背景,我国社会组织很少介入此类事件,[⑦] 这导致抗争议题难以拓展,以至于对垃圾源头治理贡献不足,[⑧] 有必要通过完善法律、建立互信、财政支持和信息共享等战略,构建环保民间组织与政府互动机制,将冲突的负面影响转化为正能量。[⑨⑩] 对此,也有学者持不同意见,如谭爽认为,由于垃圾焚烧的特殊性,我国大多数环保 NGO 确实尚未成为公民环境权保护的领导者和动员力量,但纵观整个环境治理链条,许多环保 NGO 都具有重要的“在场性”。[⑪] 其积极行动需要政府予以更好的承接,从而发挥社会组织的有序表达功能,提升反焚冲突整理效能。[⑫] 值得欣慰的是,随着环境共治体系不断完善,NGO 正逐渐进入垃圾焚烧监管体系,协助政府从根源处防

---

① Diani M., Donati P. R., “Organisational change in Western European Environmental Groups: A framework for analysis”, *Environmental Politics*, Vol. 8, No. 1, 1999, pp. 13 – 34.

② Julie, Sze, “Asian American activism for environmental justice”, *Peace Review*, Vol. 16, No. 2, 2004, pp. 149 – 156.

③ Joann Carmin, “Voluntary associations, professional organisations and the environmental movement in the United States”, *Environmental Politics*, Vol. 8, No. 1, 1999, pp. 101 – 121.

④ 陈红霞:《英美城市邻避危机管理中社会组织的作用及对我国的启示》,《中国行政管理》2016 年第 2 期。

⑤ Hélène Hermansson, “The Ethics of NIMBY Conflicts”, *Ethical Theory & Moral Practice*, Vol. 10, No. 1, 2007, pp. 23 – 34.

⑥ Benjamins M. P., “International actors in NIMBY controversies: Obstacle or opportunity for environmental campaigns?”, *China Information*, Vol. 28, No. 3, 2014, pp. 338 – 361.

⑦ 张萍、张婧妍:《论大众媒介在我国环保运动中的角色、职能与现实问题》,《思想战线》2015 年第 4 期。

⑧ 周志家:《环境保护、群体压力还是利益波及厦门居民 PX 环境运动参与行为的动机分析》,《社会》2011 年第 1 期。

⑨ 谭成华、郝宏桂:《邻避运动中我国环保民间组织与政府的互动》,《人民论坛》2014 年第 11 期。

⑩ 彭小兵:《环境群体性事件的治理——借力社会组织“诉求—承接”的视角》,《社会科学家》2016 年第 4 期。

⑪ 谭爽:《“缺席”抑或“在场”?我国邻避抗争中的环境 NGO——以垃圾焚烧厂反建事件为切片的观察》,《吉首大学学报》(社会科学版)2018 年第 2 期。

⑫ 李城璇:《基于垃圾场的城市邻避冲突治理分析》,《管理观察》2016 年第 35 期。

范化解风险。[①]

四 研究述评

政社关系作为经典议题，相关成果汗牛充栋。垃圾治理作为近些年国内环保领域的重点，其知识生产亦迅速增长。总体而言，当前成果得失兼具，既为本书奠定了坚实基础，也留下了继续探索的空间。

第一，垃圾治理的政社关系呈现“实践先行”之特征，学术探讨比较滞后，亟须建立专门化的理论分析框架。无论是前端分类减量，抑或末端处置消纳，其在自然科学范畴内都被视为是技术导向的议题，而在操作层面上则被视为具象化的行动实践，导致一定程度的理论贫困。实际上，若深入考量则不难发现，垃圾治理的背后是一张巨大的社会网络。其中，既有利益相关方的博弈，也有社会资本的流动，还附着基层动员、社区营造、社会组织发展等议题。因而，本书尝试引入社会科学视角，将垃圾议题从琐碎的实践中拉出并推入学术研究范畴，试图在案例中凝练相关理论，一方面为垃圾治理的可持续开展提供借鉴，另一方面则为更为宽泛的环境治理、政社合作等议题做出贡献。

第二，规范研究多，建立在科学数据基础上的系统性实证较薄弱。少数个案研究可复制性不足，不利于把握垃圾治理政社合作的普遍规律，也导致诸多基层经验错失了反思与推广的契机。作为弥补，本书综合运用了统计分析、多案例比较、个案深剖等方法，在不同尺度上对政社关系进行分析，力求提升结论的代表性和覆盖面。

第三，有深度的研究分散于垃圾分类、邻避冲突环节，宣传教育、政策倡导、焚烧监督等场域尚未获得足够关注，缺乏对垃圾风险的系统性把握。鉴于此，本书将立足整体，基于对数十家社会组织、数十起案例的实证，回答城市垃圾风险的构成及其本质是什么，垃圾治理应覆盖哪些场域，各场域的差异性将如何影响政社关系形态及合作机制构建。

第四，对政社关系研究的切入点较为单一。现阶段对“关系”的探讨大部分还是从“行动”层面入手，分析政府与社会组织在某种情境中

---

① 任颖：《环境监察协同治理研究》，《政法学刊》2018 年第 2 期。

的互动策略。但了解一段关系，不仅要看当事人“做了什么”，同时也要看他们“说了什么”，甚至是在“想什么”，这就涉及行动、话语、理念等更丰富的维度。本书也依循这一思路，融合公共管理学、社会学、传播学、组织生态学等不同学科中的相应理论，为观察政社合作提供多维透镜。

第二节 研究视角：复合场域下政社关系的四维透镜

“关系”，指人与人之间、人与事物之间、事物与事物之间的相互联系。理解“关系”，尤其是在中国文化背景下理解“关系”，是一件非常复杂的事。它可能内蕴于理念中，也或许贯穿在言语里；可能蕴含于形态内，也或许彰显在行为上。有鉴于此，本书试图将传统以“行动”为核心的关系表征系统拓展为如图 2.1 所示的“四维透镜”框架，通过多角度、多侧面的手法来观察政府与社会组织彼此在垃圾治理复合场域中的认知、态度与互动，进而刻画政社关系这一经典研究议题。

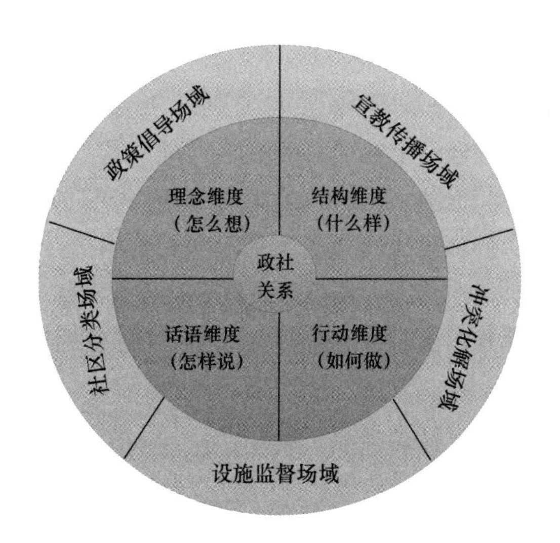

图 2.1 城市垃圾风险治理中政社关系的四维透镜

一　理念维度——怎么想

此为立足政府视角，从“应然”层面对政社关系理想形态的理解。旨在分析每个社会阶段、每个具体议题中，政府认为，其与社会组织应该以什么样的方式互动。该期许通常会依托公共政策呈现。各类文本交错合力，为双方编制行为规范。具体到本书，将从如下三个层面对政策及其变迁做梳理，从中提炼与社会组织相关的规定：

（一）社会组织管理的相关政策

社会组织管理政策对政社关系产生“元约束”。从1950年的《社会团体登记暂行办法》到2016年的《中华人民共和国慈善法》，政策话语中的社会组织角色持续变迁。通过政策演进历程的剖析，可勾勒政社关系的应然状态。

（二）环境治理相关政策

垃圾治理是环境治理的亚类型，环境政策赋予社会组织的权利自然也适用其中。《中华人民共和国环境保护法》（以下简称《环境保护法》）、《环境保护公众参与办法》和《环境影响评价公众参与办法》等都涉及相关内容，可以由之理解环保领域中社会组织的行动空间、机会与限度。

（三）垃圾治理相关政策

中国的垃圾治理经历了从“行政主导”到“多元协同”的主体变迁，社会组织的生存空间也随之拓展。尤其是2016年末强制垃圾分类进程开启后，对社会组织的认可大大提升，如上海就专门出台了《关于发挥本市社区治理和社会组织作用助推生活垃圾分类工作的指导意见》。梳理此类政策，能直接呈现出面对垃圾问题政府和社会组织的行动方略。

二　结构维度——什么样

此为基于社会组织视角，从“实然”层面对政社关系实践的观察。侧重于分析社会组织为了更好地生存并达成自身愿景，在与政府互动时会在组织结构、生态网络等方面进行何种安排。涉及如下两项内容：

（一）社会组织的结构

1. 内部治理结构，即社会组织的内部形态，如组织内部各职能部门或业务板块的构成，人力资源、财务等管理的规范化等。

2. 外部关系结构。尤其是与政府部门的关联，比如，政府在社会组织资金筹措、战略制定、人才招聘过程中是否有话语权，社会组织是否与政府领导人之间存在紧密联系等。

（二）社会组织的生态链

生态链是由处于不同生态位（niche）的社会组织所构成的链条。在该链条上，各社会组织参与垃圾治理的阶段、位置、功能定位都不同。其链接既受到政府和政策的影响，也会反过来调整其与政府的关系形态。

三 话语维度——怎样说

该维度同样是从“实然”层面对政社关系实践的考察。话语是由观念、概念与范畴所构成的特定集合体。[①] 环境话语运用多种语言形式表达并建构人类与自然的关系。[②③] 与人际关系一样，垃圾治理领域的政社互动有时候并非直接表现为行动层面的合作、疏离或排斥，而是通过语言的借用、应和、辩论等形式来体现对彼此观点的认同、漠视或反对。这种零散的、转瞬即逝的言语常常被忽视或曲解，导致我们错过了理解“关系”的关键点。故本书特地引入该维度，通过考察社会组织如何在自媒体上生产与垃圾治理相关的“绿色话语”，理解“表达”层面的政社关系现状及其合作空间。

四 行动维度——如何做

这是研究政社关系最为经典的维度，聚焦于政府与社会组织在具体垃圾治理项目中的行为互动。比如在社区垃圾分类过程中，双方在“项目委托—项目启动—项目执行—项目评估”等各环节中分别履行什么职责？是各自为战还是彼此借力？是相互排斥抑或视而不见？行动是社会组织关系的最直接表征，但行动也可能有“做表面功夫”之嫌，所以，

---

① Hajer M. A. , *The Politics of Environmental Discourse*: *Ecological Modernization and the Policy Process*, New York: Oxford University Press, 1995.

② 黄国文、赵蕊华：《生态话语分析的缘起、目标、原则与方法》，《现代外语》2017 年第 5 期。

③ 吕源、彭长桂：《话语分析：开拓管理研究新视野》，《管理世界》2012 年第 10 期。

将其与理念、结构、话语三者相结合，能在很大程度上克服认知偏颇，增强对政社关系的全面理解。

如上四个维度会在垃圾治理链条的五个场域有不同程度的呈现：第三章将作为独立的部分，专注于展示“理念维度”上政府如何通过政策制定，引导和规约社会组织的行动方向与空间。“结构维度”的描述散见于各个章节，与行动或话语联合构成政社关系的表征。“话语维度”落脚于宣教传播场域，以垃圾议题社会组织的知识供给和传播策略为核心，分析政社之间的“话语之争”。“行动维度”在社区垃圾分类场域中使用最广泛。

本章小结

政社关系是政治学、社会学、公共管理学领域中的经典议题，相关成果比比皆是。本章立于巨人之肩，将视角延伸到垃圾治理这一具体领域中，从对象、方法、思路等维度梳理现有研究不足、划定研究起点、明确研究方向，并在此基础上创造性地提出观察政社关系的“四维透镜”，也即从“怎么想”“什么样”“怎样说”“如何做”四个层面入手，如同理解人际关系一样理解组织关系。这四个层面分别对应于垃圾风险治理中的六个场域，使得分析各有侧重，为读者描摹出尽可能完整的政社关系画卷。

第三章

政策话语：城市垃圾风险治理政社关系的应然状态

政社关系一直是国内外政治学、社会学、管理学等学科密切关注的议题。众多学者基于历时性或共时性视角，运用多元丰富的研究方法，建构了诸多政府与社会组织互动的理论框架，将二者灵活、多变的关系形态及合作路径予以全方位呈现。但与此同时，诸如“嵌入论”“分类控制论”“吸纳论”“赋权论”等类目繁多的模式总结也让读者遭遇“盲人摸象”之困境，在碎片化甚至彼此冲突的理论解读中迷失方向。鉴于此，有学者提出，应通过对政策的研究来拼合中国政府与社会组织关系的完整画面。[①] 本章亦是基于同样考量，尝试对与本书密切相关的政策进行阶段性梳理总结，立足“怎么想”这一理想、规范的视角，在正式规则中更为系统地把握政社关系的变迁轨迹。如第二章所述，本章将关注社会组织管理、环境治理和垃圾治理三类政策。文本选择以1949年为开端，以2020年为终结。由于地方政策多是在中央指导下的细化，故仅以国务院及部委出台的政策为研究对象。

① 李健、成鸿庚、贾孟媛：《间断均衡视角下的政社关系变迁：基于1950—2017年我国社会组织政策考察》，《中国行政管理》2018年第12期。

第一节　社会组织管理政策中的政社关系演进

一　国家统合与政社同构：中华人民共和国成立初期的政社关系（1950—1978 年）

中华人民共和国成立伊始，政治、经济、文化、社会等各个方面亟待建设。为此，我国通过“人民公社”和“单位制”等制度安排，建立起高度集中的政治经济体制。但同时，社会的活动空间也被迫压缩，曾经广泛存在的由民间发起的行业协会、慈善组织、学术团体等，均被作为政府管理的对象予以重新管控和规范。政务院和内务部于 1950 年 10 月和 1951 年 3 月相继出台了《社会团体登记暂行办法》和《社会团体登记暂行办法实施细则》，初步形成分类分级的登记管理制度，奠定了我国最早的社会组织管理制度规范。其根本目的在于重新判断和选择符合国家建设目标的社会团体，杜绝一切可能造成社会失序的风险因素。在此背景下，全国青联、全国妇联、学生联合会、工会等体制内组织被赋予合法的生存地位，并作为党与国家联系群众的桥梁与纽带，承担了大量的相关公共职能。① 相对应地，如互助会等自下而上建立的民间组织则受到限制、忽视，甚至被整顿清理。② 历经这样的“差异性管理策略”，政府一方面实现了部分社会团体的“为我所用”，造就了“政社高度同构”的阶段性特征；另一方面则将更广泛的社会力量与自身割裂开来，形成“政社分离”的疏离关系。

二　需求导向与双重管理：改革开放后的政社关系（1978—2011 年）

党的十一届三中全会后，我国政社关系焕然一新。在农村，村民自治制度和村民委员会的出现改变了农民参与公共事务的图景。在城市，

① Hall, Peter A., “Policy Paradigms. Social Learning, and the State: The Case of Economic Policy making in Britain”, *Comparative Politics*, Vol. 25, No. 3, 1993, pp. 275 - 296.

② Unger J. Bridges, “Private Business, the Chinese Government and the Rise of New Associations”, *The China Quarterly*, Vol. 147, No. 3, 1996, pp. 795 - 819.

单位制逐渐式微，人们被单位挤出至社会，对居民委员会等结社形态的需求日益旺盛。鉴于此，1982 年，《中华人民共和国宪法》（以下简称《宪法》）明确规定了公民结社权。1986 年，我国又出台了《中华人民共和国民法通则》，对机关、事业单位和社会团体法人等民事法律主体做出相关制度规定。如上种种，为社会团体的成长提供了法律保障，助力其复苏并迅速发展。除群众自治组织之外，宋庆龄基金会、中国残疾人福利基金会等一系列基金会性质的组织也开始萌芽。但它们并非西方意义上的 NGO，而是具有显著中国特色的官办非政府组织（GONGO），是由政府自上而下授权建立的，社会组织资源和运行逻辑也深深嵌入行政体制之中，呈现出类科层制的特征。

随着社会组织数量渐增，既有粗放的管理制度明显力有不逮。因此，国务院先后颁布了《基金会管理办法》和《社会团体登记管理条例》，对基金会的内部管理、资金使用，以及社会团体的成立登记、监督惩罚等作出规定。此外，为促进国际贸易和经济往来，加强对外国商会的管理，国务院又颁布了《外国商会管理暂行规定》，并转发民政部《关于整顿和清理社会团体的请示》。如上举措，一方面，明确了“双重负责，分级管理”的管理体制，将社会组织纳入制度化管理；另一方面，则进一步降低了社会组织成立、管理及活动开展的门槛。

与社会组织严格化和规范化管理同时出现的是经济社会的发展对社会力量的需求。随着以单位制为代表的计划经济体制的“破”与市场经济体制的“立”，原来由单位包揽的公共服务被推入市场并要求个体自行买单，就业、购房、教育、医疗等难题随之爆发，仅凭公权力无法巨细靡遗地回应这些诉求。有鉴于此，党的十四大提出，“发展社会主义市场经济”，改变国家统管社会的全能主义模式，社会组织在这种背景下获得快速发展。1995 年，第四届世界妇女大会和世界 NGO 妇女论坛在北京召开，进一步让中国从政府到民间都打开了眼界。NGO 这个词开始在中国为人所知，一些自下而上的社会组织成立，对社会治理的理念和治理模式的变革起到积极作用。与此同时，政府亦开始进一步探索如何建立健全社会组织管理体系。1996 年，民政部颁布《社会团体年度检查暂行办法》；同年，中共中央办公厅、国务院办公厅联合下发《关于加强社会团体和民办非企业单位管理工作的通知》。1998 年，国务院重新修订《社会团体登记管理条例》。较之以前，条例强化了“双重管理体制”，即业务主管单位和登记管理机关双重审核、双重负责、双重监管，给社会组织的有序发展提供“双保险”。

2002 年党的十六大后，社会管理、社会建设被纳入顶层设计。党的十六届四中全会进一步明确提出“党委领导、政府负责、社会协同、公众参与的社会管理格局”。[①] 党的十六届六中全会通过的《中共中央关于构建社会主义和谐社会若干重大问题的决定》明确要求“建设服务型政府，强化公共服务和社会管理职能”，并首次在党的文件中正式提出“社会组织”概念。党的十七大报告指出，要“发挥社会组织在扩大群众参与、反映群众诉求方面的积极作用，增强社会自治功能”。[②] 可见，从国家的顶层战略来看，社会组织已经成为我国服务型政府建设和社会治理所不可或缺的新兴力量。为了促进其健康有序发展，2005—2010 年间，政府围绕对社会组织的监督、检查，先后出台了《民办非企业单位年度检查办法》《基金会年度检查办法》《关于调整社会团体会费政策等有关问题的通知》《关于进一步明确社会团体会费政策的通知》《关于规范社会团体收费行为有关问题的通知》等针对性规定，为社会组织的规范发展搭建了一套较之此前明显更加精细的政策框架。

总而观之，改革开放后，随着经济体制和社会形态的变迁，社会组织的功能以及政府对其的认知也在持续变化。从理念上看，政府失灵的现实决定了必须赋予社会组织更广阔的舞台。从战略上看，社会组织失灵的风险决定了政府必须对其进行更深入的管理和控制，使之始终行进在“社会服务”的轨道中而不要随意偏离。这种以“双重管理”为代表的控制体系虽然增强了管理效力，但也形成了“制度挤出效应”，即一些自下而上的社会组织因难以找到业务主管单位或难以满足登记注册要求而无法获得合法身份，这在很大程度上损害了社会组织的独立性和自主性。

---

① 中共中央文献研究室编:《改革开放三十年重要文献选编》(下)，中央文献出版社 2008 年版，第 1652 页。

② 中共中央文献研究室编:《改革开放三十年重要文献选编》(下)，中央文献出版社 2008 年版，第 1728 页。

三 赋能培育与全景监督：党的十八大后的政社关系（2012 年至今）

为了理顺突破双重管理体制，为有实力、有潜力的社会组织松绑，部分发达地区和城市开始进行探索。比如，北京市在《北京市加强社会建设实施纲要》《关于加快推进社会组织改革与发展的意见》等文件中明确提出，要加快推进政社分开、管办分离，创新社会组织管理体制。又如，广州市民政局为项目实施制定了《关于实施“广州市社会组织直接登记”社会创新观察项目的工作方案》，明确指出，除特殊规定外，社会组织都可以直接向登记管理机关申请登记。此外，各地积极探索政府购买社会组织服务的制度创新，通过印发《政府购买社会组织服务暂行办法》、公布《政府购买服务目录》等精细化管理与服务，不断完善社会组织参与公共服务的制度体系，以应对地方治理面临的复杂形势与全新挑战。①

地方的积极创新逐渐传导至中央。2012 年，党的十八大正式提出了“加快形成政社分开、权责明确、依法自治的现代社会组织体制”② 这一新要求。2013 年，党的十八届二中全会指出，应理顺政府、市场、社会三者的权责利关系。党的十八届三中全会在继续强调“政社分开”的同时提出，“加快形成科学有效的社会治理体制”；“重点培育和优先发展行业协会商会类、科技类、公益慈善类、城乡社区服务类社会组织，成立时直接依法申请登记”。③ 这一指导思想为四类社会组织推平了“双重管理”所导致的重重窒碍，使之无须经过业务主管单位的同意就可以直接到民政部门登记，大大促进了 NGO 的成长速度。党的十九大报告指出，“要发挥社会组织作用，实现政府治理和社会调节、居民自治良性互动”。党的二十大报告再次强调，要“统筹推进政党协商、人大协商、政府协商、政协协商、人民团体协商、基层协商以及社会组织协商”。如上想法为政社关系的重构与优化揭开了新篇章。

---

① 李健、成鸿庚、贾孟媛：《间断均衡视角下的政社关系变迁：基于 1950—2017 年我国社会组织政策考察》，《中国行政管理》2018 年第 12 期。

② 中共中央文献研究室编：《十八大以来重要文献选编》（上），中央文献出版社 2014 年版，第 27 页。

③ 中共中央文献研究室编：《十八大以来重要文献选编》（上），中央文献出版社 2014 年版，第 513、540 页。

首先，政府向社会组织购买服务。2016 年，中共中央办公厅、国务院办公厅印发的《关于改革社会组织管理制度促进社会组织健康有序发展的意见》[①] 和财政部、民政部颁布的《关于通过政府购买服务支持社会组织培育发展的指导意见》，[②] 强化了政府向社会组织购买公共服务的合法性和积极性，使行政机制与市场机制能够有效结合。不仅为社会组织的成长发育注入资金和资源，解决部分社会组织生存的燃眉之急，更重要的是建构了一种平等互利而非行政命令式的政社合作方式，使得双方能够各尽其能、亲密合作。

其次，社会组织脱钩改革。2015 年，中共中央办公厅、国务院办公厅印发了《行业协会商会与行政机关脱钩总体方案》，[③] 厘清了行业商会应有的职能边界及其应发挥的作用。党的十九届三中全会通过的《中共中央关于深化党和国家机构改革的决定》，把社会组织作为“统筹党政军群机构改革”的一部分，提出了加快实施政社分开、克服社会组织行政化倾向的要求，这有利于推动政府机构更多“放”、更好“管”、更优“服”，同时有利于发挥社会组织贴近群众、服务群众的优势，满足群众对高质量公共服务的新需要。[④]

最后，完善政府对社会组织的精细化监管。对社会组织进行“放”与“服”，并不意味着放任不管。相反，这一阶段社会组织的管理进入了法治化、精细化、综合化时期，也即国家在鼓励、引导、支持社会组织发展的同时，不断建立健全对社会组织的监管制度体系。如全国人大常委会审议通过的《中华人民共和国慈善法》（以下简称《慈善法》）、《境外非政府组织境内活动管理法》等法规明确了社会组织监督管理机制；又如民政部、税务总局、发改委等部门联合围绕社会组织统一代码和信息共享、年检和评估、党的建设等环节出台了全面详细的政策法规，形

---

① 新华社：《关于改革社会组织管理制度促进社会组织健康有序发展的意见》，2016 年 8 月 21 日，http：//www. gov. cn/xinwen/2016 -08/21/content_ 5101125. htm，2021 年 10 月 8 日。

② 财政部：《关于通过政府购买服务支持社会组织培育发展的指导意见》，2016 年 12 月 1 日，http：//www. mca. gov. cn/article/xw/tzgg/201612/20161215002821. shtml，2021 年 10 月 8 日。

③ 新华社：《行业协会商会与行政机关脱钩总体方案》，2015 年 7 月 8 日，http：//www. gov. cn/zhengce/2015 -07/08/content_ 2894118. htm，2021 年 10 月 8 日。

④ 孙照红：《政府与社会关系 70 年：回顾与前瞻——基于社会组织管理制度的分析》，《中共杭州市委党校学报》2020 年第 2 期。

成了一种“宽进严办”的管理理念，推动社会组织朝向专业化、职业化、高质量方向发展。

四 “双轨并行”：社会组织管理政策中的政社关系演进

通过对中华人民共和国成立以来社会组织管理政策的梳理，可以将政社关系解读为“双轨并行”。一条轨道是基于对社会组织的功能判断而铺设的，另一条则是基于适应性的互动策略而建构的。

从前者来看，政社关系遵循“忽视—需求—赋能”的演化。中华人民共和国成立初期，政府对大部分自下而上成立的社会组织所扮演的功能是忽视而警惕的。为了尽快稳定国内局势、投入社会生产，只对部分能承接公共职能的官办社会组织予以认可，并通过分类控制的政策导向将其余组织排除在外。改革开放后，经济体制改革、单位制瓦解将越来越多的个体抛入社会，公权力部门在福利供给上力有不逮，开始出现对多元社会主体提供社会服务的需求，这给社会组织的发展打开了机会之窗，但其更多是作为政府的“伙计”存在，主要目标在于弥补行政能力所不及之处。党的十八大后，公民结社意愿和能力进一步提升，社会组织的活跃性越来越高，对社会发展的贡献显著提升。“治理”理念对“管理”的替代和建立服务型政府的改革目标，决定了社会组织势必成为政府提供公共服务的左膀右臂。因此，政府出台了一系列以“赋能”为宗旨的政策，以提升双方合作的效率和效能，推动“伙计关系”向“伙伴关系”的转型。

从后者来看，政社关系遵循“控制—管理—监督”的变迁。在国家统合社会的中华人民共和国成立初期，具有合法身份的社会组织几乎没有独立和自主空间，其人财物都在政府的掌控之下，机构使命与政治使命合一，是行政机构的延伸，故“控制”是该阶段政社关系的主旋律。改革开放后，国家治理迈向法治化、规范化进程，政府通过出台各类法律法规、设置“双重管理机制”等方式对社会组织进行较为直接的管理。党的十八大后，政社关系格局再次转型。政策工具从管控类拓展至市场类，同时政府对社会组织的管理从力度上松绑，但在范围上并未收缩甚至有所增加，通过更为灵活、精细的监督策略推动社会组织的专业化建设，用“直接管理的退”换“全景监督的进”。

第二节　环境治理政策中的政社关系变迁

社会组织是分散公众有序参与公共事务的一种重要体现和基本载体。在这个意义上，环境治理领域的政社关系在政策文本中多是以“公众参与”作为语言表征。以中华人民共和国成立为肇始，公众参与环境治理的空间从无到有、由窄拓宽，与政府的关系从彼此疏离发展为协作共赢，经历了四个阶段。

一　参与理念初现：中华人民共和国成立初期环境治理中的政社关系（1950—1978 年）

20 世纪 50 年代，我国正处于成立初期，百废待兴，由于当时特殊的历史原因，重工业优先发展的政策在提升了经济发展水平的同时也不可避免地带来了环境污染。1972 年，我国参加联合国召开的第一次人类环境会议，有力提升了政府对国内环保问题的重视。1973 年，中央便召开了第一次全国环境保护会议，出台《关于保护和改善环境的若干规定（试行草案）》，提出“全面规划，合理布局，综合利用，化害为利，依靠群众，大家动手，保护环境，造福人民”的 32 字方针①。这是我国第一部环境保护相关政策文件，标志着我国环境保护工作开始起步，也开启了我国“公众参与环境治理”的历程。但该时期，社会各领域尚处政府集中管理之下，经济发展和社会稳定均面临压力，环境保护虽引发关注但并未成为主流议题，社会组织几乎未见踪影，故公众参与只体现在政策的字里行间之中，既没有具体的制度安排，也缺乏操作的条件与工具。

二　参与制度完善：改革开放初期环境治理中的政社关系（1978—1992 年）

1978 年，党的十一届三中全会胜利召开并确立了改革开放的总体方针。社会主义现代化建设成为我国经济社会发展的重心。伴随着改革开

① 蒋金荷、马露露：《我国环境治理 70 年回顾和展望：生态文明的视角》，《重庆理工大学学报》（社会科学版）2019 年第 12 期。

放政策的全面纵深推进，环境保护逐渐成为我国各级各地政府的重点工作之一。1978 年 3 月，第五届全国人民代表大会第一次会议通过的《宪法》，首次对环境保护做出明确规定，为相关工作提供了法律依据。1979 年发布的《环境保护法（试行）》进一步明确了环境保护的具体规范。1983 年，“环境保护”被正式确立为基本国策。1987 年，国务院办公厅转发《城乡建设环境保护部关于加强城市环境综合整治报告的通知》，提出，“发挥城市居民对城市环境保护的监督作用，树立‘保护环境，人人有责’的社会风尚”。1989 年 12 月，《环境保护法》正式颁布，明确提出，“一切单位和个人都有保护环境的义务，并有权对污染和破坏环境的单位和个人进行检举和控告。对保护环境有显著成绩的单位和个人，由人民政府给予奖励”。1990 年，国务院出台《关于进一步加强环境保护工作的决定》；1991 年，建设部印发《城市环境卫生当前产业政策实施办法》；1992 年，国务院办公厅转发《国家环保局、建设部关于进一步加强城市环境综合整治工作若干意见的通知》和《城市市容和环境卫生管理条例》，等等。如上系列政策为广大群众积极参与环境治理提供了合法性并做出制度安排。在良好的政策氛围下，我国环保组织雏形初现。1978 年，政府部门发起的第一家民间环保组织“中国环境科学学会”成立；1991 年，我国首个环保 NGO“黑嘴鸥保护协会”成立。但这段时间，真正由公众发起的、由下至上的环保社会组织寥寥无几，只有部分 GONGO 在政府指导下开展工作。

由此可见，改革开放初期，虽然环境治理已经提上日程，政策中也明确划定了公众参与的空间，但是，由于社会发育有限，公众环保意识尚浅且参与能力不足，政府依然是政策执行的主力，社会组织的身影稀少且模糊。

三 合作体系建立：可持续发展理念下环境治理中的政社关系（1992—2002 年）

改革开放以来，环保工作成效显著，但在双轨制经济条件下，部分地方政府为求经济快速增长而忽视环境保护，环保各项政策的落实不到位、不达标。1978 年，联合国世界环境与发展委员会发布报告《我们共同的未来》，首次提出了“可持续发展”概念。[①] 1992 年，我国参加联合国环境与发展大会并在《中华人民共和国环境与发展报告》中明确提出了“可持续发展战略”。大会通过了《中国 21 世纪议程——中国 21 世纪人口、环境与发展白皮书》，该报告明确提出：“实现可持续发展目标必须依靠公众及社会团体的支持和参与。公众团体和组织的参与方式和参与程度将决定可持续发展目标实现的进程。考虑到中国宪法和法律已经对公众参与国家事务所作的规定并认识到公众参与在环境和发展领域的特殊重要性，有必要为团体及公众参与可持续发展制定全面系统的目标、政策和行动方案。”[②] 1996 年 8 月，国务院颁发《关于环境保护若干问题的决定》，首次明确提出，“建立公众参与机制，发挥社会团体的作用，鼓励公众参与环境保护工作，检举和揭发各种违反环境保护法律法规的行为”[③]，为社会团体的环境监督开辟了空间。1996 年 12 月 3 日，国家环境保护局、中共中央宣传部、国家教育委员会共同下发《全国环境宣传教育行动纲要（1996—2010 年）》，将不断提高公众的环境意识作为环境宣传的基本任务，把“激励”和“赋能”共同融入公众参与体系。

该时期，社会主义市场经济体制持续发展完善，我国政府机构改革也在深入进行。1998 年，国家环境保护局升格为国家环境保护总局，机构职能随之变化，由完全依靠行政命令转为依托市场机制来引导企业和社会公众自觉开展环境保护。2001 年 12 月 26 日，《国务院关于国家环境保护“十五”计划的批复》提出，“积极推进污染治理的企业化、产业化、市场化。形成政府、企业、社会多元化投入和政府主导、市场推进、公众参与的环境保护机制”。[④] 这一时期，处于发展阶段的中国环保 NGO 从物种保护入手，开展了系列宣传活动，逐渐在公众心目中树立了其良好的形象。1994 年，“自然之友”在北京注册成立，1995 年发起了保护

---

① 张卫华：《论我国公众参与环境决策的法律保障机制》，硕士学位论文，郑州大学，2010 年。

② 国家环境保护局：《中国世纪议程》，中国环境科学出版社 1994 年版，第 177 页。

③ 国务院：《国务院关于进一步加强环境保护工作的决定》，1990 年 12 月 5 日，http：//www. gov. cn/zhuanti/2015 -06/13/content_ 2878958. htm，2021 年 10 月 7 日。

④ 国务院：《国务院关于国家环境保护“十五”计划的批复》，2001 年 12 月 26 日，http：//www. gov. cn/gongbao/content/2002/content_ 61852. htm，2021 年 10 月 7 日。

藏羚羊和滇金丝猴行动，掀起我国环保社会组织发展史上的第一次高潮。1999 年，“北京地球村”与北京市政府合作设置“绿色社区”试点，驻扎基层开展工作。自此，中国环保组织步入城市、走进人群，逐步被社会了解与接纳，为推进公众参与环境治理起到了积极作用。

总之，这一时期随着政府职能的转变和可持续发展理念的提出，法律、经济、社会等工具均被纳入环境领域，与行政手段共同构成多元环境治理体系。公众和社会团体的可见度提升，政府从环境监督、环境宣教、生态保育等多维度出台了更为精细化的保障政策，有限政府下的社会组织参与已呈现大致轮廓。

四 合作与对抗交织：生态文明建设阶段环境治理中的政社关系（2002 年至今）

党的十六大提出了“促进人与自然和谐”的理念，党的十七大提出了“建设生态文明”的战略目标，标志着我国的环境保护工作和环境治理进入新的历史阶段。2002 年 10 月 28 日，第九届全国人民代表大会常务委员会第三十次会议通过了《中华人民共和国环境影响评价法》。该法第十一条规定：“专项规划的编制机关对可能造成不良影响并直接涉及公众环境权益的规划，应当在该规划草案报送审批前，举行论证会、听证会，或者采取其他形式，征求有关单位、专家和公众对环境影响报告书的意见。”公众环境权在中国环境与资源保护立法中首次被确立，证明公众参与环境保护的重要性和迫切性已得到政府重视。2005 年 12 月 3 日，国务院出台《关于落实科学发展观加强环境保护的决定》，明确要求：要“健全社会监督机制，为公众参与创造条件，发挥社会团体的作用；对涉及公众环境权益的发展规划和建设项目，通过听证会、论证会或社会公示等形式，听取公众意见，强化社会监督”。[1] 公众参与成为政府解决和化解环境治理难题的博弈与制衡之策。

但长期的重经济、轻环保，致使结构性矛盾和粗放型增长方式叠加，资源矛盾凸显。如 2005 年“浙江东阳事件”、2007 年“厦门 PX

---

① 丁彩霞：《参与式社会：环境共治中公众的核心行动》，《内蒙古师范大学学报》（哲学社会科学版）2017 年第 3 期。

项目事件”、2008 年“云南华坪事件”等重大环境污染事件频发。我国环境治理中呈现的诸多问题和矛盾与西方 20 世纪 60—80 年代中后期的困局相似，即虽然环保工作呈现出由政府管制下的“末端治理”向“综合管控”转变，“但更多地表现为对经济行为所引发的污染现象的‘矫正’，是对集体性群众抗议事件的被动回应，是社会经济活动的附带产品和经济目标的‘伴生物’”①。在这种状况下，相关政策被社会团体和公众视作维权工具，政企社三方常常呈现出对抗的紧张关系。鉴于此，政府有意识地创造环境参与平台，引导公众通过合法渠道表达环境诉求。比如国务院于 2007 年 11 月印发《国家环境保护“十一五”规划的通知》，提出，“以宣传教育引导公众参与，进一步完善政府主导、市场推进、公众参与的环境保护新机制。扩大公众环境知情权；完善公众参与环境保护机制，听取公众意见，接受群众监督，实行民主决策”。② 2009 年 8 月，国务院颁布《规划环境影响评价条例》，要求“规划编制机关对规划环境影响进行跟踪评价，应当征求有关单位、专家和公众的意见。并附具对公众意见采纳与不采纳情况及其理由的说明”。③ 如上政策既体现了政府对公众意见的重视和认可，同时也在制度内赋予了公众有序参与的权利。

公众权利意识的提升和维权能力的增长对政府治理能力提出了更高要求。“如何最大可能实现经济发展与环境改善的双赢？政府必须实施‘明智的’管治方式，公众参与创设更多条件。”④ 在这一背景下，党的十八大将“大力推进生态文明建设”的战略纳入国家“五位一体”总体布局。2018 年，《宪法修正案》将“推动生态文明协调发展”作为国家的根本任务，且把“引导和管理生态文明建设”列入国务院的职能范围，

① Philipp M. Hildebrand, “The European Community's Environmental Policy, 1957 to ‘1992’: From Incidental Measures to an International Regime?” *Environmental Politics*, Vol. 1, No. 4, 1992, pp. 13 – 44.

② 国务院：《国务院关于印发国家环境保护“十一五”规划的通知》，2007 年 11 月 26 日，http://www.gov.cn/zwgk/2007 – 11/26/content_ 815498. htm，2021 年 10 月 7 日。

③ 国务院：《规划环境影响评价条例》，2007 年 11 月 26 日，http://www.gov.cn/flfg/2009 – 08/21/content_ 1398566. htm，2021 年 10 月 7 日。

④ Hajer M. A., “The Politics of Environmental Discourse: Ecological Modernization and the Policy Process”, *Global Environmental Change*, Vol. 75, No. 3, 1997, pp. 1138 – 1140.

环境议题逐渐摆脱了经济活动“附带产品”的性质。公众的生态意识也在进一步觉醒，社会环保组织的数量持续增加，活动范围和领域从初建时期的较为单一的环境宣传活动和对特定物种的保护等，逐步升级拓展到为政府部门提供咨询建议，开展污染监督，维护公众权益等多个领域。2011 年 4 月 22 日，中共中央宣传部、环境保护部等六部门联合下发的《全国环境宣传教育行动纲要（2011—2015 年）》提出，“积极统筹媒体和公众参与的力量，建立全民参与环境保护的社会行动体系；鼓励和引导公众以及环保社会组织积极有序参与环境保护；引导规范环境保护公众参与；建立健全环境保护公众参与机制”。[①] 10 月 17 日，国务院出台《关于加强环境保护重点工作的意见》，规定“严格执行环境影响评价制度，环境影响评价过程要公开透明，充分征求社会公众意见；不断增强环境保护能力，引导和支持公众及社会组织开展环保活动”。[②] 12 月 25 日，国务院印发《国家环境保护“十二五”规划》，进一步明确了要建立与完善全民参与环保的社会行动体系。2014 年，《中华人民共和国环境保护法》修订并实施，明确了“公民、法人和其他组织依法享有获取环境信息、参与和监督环境保护的权利”。环境保护坚持保护优先、预防为主、综合治理、公众参与、损害担责的原则。此后，国务院和各部委陆续出台了《关于推进环境保护公众参与的指导意见》《环境保护公众参与办法》《关于加强对环保社会组织引导发展和规范管理的指导意见》等多项环境治理政策文件，社会组织的身份与价值在文件中不断得到认可和强调，对其开展各项活动具有重要的推动意义，也标志着公众和社会组织参与环境治理迈向了制度化与现代化，成为与政府亲密合作的“环境保护执法者”。[③]

五 “谨慎放开”中的合作建立：环境治理中的政社关系变迁

综上所述，我国环境领域中政府对公众和社会组织的态度经历了由

---

① 生态环境部：《关于印发〈全国环境宣传教育行动纲要（2011—2015 年）〉的通知》，2011 年 4 月 22 日，https：//www. mee. gov. cn/gkml/hbb/bwj/201105/t20110506 _ 210316. htm，2021 年 10 月 7 日。

② 《〈国务院关于加强环境保护重点工作的意见〉发布》，《环境经济》2011 年第 11 期。

③ 李慧明：《环境治理中的公众参与：理论与制度》，《鄱阳湖学刊》2011 年第 2 期。

"谨慎放开"到"积极合作"的过程。从中华人民共和国成立初期到1978年，我国处于计划经济体系下的政府集中管理时期，大力发展重工业和高污染行业，环境治理并没有提上日程，公众参与更是无从谈起。1978—1992年，我国实施改革开放，环境治理随着市场经济体制的初步建立和发展而逐渐显现出必要性，政策中出现了对公众参与的鼓励与认可，但在实际执行时还缺乏配套的制度安排予以支持。1992—2002年，在可持续发展战略指导下，公众环境权被正式提出，公众参与环境治理的制度保障也不断完善。2002年至今，环境问题已经成为普遍的社会问题，政府提出生态文明建设思路，环境治理公众参与逐渐走向制度化和现代化。在部分环境维权事件中，社会组织会在制度框架内为环境难民提供支持，但为维护社会稳定，相关政策在环保组织扶持方面依然存有谨慎保守之处，政社关系始终在对抗与合作的交织中不断磨合。

第三节 垃圾治理政策中的政社关系转型

一、政府包揽式垃圾治理：政社合作沉寂阶段（1978—2005年）

改革开放以来，我国国民经济复苏，城镇化进程不断加快，城市垃圾问题初步显现。1979年，全国各城市的生活垃圾年清运量总计为2500万吨左右；1982年，其清运总量合计为3100多万吨，平均每年增长率高达7.4%。直至1993年，垃圾清运总量已达6900万吨以上，较1982年翻了一番还多。[①] 公民环保意识淡薄、相关政策缺失使得社会环境受到重大威胁，政府部门不得不开始积极思考应对方法。1986年，国务院转发《关于处理城市垃圾改善环境卫生面貌的报告》，正式将城市垃圾的无害化处理及污染控制工作提上日程，指出要将专业队伍与群众结合起来，因地制宜开展群众性的城市卫生工作。1987年，国务院转发《关于加强城市环境综合整治报告的通知》，提出要营造"保护环境，人人有责"的社会氛围，通过居民积极监督来提升城市环境质量。但这一时期，垃圾

---

① 毛达：《改革开放以来我国生活垃圾问题及对策的演变》，《团结》2017年第5期。

管理工作属于城市环境卫生范畴[①]，由政府环卫部门负责，更多地将其视作一项专业的“技术活”而非“社会工程”。这样的氛围也导致少有社会组织涉入其中。

20 世纪 90 年代后，政府对垃圾问题的敏感度提高，治理力度加大。1992 年，国务院颁布的《城市市容环境卫生管理条例》经 2011 年和 2017 年两次修订，明确提出“环境卫生管理应当逐步实行社会化服务，有条件的城市，可以成立环境卫生服务公司”[②]，同时提出，将市场力量引入城市垃圾处理体系。随后我国针对城市生活垃圾进行管理，出台《城市生活垃圾管理办法》和《固体废物污染环境防治法》，政府逐步开始推行垃圾处理收费制度，同时加强公众环保教育，开展以校园为宣传重点的多种形式活动，促使公众参与垃圾分类。但因当时社会中的民众环保意识不足，由其进行推动建立的环保社会组织寥寥无几，已经成立的环保社会组织基本都在政府的指导下开展工作。因此，垃圾治理依然由政府大包大揽，社会力量尚未激活，处理方式仍然集中在以填埋和焚烧为主的末端处理，源头治理成效不彰。

二 政府主导式垃圾治理：政社合作萌芽阶段（2006—2015 年）

随着经济的飞速发展，人民生活水平快速提高，垃圾围城问题日益严重，引发政府高度关注。2007 年，建设部修订《城市生活垃圾管理办法》，指出以“谁产生、谁依法负责”为原则，减少城市生活垃圾的产量，将其改造为可利用的资源，并对其进行无害化处理，焚烧技术成为该时期的主要治理工具。但随着人们对焚烧厂的认识逐渐加深，“忧焚”“反焚”的社会心态凸显，反焚烧厂修建的“邻避冲突”在全国各地频频发生。环保组织、环保学者与维权公众结成“同盟”，积极发声，掀起舆论浪潮，“如何妥善治理垃圾”这一问题也由此被推向前台，引发社会各界广泛关注。反焚事件倒逼地方政府重新审视垃圾管理策略，进而推动了政策制定。2011 年，在“番禺反焚案”和“阿苏卫反焚案”的发源地

---

① 城市环境卫生管理是指为有效治理城市垃圾、粪便，为城市人民创造清洁、优美的生活和工作环境而进行的垃圾、粪便的收集、运输、处理、处置等活动的总称。

② 《城市市容和环境卫生管理条例》，《中华人民共和国国务院公报》1992 年第 20 期。

广州与北京，相继出台了《广州市城市生活垃圾分类管理暂行规定》和《北京市生活垃圾管理条例》，成为生活垃圾治理法制化的先驱。

反焚事件中公众环保意识和诉求的觉醒也使政府意识到，面对垃圾困境行政包揽的策略已经失灵，多元主体合作或能成为破局良方。2011年，《关于进一步加强城市生活垃圾处理工作意见的通知》指出，城市中所存在的生活垃圾处理要以“政府主导，社会参与”为原则，积极引导新闻媒体、居民与社会组织参与到城市生活垃圾处理工作中的资金投入、设施规划、设施监管等方面。① 建议政府角色应由全能的统揽者转变为统筹者与监督者，给予社会组织更多信任和空间。与此同时，社会组织注册门槛放低，关注垃圾的环保社会组织涌现，为政社合作治理格局的形成提供了条件。在政策鼓励下，社会组织着手进行垃圾分类减量的知识科普和舆论引导，普及城市生活垃圾处理相关知识，倡导绿色低碳的生活方式，引导全民树立“垃圾处理、人人有责”的观念。

2012 年，在可持续原则的指导下，为了实现生活垃圾减量化、资源化、无害化，国家发展和改革委员会发布《“十二五”全国城镇生活垃圾无害化处理设施建设规划》。规划指出，要发挥市场机制作用，促使社会资金积极参与生活垃圾处理设施建设和运营；重视宣传与引导，鼓励全民参与生活垃圾分类和处理工作，营造便于生活垃圾处理设施建设与运营的良好社会氛围。同时，应健全公众参与决策机制，强化公众监督，完善公民需求表达机制。② 随即，社会组织与公众开始聚焦全国已建成运行的生活垃圾处理设施，监督其是否清洁安全运营，与政府共同进行污染防治。

综上所述，从理念上看，这一时期政府重新调整垃圾管理“三化”目标的顺序，强调垃圾的前端减量、回收利用和无害化处理，力求形成垃圾处理闭环链条。但在现实中，垃圾焚烧依然是主流，垃圾分类虽在政策中持续体现，但因缺乏强制性制度约束而难以推行，只在部分社区

---

① 住房城乡建设部：《关于进一步加强城市生活垃圾处理工作意见的通知》，2011 年 4 月 26 日，https：//www. mohurd. gov. cn/gongkai/fdzdgknr/zgzygwywj/201104/20110426_ 203240. html，2021 年 10 月 7 日。

② 《国务院办公厅关于印发“十二五”全国城镇生活垃圾无害化处理设施建设规划的通知》，《中华人民共和国国务院公报》2012 年第 14 期。

形成试点。从主体上看，政府仍占据主导地位，承担主要责任，但社会组织已得到关注，多元参与成为相关政策的基本导向，相关社会组织获得了在垃圾分类、设施监督、宣传教育等场域中的合法行动空间。

三 多元参与式垃圾治理：政社合作的发展（2016 年至今）

2016 年 12 月召开的中央财经领导小组第十四次会议要求全面建立垃圾分类制度，引导垃圾分类沿着法治方向加速推进。此次会议拉开了我国第二轮强制垃圾分类的帷幕。从 2016 年至今，全国垃圾分类工作由点到面逐步启动，其中重要的进展之一是在垃圾治理政策中社会组织等多元力量的凸显。

2016 年 12 月出台的《“十三五”全国城镇生活垃圾无害化处理设施建设规划》要求，逐步形成“政府引导、社会参与、市场运作”的多元化投资机制，提升公民关于垃圾分类决策的参与程度，重视居民在垃圾分类工作中的权益保障。[①] 2017 年 1 月环境保护部、民政部出台的《关于加强对社会环保组织引导发展和规范管理的指导意见》提出，有序推进政府和环保 NGO 在环境保护工作中的合作治理。该意见与垃圾分类政策相辅相成，促进了社会组织在垃圾治理领域中的深入行动。[②] 3 月，国务院办公厅出台《关于转发国家发展改革委、住房城乡建设部生活垃圾分类制度实施方案的通知》，鼓励社会资本参与生活垃圾分类收集、运输和处理，探索“社工 + 志愿者”以及垃圾分类工作的社会化服务模式，使企业和社会组织加入垃圾分类大军中。[③] 12 月，住建部下发《关于加快推进部分重点城市生活垃圾分类工作的通知》，强调发动社会力量参与监督，鼓励社会资本参与生活垃圾分类收集、运输、处理各环节，统筹前

---

① 国家发展改革委、住房城乡建设部：《“十三五”全国城镇生活垃圾无害化处理设施建设规划》，2016 年 12 月 31 日，https：//www. ndrc. gov. cn/fggz/fzzlgh/gjjzxgh/201706/t20170615_1196798. html，2021 年 10 月 8 日。

② 环境保护部、民政部：《关于加强对环保社会组织引导发展和规范管理的指导意见》，2017 年 3 月 24 日，http：//www. mca. gov. cn/article/xw/tzgg/201703/20170315003852. shtml，2021 年 10 月 8 日。

③ 国务院办公厅：《国务院办公厅关于转发国家发展改革委住房城乡建设部生活垃圾分类制度实施方案的通知》，2017 年 3 月 18 日，http：//www. gov. cn/zhengce/content/2017 – 03/30/content_ 5182124. htm，2021 年 10 月 8 日。

后端，实行一体化经营。由此，我国开始走向垃圾分类强制时代，政社合作更为紧密。①

在新时代习近平总书记的“五位一体”发展思想、“绿水青山就是金山银山”的生态环境政策指引下，“无废城市”战略提出，赋予垃圾治理新的内涵。2018年12月，国务院办公厅发布《关于印发“无废城市”建设试点工作方案的通知》，鼓励社会组织、环保企业、国有企业、研究机构各方力量介入，以“实现城市固体废弃物产出最小化，废物利用最大化以及废物处理安全化”为长远目标。② 目前，已有28座城市或地区完成了垃圾分类的立法工作，其中大都指出，应鼓励政府、市场、社会各阶层共同参与，明确了社会力量在垃圾分类和处理方面的义务。比如，上海市就创新性地出台了《关于发挥本市社区治理和社会组织作用助推生活垃圾分类工作的指导意见》，意见明确提出，从行业引导、培育发展、购买服务三个方面为社会组织加入垃圾分类队伍创设条件。

这一时期，城市垃圾治理工作有序进行。我国政策制定者坚持以人为本，积极将环保组织纳入环境治理体系，给予其信心与勇气，③ 多元共治的政策组合正在逐步取代原有的经济型或命令型政策。环保组织作为我国生态文明社会建设的重要组成部分，在政策制定、知识普及、污染监督等工作中发挥着不可或缺的作用。

四 “大包大揽”到“群策群力”：垃圾治理政策中的政社关系转型

通过对上述三阶段的梳理不难发现，我国垃圾治理经历了政府大包大揽到社会群策群力的转型。在这个过程中，责任传递的方向是从政府向社会的转移，转移过程中存在政府多次收权、放权的循环现象。

中华人民共和国成立初期到20世纪70年代，虽然国家在城市生活垃

① 住房和城乡建设部：《住房城乡建设部关于加快推进部分重点城市生活垃圾分类工作的通知》，2017年12月20日，https://www.mohurd.gov.cn/gongkai/fdzdgknr/tzgg/201801/20180102_234625.html，2021年10月8日。

② 国务院办公厅：《国务院办公厅关于印发“无废城市”建设试点工作方案的通知》，2018年2月29日，http://www.gov.cn/zhengce/content/2019-01/21/content_5359620.htm，2021年10月8日。

③ 龚文娟：《城市生活垃圾治理政策变迁——基于1949—2019年城市生活垃圾治理政策的分析》，《学习与探索》2020年第2期。

圾治理领域几乎没有出台任何成文的专项政策，但在政府领导下，城市卫生防疫与垃圾清运工作有序推进。1979 年 9 月，第五届全国人大会常委会第十一次会议原则通过了《环境保护法（试行）》，标志着我国的环境保护事业迈上了一个崭新的台阶。在 20 世纪 80 年代我国发展逐渐稳定之后，政府部门发起了以垃圾处理为重要组成部分的环境整治工作，但是，彼时各种社会主体并未被纳入环境治理体系之中，政府依旧在此领域大包大揽。步入 21 世纪，政府垃圾治理相关成文规章快速增长，其重点涵盖垃圾治理的减量化、无害化、资源化和产业化。党的十八大以后，“垃圾治理”成为一个热点问题，政府坚持多方参与理念，大力支持社会组织发展，政社合作进行垃圾治理迈向制度化。随着政策空间拓展，垃圾议题社会组织从无到有、从有到优，逐步进入宣传教育、垃圾分类、焚烧监督等具体场域，成为垃圾治理的中坚力量。

政策优化的同时也不可忽略的是，由于管理体制不健全，法规制度建设滞后，环保组织参与垃圾治理还面临一些掣肘。实践中，在选择合作方时，企业依然比社会组织更容易得到政府的信任和青睐。此外，政策并未覆盖到垃圾治理链条的所有环节，具有重科普宣教、垃圾分类，轻政策倡导、污染监督的特征，不同功能社会组织的作用发挥并不均衡，有待于在实践中逐步调整优化。

本章小结

在垃圾治理中，政府与社会组织的应然关系如何？本章对中华人民共和国成立至今 70 多年间社会组织管理、环境治理社会组织参与和垃圾治理社会组织三个横截面的政策进行纵览，从政府“如何想”的角度回答了这一问题。无论是“忽视—需求—赋能”和“控制—管理—监督”的“双轨并行”，还是“谨慎放开”中的合作建立，又抑或从“大包大揽”到“群策群力”，实际上都呈现了在中国政治体制完善和行政管理改革进程中，政府对社会的重新审视、再度理解和积极接纳。随着公民权利意识、维权能力、结社需求的提升，社会组织成为其有序表意的载体呈不可阻挡之势。而随着社会风险日趋复杂，政府应对能力局限性凸显，社会组织也成为弥补政府失灵的有效工具。两类需求同向而行，决定了政府希望且无法抗拒政社合作时代的到来。而政策正是回应这一必然趋势的工具。政策赋予了社会组织越来越宽广的生存发展空间，同时也为之划定了理应遵守的规范。比如，无论是“三不政策”、双重管理体制，还是新时代的购买服务、脱钩改革，都是政府在制度层面上对社会组织的一种监管。[①] 因此，社会组织与政府的关系始终在放开与收缩、培育与吸纳、信任与警惕的连续统中寻找适合的点位。具体处于哪个点位，呈现何种特征，则需要结合具体的行动场域进行具体分析，在“怎么想”的基础上进一步深探“怎么做”。

---

① 孙照红：《政府与社会关系 70 年：回顾与前瞻——基于社会组织管理制度的分析》，《中共杭州市委党校学报》2020 年第 2 期。

第四章

现状概览：城市垃圾风险政社合作治理的问卷调查

为从总体把握我国城市垃圾风险治理中政社合作的现状，为政社合作理想模式的构建奠定基础，课题组开展了问卷调查。调查以垃圾议题社会组织为对象，样本选取时以我国专事垃圾治理的联盟型组织“零废弃联盟”为依托。该组织致力于推动中国垃圾风险化解，促进政府、企业、学者、公众及公益组织等社会各界在垃圾管理过程中的对话与合作。截至问卷发放阶段，已有个人成员和社会组织成员近100位。与此同时，“零废弃联盟”还积极与非成员社会组织建立合作关系，将万科基金会、阿拉善SEE基金会等上游支持型组织和处于一线的环保组织串联在一起。为确保填写和回收质量，问卷均是在“零废弃联盟”年会、培训会、参访会等线下活动开展的过程中一对一地发给相关社会组织工作人员。对方若有疑问，课题组成员会及时解答，有时还会围绕问题做深入交流，这大大增加了问卷承载的信息量。

问卷内容涉及三部分：第一部分，调查对象的基本特征。包括地域分布、成立时间、人员规模、注册类型、资金来源、业务领域等。第二部分，政府与垃圾议题社会组织的合作现状。考察社会组织从政府方面获取资助的情况、在具体业务领域中与政府的合作情况以及合作效果评价。第三部分，政府与垃圾议题社会组织合作中存在的问题和期望。首先，考察双方合作面临的普遍性障碍，以及政府购买、垃圾处理设施监管等代表性场景中存在的挑战；其次，从社会组织角度提炼其对政社合作的期望，为解决方案的制订提供支撑。

调查共计发放问卷 90 份，最终回收 85 份，其中有效问卷 80 份，有效率为 94%。经过向“零废弃联盟”工作人员的求证，得知在我国专精于垃圾治理的环保组织并不多，80 家已具有较高的覆盖率。

第一节 垃圾议题社会组织概况

一 地域分布

如图 4.1 所示，从地域上看，呈现显著的“东多西少”状态。80 个社会组织有 45 个位于东部地区，占 56.25%；20 个社会组织来自中部地区，占 25%；15 个社会组织扎根西部地区，占 18.75%。经与部分社会组织交流，得知其原因在于：第一，政治社会背景不同，给社会组织提供的空间存在差异。相较于西部，东部尤其是沿海地区的政治氛围较为开放，社会较为活跃，对社会力量参与治理的认可度与宽容度也较高。比如早在 2011 年，广东省就出台了《关于进一步培育发展和规范管理社会组织的方案》，提出要降低登记门槛，简化登记程序，为社会组织“松绑”。调查对象中，一位来自广州某 NGO 的工作人员明确指出，其社会组织得以顺利且迅速成立，正是借力于社会组织放开登记这一机会窗口，并多次赞扬了广州友好的政民互动氛围：“跟全国来对比，它（广州政府）是开放的，民众来批评政府还是挺容易的。你会看见很多人到服务窗口，如果他不满意的话，都会有投诉的，政府的办事人员一般都不敢太怠慢。”（社会组织访谈记录，20161111）第二，经济水平差异带来的人民需求差异。最近十年，中国的社会生产力水平显著提高，人民对优美生态环境的迫切需要与现有的发展方式、经济结构之间的矛盾日益突出，而这一矛盾在经济发达的东部地区体现得更为明显。因此，相关城市的政府对环境治理更为关注，与社会力量协同共治的诉求也更加强烈。第三，就垃圾议题来看，以广州、上海、厦门等为代表的东部城市始终走在前列（见图 4.1）。在此背景下，这些地域的垃圾议题社会组织也受到需求侧驱动，获得了发展动力和机遇。

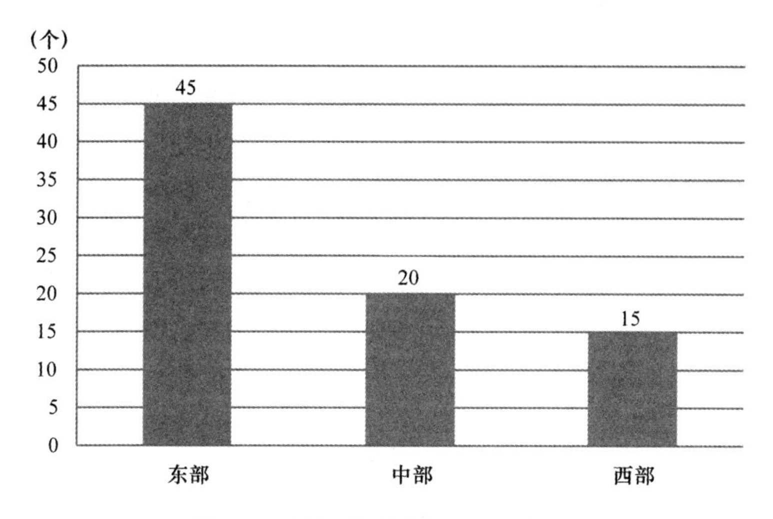

图 4.1 垃圾议题社会组织地域分布

二 成立时间

随着政府对社会组织的管理日渐规范、科学，越来越多的社会组织涌现并活跃在各个领域。近十年内，我国垃圾议题社会组织的数量亦然呈逐年上升趋势（见图 4.2）。

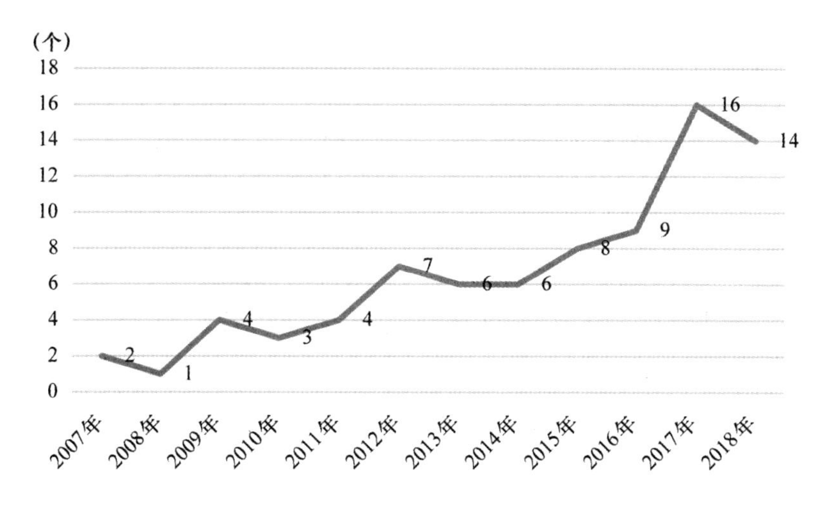

图 4.2 垃圾议题社会组织成立的年度

时间轴的起始点是2007年，这与该时段我国频繁出现的“垃圾焚烧设施反建事件”密切相关。据不完全统计，三年间在南京天井洼、上海江桥、北京六里屯、北京高安屯、青岛潘官营、北京阿苏卫、广州番禺、广州花都、江苏吴江等地先后发生反焚冲突。此类冲突作为焦点事件吸引着城市治理者和公众的注意力，极大地提升了垃圾议题的能见度。部分环保组织通过各种方式介入事件，试图在政民之间搭建沟通桥梁，同时意识到除了“捡垃圾”这样的传统活动，还应该开拓更多元的行动手法。

除了垃圾困局的充分暴露，垃圾议题社会组织数量增加的几个峰值还与国家政策的引导有关。比如2012年出现第一个高点，80个社会组织中的7个在这一年成立。原因在于2010—2012年间，国家针对环境保护领域的社会组织管理出台了诸多利好政策。如2010年环保部发布《关于培育引导环保社会组织有序发展的指导意见》，强调要明确环保社会组织在建设资源节约型社会和环境友好型社会中的功能定位；2011年，《全国环境宣传教育行动纲要（2011—2015年）》再次提出，支持环保社会组织积极有序参与环境保护；2012年，党的十八届二中全会将部分社会组织直接登记的政策上升到国家层面……如上种种都为环保组织获取合法身份创造了良好环境。2017年，新增社会组织突增至两位数，其中大部分以社区垃圾分类为主业。这一方面得益于垃圾分类在国家治理战略中重要地位的确立，如2016年年底习近平总书记在中央财经领导小组第十四次会议中对垃圾治理做出重要指示，又如2017年年初国家发改委和住建部发布《生活垃圾分类制度实施方案》，释放需求侧信息；另一方面同样有赖于社会组织政策的松绑鼓励，如2016年中共中央办公厅、国务院办公厅出台《关于改革社会组织管理制度促进社会组织健康有序发展的意见》，提出“稳妥推进社会组织直接登记，重点培育、优先发展行业协会商会类、科技类、公益慈善类、城乡社区服务社会组织”①，而垃圾分类恰好属于社区服务的范畴，这推动了各社会组织的成立意愿。

① 新华社：《关于改革社会组织管理制度促进社会组织健康有序发展的意见》，2016年8月21日，http://www.gov.cn/xinwen/2016-08/21/content_5101125.htm，2021年10月8日。

三　人员规模

由表4.1可知，在80个社会组织中，80%社会组织的员工数都在10人以下，规模大都很小。有52个社会组织的全职人员不足6人。人数超过20人的仅有5个，占6.25%。此外，还有一个社会组织成立时间不长，人员均为兼职，无专门的全职人员，这极大地制约了社会组织职能的履行。

表4.1　　人员规模

人员规模（人）	频数	百分比（%）
1—3	26	32.50
4—6	26	32.50
7—9	12	15.00
10—20	10	12.50
20及以上	5	6.25
0	1	1.25

人力资源的匮乏是社会组织面临的亘古难题。与体制内单位和企业相比，社会组织既无法提供“铁饭碗”赋予的稳定性，也无法提供“金汤匙”带来的高收入，同时还面临着社会认同度不高的声誉困境，而这在垃圾领域又体现得尤为明显。因为“垃圾”常与“脏”“乱”“底层”等污名化语汇关联，所以，相较于教育、养老、扶贫等议题，往往得不到尊重和理解，面临的招人难、留人难困境也就越发突出。与“低认同度”相对应的另一面是“高专业性”。垃圾治理犹如解剖麻雀，在居民动员、污染监督、环境教育等方面的专业性和精细度丝毫不亚于其他领域，故不少社会组织即便勉强满足了人数要求，也常常因人员质量不高而无法保证工作效果，引发社会组织管理者的焦虑和担忧。

四　资金来源

资金是组织的生命线，是其可持续发展的基本保障。但与人才问题一样，资金匮乏一直困扰着社会组织。为了更好地维持社会组织运转，社会组织会开掘如政府、国内外企业、国内外公益组织等尽可能多元的资金渠道(见图 4.3)。但受制于管理规定,国外各类渠道仅占 6%,国内依然是其资源获取的"主战场"。

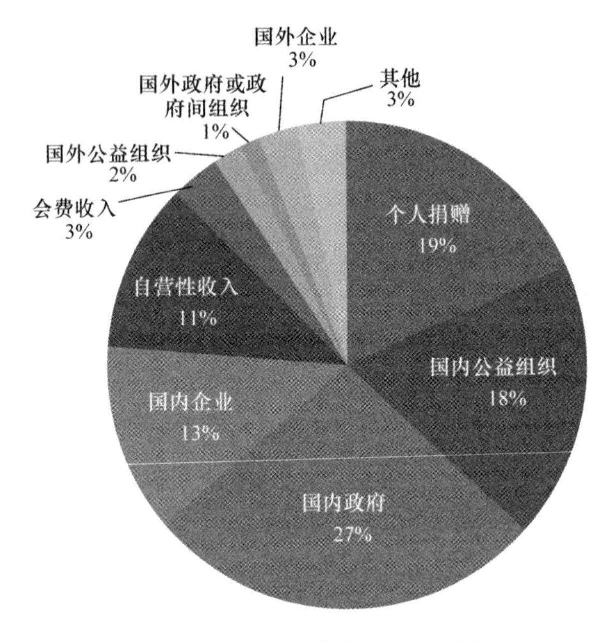

图 4.3 垃圾议题社会组织资金来源

据统计,80 个社会组织中有 21 个社会组织的主要资金来源于国内政府,占 27%。经进一步分析发现,这类组织多是从事"社区垃圾分类"或"宣传教育"两类业务,说明这两类议题最易得到政府支持。但总体来看,受助于政府的 NGO 并不多,政府购买服务还有较大的增长空间。考虑到有的社会组织为了保持独立可能会刻意避免被"公费捆绑",课题组成员在问卷发放现场询问了几位工作人员,但除了一位来自老牌 NGO 的项目负责人表达了这一担心,其余受访者都对争取政府经费持积极态度。究其原因,垃圾治理领域的社会组织大多处于萌芽期,虽然垃圾分类已日渐受到关注,但依然属于"模糊议题",能够从别处筹资的机遇并不多。政府的支持和培育对于初创社会组织而言,既能解其经费上的燃眉之急,同时也可以在"合法性"方面为其背书。

占比第二的资金渠道是国内公益组织(18%),主要指阿拉善 SEE 基金会、万科公益基金会、"零废弃联盟"等支持型或联盟型组织。如 2018

年，万科公益基金会和沃启公益基金会联合面向关注零废弃和垃圾分类的公益性社会组织开放了“城市社区垃圾分类资助项目”，旨在通过支持公益组织的在地化的创新探索，回应日益严峻的城市垃圾问题。随着国家对垃圾治理的关注度持续提升，可以预期环保类基金会将持续投入，并成为一线行动者的助推器。

同时，部分国内企业会出于企业社会责任或者对垃圾市场的兴趣对社会组织进行资助。比如上海市“静安区校园垃圾分类示范项目”就是由上海东方投资监理有限公司出资，闵行莘庄工业区先锋环保服务中心承接。[①]

此外，社会组织自身也可以通过收取会费或经营产品来获取资金，但占比仅为11%，可见，自造血能力有限是大部分社会组织发展的掣肘。

五 业务领域

社会组织的主要功能包括动员社会资源、提供公益服务、社会协调与治理、政策倡导与影响等[②]，这在垃圾治理系统中均有体现。

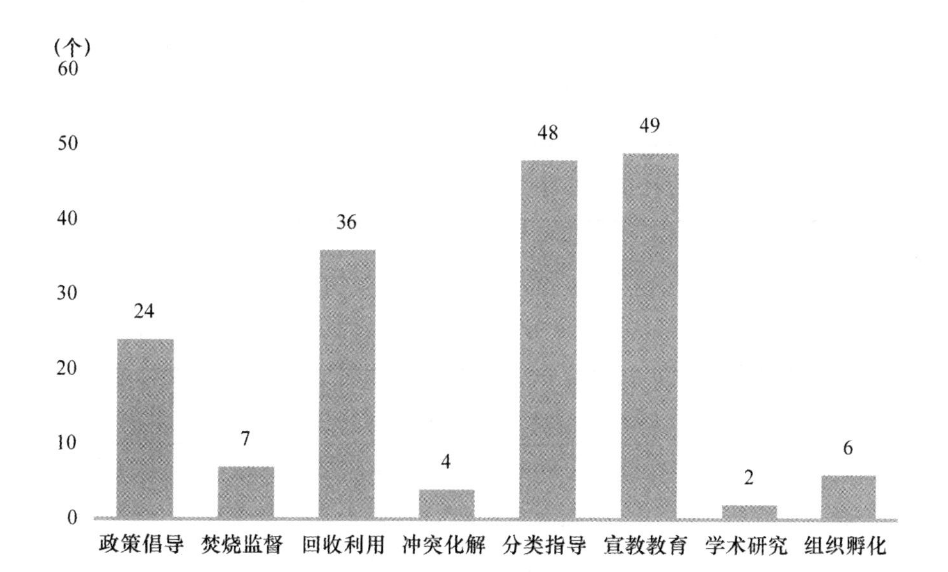

图4.4 垃圾议题社会组织的业务领域

---

① 佚名、上海静安区社会组织服务中心：《创建公益创投专项基金的做法与成效》，《中国社会组织》2019年第3期。

② 王名：《非营利组织的社会功能及其分类》，《学术月刊》2006年第9期。

由于垃圾治理各环节具有较强的关联性，所以 80 个社会组织大都“身兼数职”，只有极少部分专注于单一议题。据统计，在各业务领域中，社会组织最为青睐的前三位分别是宣传教育、分类指导和回收利用（见图 4.4）。其原因有二：一方面，这三个领域对于初创社会组织而言进入门槛更低，也更符合社会组织在环境治理中惯常的行动路径；另一方面，则是源于政策引导。在整个垃圾风险链条中，垃圾减量与分类是当前各个地方政府的关注焦点，不仅能直接作用于垃圾问题化解，同时也有助于培育绿色公民、提升基层自治能力。投其所好能更易帮助社会组织获得资金、人力和声誉方面的支持，实现双赢，故而成为大部分社会组织的第一选择。

排在第四位的是政策倡导。社会组织对该议题的态度是复杂的。虽然大部分社会组织都希望自身实践经验能够得以凝练、提升，最终进入政策议程，通过高位推动的方式营造良好的环境共治氛围。但与此同时，政策倡导的难度又使不少社会组织望而却步。现代社会强调民主决策，鼓励公众参与，然而，在具体实践中，从“倾听”到“接受”再到“采纳”，却存在漫长的距离。这段距离，并非所有社会组织都有能力和精力去跨越。政策倡导也不像宣传教育、垃圾分类等业务那样能够得到直接的经费资助。因此，这项工作往往只有那些同时具备经济实力、政治资源和社会影响力的社会组织才敢于且愿意投入。

从事焚烧监督的社会组织则更为稀有。如果说政策倡导是“隔空打牛”，焚烧监督则可以比作“短兵相接”，是整个垃圾治理链条中敏感度很高的环节。社会组织若不能熟练而巧妙地运用数据技术、法律武器或策略性手段开展工作，则很有可能和地方政府及企业发生冲突，影响到社会组织的成长发展。因此，大部分社会组织对于该议题都会主动绕行。

与之类似的是冲突化解场域。由于涉及政治和社会稳定，政府对于反垃圾焚烧抗争事件的处理十分小心，对于在该领域活跃的社会组织警惕性亦很高。相应地，社会组织也会严格进行自我审查，避免踩线、越线。即便曾经进入过这片田野的社会组织也逐渐转换行动路径，更多通过间接、说理、引导的方式，致力于将可能发生的暴力冲突引向制度内谈判。

学术研究和组织孵化属于低敏感议题，但对于社会组织能力的要求很高，需要充足的资金、规模和专业人才的支撑，因此，涉猎的组织也仅有个位数。

第二节 城市垃圾风险政社合作治理的现状

社会组织可以凭借自身优势弥补“政府失灵”和“市场失灵”，故政府越来越倾向于与社会组织协同共治。党的十八大以来，国家对生态环境的重视又进一步促进政社关系趋于紧密。但在垃圾治理场景中，二者还处于磨合期，本节将立足社会组织视角对其合作现状进行评估。

一 各场域中的政社合作程度

以本书划分的六大场域为标准，本部分通过李克特五点量表来评估垃圾分类中社会组织对政社合作现状的评价。

如图 4. 5 所示，六个场域中社会组织对于政社合作的评分位于 1. 55—3. 37 分之间，均值为 2. 33 分，整体处于中等水平，还有较大的提升空间。具体而言，宣传教育议题的得分为 3. 37 分，是六个场域中唯一超过 3 分的场域。这一方面是因为垃圾治理的再启程刚刚开始，公众的分类意识和知识积累尚存不足，故政府和社会组织都将宣教作为工作开展的第一步；另一方面则与宣传教育本身的性质有关。这是一项既正向

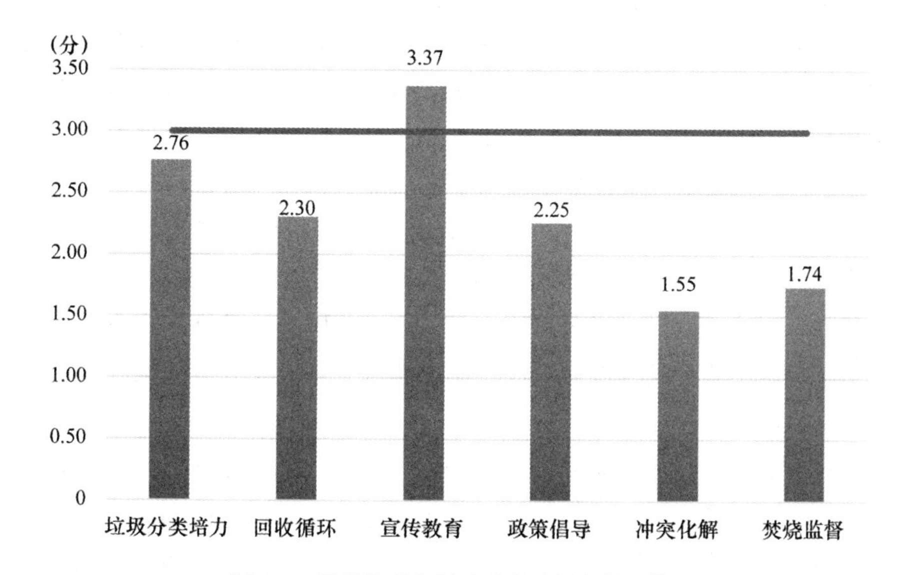

图 4. 5 垃圾治理各场域中的政社合作现状

又温和的工作，也是大部分社会组织的长项，且绩效考核指标比较明晰，操作较为简便。

与宣传教育紧密关联的是垃圾分类培力。前者侧重于意识提升，后者则聚焦在行为驱动。在该场域中，政社合作的得分为2.76分，处于中上水平。虽然垃圾分类逐渐进入政府视野，尤其是强制垃圾分类制度铺开后基层治理者压力明显增大，但对于如何开展分类、与谁合作开展分类，政府仍具备一定的选择空间。据调研对象反馈，和社会组织相比，政府更愿意依托企业在社区推广分类。因为企业有人力、有技术、有资金、有硬件，能更快地实现智能垃圾桶的铺设并提供礼品或积分等奖励，从而快速达成考核指标。在与某区城管局工作人员的交流中，对方也直言不讳地表达了其对于社会组织的担忧："它毕竟是一个公益组织，没有技术，没有产业链，无论工作能力也好，人力物力技术也好，还是赶不上（企业）。还有的社会组织今天可能还在，明天就没了。企业我们好歹能找到人吧，比较保准。"（城管局访谈记录，20180516）这样的疑虑在回收循环场域也存在。虽然有很多NGO通过环保集市等各类活动来提升人们的垃圾再利用意识并回收、制作、贩卖二手物品，但从规模和效率而言，远不及回收企业所能达到的效率。因此，在宣教之外的场域，社会组织更多被定义为辅助者或者是"小打小闹"的尝新者。

政策倡导场域的得分为2.25分，属于中低水平。该场域社会组织参与的机遇与阻滞上文已提及。在受访的80个社会组织中，真正有机会提出政策建议的并不多。有条件依托人大、政协代表递交提案议案的社会组织也面临建议不被重视或不被采纳的情况。比如一家老牌环保组织宣教项目的负责人曾非常无奈地说："我们对于垃圾分类教育的提案已经好几次提上去了。但据说在会上这个议题永远都排在扶贫、教育等的后面，显得特别不重要。"（社会组织访谈记录，20190126）这在一定程度上削弱了社会组织的自我效能感，也降低了其对于政府在政策领域开放度及合作意愿的评价。

排在最后两位的是焚烧监督和冲突化解场域，分数仅为1.74分和1.55分。二者均属于社会组织的表达型功能，亦是政府特别关注和警惕的部分。在这两类议题中，政社关系更多表现为互补、博弈甚至偶有对抗。如何将其转化为良性的协同合作，不仅在垃圾议题上非常重要，对于任何一类环境困境的化解，也都有必要迎难而上，寻求改变。

二 政府对社会组织的资助状况

社会组织的生存和发展依赖于充足的经费保障，而政府的财政支持是社会组织最主要、最稳定的来源。随着社会组织的独立性提升、参与公共服务的范畴拓展和政社合作的经验积累，政府资助的方式也变得更加多元化。针对不同类型的社会组织和服务，出现了几类侧重点不同的资助方式（见图4.6）。

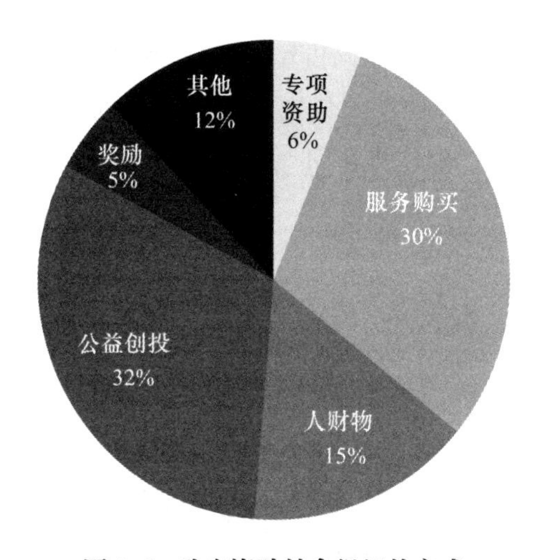

图4.6 政府资助社会组织的方式

首先，传统政府购买依然是社会组织获得资助的主要手段。政府购买作为职能转变、政社互动的创新方式已经蔚然成风，诸多基层政府会通过公开招标、邀请招标、竞争性谈判、单一来源采购等形式，将垃圾分类、环保教育等业务交给社会组织来完成。但这种形式需要运行稳定、经验丰富的社会组织来承接，而我国垃圾议题社会组织有很多还处于成长阶段，难以满足要求。在这种情况下，公益创投这一新模式就成为孵化期和萌芽期 NGO 的适宜选择。在 80 个社会组织中，32% 的社会组织都参与过公益创投。在这个过程中，政府既是购买者，也是哺育者。社会组织则不仅在垃圾治理业务上得到经费资助，同时也可以通过与政府建立长期、深入参与的合作伙伴关系，达到促进社会组织成长和能力提高的目的。此外，有6%的社会组织获得了地方政府在垃圾治理领域的专项资助。还有少数社会组织和政府关系较为紧密，不仅能得到业务开展的经费投入，而且能够在人才招聘、办公场所、硬件设备等多方面得到支持，比例约为15%。还有5%的社会组织因为工作效果显著而获得来自政府的奖励经费。而在所有受访社会组织中，有8个社会组织尚未得到政府的任何资助，目前主要从基金会汲取资源。

三 政社合作的过程分析

从过程视角来看，垃圾治理中政社合作目前处于什么样的状况？课题组基于Bryson模型、六维协同模型、SFIC模型等经典的合作治理理论，设计了表4.2中的26个题项，分别从社会组织的起始条件、合作能力、资源投入、合作机制、合作外部环境五个维度进行考察。题目均采用李克特五点量表计分。

表4.2 垃圾治理中政社合作的过程性要素

维度	题项	打分	均分
起始条件	1. 社会组织认可政府垃圾治理理念	2.93	3.87
	2. 社会组织认为与政府垃圾治理目标一致	3.37	
	3. 社会组织相信政府加入有助于目标实现	4.08	
	4. 社会组织认同与政府合作效果	4.28	
	5. 社会组织愿意与政府进行具体业务合作	4.16	
	6. 社会组织愿意接受政府经费	4.37	
合作能力	7. 社会组织了解最优合作政府部门	3.69	3.70
	8. 社会组织了解政府支持的途径	3.81	
	9. 社会组织能抓住合作机会	3.53	
	10. 社会组织能处理好合作关系	3.71	
	11. 社会组织能在合作中发挥最大优势	3.74	
合作投入	12. 社会组织有专人负责沟通	3.69	2.98
	13. 社会组织在合作中有专门资金投入	2.76	
	14. 社会组织为合作制定专门战略规划	2.84	
	15. 社会组织建立合作专项部门	2.64	

续表

维度	题项	打分	均分
合作机制	16. 合作中双方能保持较高频率沟通	3.44	3.05
	17. 合作中双方有通畅的沟通渠道	3.36	
	18. 合作中双方共同制定工作决策	2.92	
	19. 合作中双方共同进行评估绩效项目	2.89	
	20. 合作中双方形成有约束力的书面契约	2.68	
	21. 合作中社会组织提出的建议能获政府采纳	3.03	
合作环境	22. 中央政府有支持双方合作的政策	3.32	3.26
	23. 所在地区有支持双方合作的政策	3.15	
	24. 行业内部有与政府合作的氛围	3.31	
	25. 公众关心本组织与政府的合作情况	3.07	
	26. 媒体乐于报道本组织与政府的合作情况	3.47	

起始条件涵盖参与动机的一致性、合作纠纷史、权力对称性等要素，是大部分合作模型的第一环节。[①] 本书从两方面来测量：第一，合作认知。即双方是否认可合作有助于垃圾分类实现、双方是否认可对方进行垃圾分类的目标等。如果双方对合作的基本认知存在差异，将影响其具体行动的协调配合。第二，合作意愿。包括社会组织是否愿意接受政府资助，是否愿意进行垃圾分类中的具体业务合作等。在五个维度中，起始条件的均分最高，为3.87分。可见，在社会组织的视野中，其对于合作非常期待，认为双方携手有助于垃圾治理提质增效。具体来看，在六个题项里，得分最高的是对政府经费支持的需求，为4.37分。这与2015年“零废弃联盟”与合一绿学院联合发布的《中国民间垃圾议题环境保护组织发展调查报告（2015）》的结论基本吻合，即“资金不足”是制约社会组织参与垃圾治理的关键要素，在“议题敏感”“人员不足”等九个选项中位列第一。在交流过程中，大部分社会组织表示希望通过“服务购买”等方式获得官方资金。虽然也有个别社会组织担心政府会以经费为工具强化对其的隐性控制，但其均属于中国发育成熟、声名显赫的

① Gash A. A.，“Collaborative Governance in Theory and Practice”，*Journal of Public Administration Research & Theory J Part*，Vol. 18，No. 4，2008，pp. 543 – 571.

环保组织，筹资能力很强，大部分尚处成长阶段的垃圾议题 NGO 难以望其项背。得分最低的是“社会组织认可政府垃圾治理理念”，为 2.93 分，其原因在上文已做部分解释。对于该工作，NGO 多是将其作为环境治理予以强调，认为危机迫近，必须加大投入尽快解决。而政府则会站在整个社会治理的高度，在权衡环境治理、经济发展、社会稳定、成本收益等多方面要素的基础上进行决策。二者出发点的差异自然也导致了理念的差别。但战略上的分歧并不会阻碍双方在策略层面的相互借力，社会组织对合作效果的评价得分（4.28 分）即可佐证。

合作能力侧重于评估社会组织在推进合作执行、确保合作效果方面的能力，包括其是否了解应该和哪些政府部门合作、合作渠道是什么、合作关系如何处理等。该维度的均分为 3.70 分，说明 NGO 的自我评价较高。

相较而言，合作投入的均分为 2.98 分，尚未达到均值。其中主要涵盖社会组织在维持政府关系中所投入的资金、人力、精力等要素。在我国现阶段的政社合作中，资源流向仍呈现“政府—社会组织”的单向性特征，故后者往往是政社关系变革中主动的塑造者[①]，垃圾分类领域也不例外。对于大部分初创社会组织而言，能保障日常运转尚且不易，更遑论有专门的人财物来支持其公共关系管理。[②] 因此，在高能力、低资源的现状中，究竟是拓展长版还是弥补短板，是社会组织在政社合作中需要考量的问题。

合作机制由沟通渠道、沟通频率、决策制定、效果评估等指标构成，用于衡量政社合作流程是否科学高效。均分为 3.05 分，属中等水平。其中得分较低的项目包括书面契约及其约束力、项目评估以及共同制定决策的方式。这一方面说明在垃圾治理这个新生领域，政府和社会组织的合作尚未常规化、制度化，管理还处于比较初级的水平。另一方面，则佐证了社会组织往往被视为政府的“伙计”而非“伙伴”，其功能和价值

① 郁建兴、沈永东：《调适性合作：十八大以来中国政府与社会组织关系的策略性变革》，《政治学研究》2017 年第 3 期。

② 谭爽：《城市生活垃圾分类政社合作的影响因素与多元路径——基于模糊集定性比较分析》，《中国地质大学学报》（社会科学版）2019 年第 2 期。

主要是过程中的协助和补足，但在战略决策和结果评价这两个首尾关键环节中的话语权非常有限。

合作环境关注外部氛围和其他社会主体对于政社合作的理解，也即其能否成为社会认可的常规性做法。社会组织普遍感受到在“简政放权、放管结合、优化服务”的社会治理背景下，无论政府还是企业、媒体抑或公众，对此都有很高的接受度和期待度，这也成为其积极争取与政府合作治理的动力与保障。

四 政社合作的效果评估

从理论上看，政社合作一直被视为提升治理能力的必由之路。那么，从结果视角看，现阶段的政社合作究竟为政府、社会组织以及垃圾问题的化解带来了哪些收益？本部分旨在从这三个维度对合作效果进行评估。

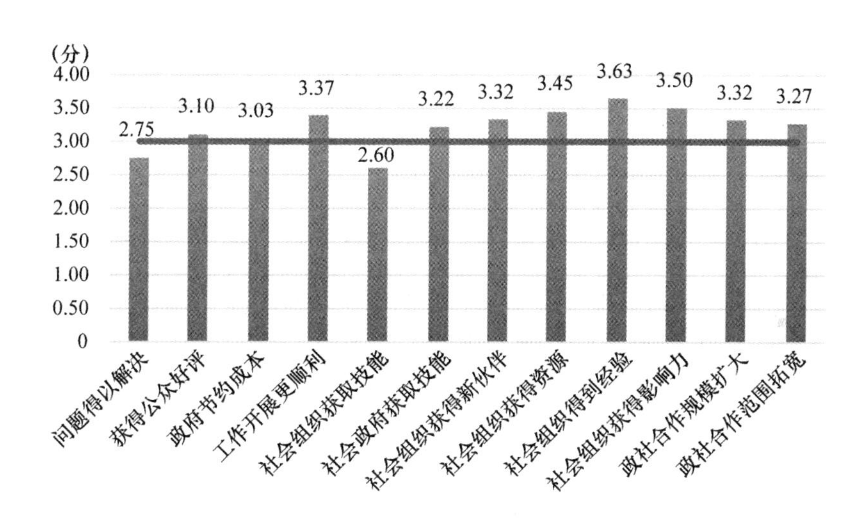

图 4.7 政社合作开展垃圾治理的效果评估

由图 4.7 可见，在 12 个评估指标中，近 85% 的指标都超过 3 分，均分为 3.21 分，处于中上水平，可见社会组织对于政社合作的效果比较满意。其中，社会组织收益位列前三的是“组织得到经验”“组织获得影响力”和“组织获得资源”。由此可见，社会组织对于政府的资源依赖主要体现在“议题进场”“声誉提升”以及“资源积累”方面。其中，“议题进场”指在政府支持下，社会组织能获得进入某一议题领域开展活动的合法性，进而持续累积工作经验。比如开展垃圾分类时，如果没有区政府、街道或居委会的引荐，相关社会组织可能很难动员社区居民。“声誉提升”则意味着通过与政府共事，社会组织得到了公权力的背书。在中国传统文化中，与政府合作也意味着社会组织具备较强的能力和信誉，值得公众信任与认可。“资源积累”不仅指获得政府经费，更重要的是那些“潜在”的部分。比如与政府工作人员的熟识，掌握与公共部门打交道的一些“默会知识”等。通过项目合作带来的“关系”建立往往才是社会组织持续生长的有力支持。

社会组织认为，双方合作也为政府带来了两方面的显著提升。一是“技能获取”；二是“成本节约”。也即政府在与 NGO 的合作交流中增长了不少与垃圾相关的技术和管理知识，同时，在时间、人力等方面实现了成本转移。这在课题组对成都某区一位城管局工作人员的访谈中得以佐证：“我们事情太多了！垃圾分类只是其中的一小部分，没有时间也没有人去做这个事。而且从来没接受过正规培训，也没了解过别的地方怎么分类，不像 G 组织那么精通，说得头头是道。”（城管局访谈记录，20171103）

那么双方合作是否切实推动了垃圾围城的缓解呢？有三个指标可以反映社会组织对此的看法。第一，垃圾治理工作开展更为顺利。这是从过程维度予以评价，得分为 3.37 分，证明相互借力确实扫除了实践中的一些障碍。第二，垃圾治理效果获得公众好评。这是从外界感知维度予以评价，得分为 3.10 分，比上一题略低，但也说明了从第三方来看，合作得到的结果比单打独斗更好。第三，相关垃圾问题得以解决。这是从社会组织角度对产出的评价，仅得到 2.75 分。可见，虽然社会组织看到了外界对合作的赞许，但自身并不完全认同。对此，课题组特别在之后的访谈中予以求证，部分社会组织负责人对此做出回应：“我们和政府包括老百姓对于这件事的认知有时候是不太一样的。比如他们可能会觉得桶放好了、课讲完了、活动结束了，这项工作就达到目的了。但我们自己知道，这离真正的成功还差得远呢。我们希望的是赋予每个人可持续的、独立进行垃圾分类的能力，这个工作可以做得慢，但一定要做得细，绝对不能浮于表面。”（社会组织访谈记录，20190324）可见，社会组织将垃圾治理作为一项长期的事业来推进，其关注点会更深入、更精细，要求也更加严格。这有时会给政社合作造成理念和目标上的冲撞，需要经过长期磨合方能化解。

第三节 城市垃圾风险政社合作治理的问题与期望

一 政社合作存在的问题

目前政府与社会组织在垃圾分类处理链条中已经开展很多合作，并取得了一定成效，但其中仍然存在可以继续提升之处。对此，课题组针对合作整体情况、政府购买这一主要手段以及社区垃圾分类、设施监管两个代表性场域进行调查。

（一）政社合作整体存在的问题

问卷围绕合作起始、过程和结果三个环节共设置 8 个题项，通过多选方式了解社会组织对于合作中存在问题的看法。结果显示（见图 4.8），80 个受访社会组织选择了 240 个选项，平均每个社会组织约选择 3 个。“社会组织受限大”被选择 60 次，占 25%，位列第一。双方合作大部分依托政府购买形式，这就使得政府在合作过程中占据甲方位置。尤其对于社区垃圾培力等环节，政府不仅提供经费支持，有时候还需要帮社会组织沟通和协调街道、居委会等基层政府部门，这都决定了政府在资源上占据绝对优势，NGO 不得不以一定程度的自主性来置换其所需支持，双方形成经典的“非对称资源依赖”关系。排在第二位的是“双方价值观差异”，被选择 41 次，占 17%。这体现在双方对于环境治理重要性的认知、垃圾处置效率与可持续性的取舍、垃圾分类精细程度的分歧等各个方面。“合作流于形式”被选择 40 次，列第三位。在访谈中，很多社会组织都提到合同签订本来应该是双方合作的开端，但有时候却成了结束，政府并未在垃圾治理全过程中与之协力，取长补短。有时候还需要提交许多文本材料来应对项目评估，这在一定程度上挤占了本就不多的工作人员的工作时间和精力。此外，政府支持不到位、要求难满足也是 NGO 面临的挑战。这和行政效率相关，如经费或物资的拨付和调动往往要经历较长时间的审批，导致部分社会组织常常需要先行垫付项目资金。而当政府多样化的需求不能全然得到满足时，双方的合作就会中断，部分政府会重新与企业签订购买协议。

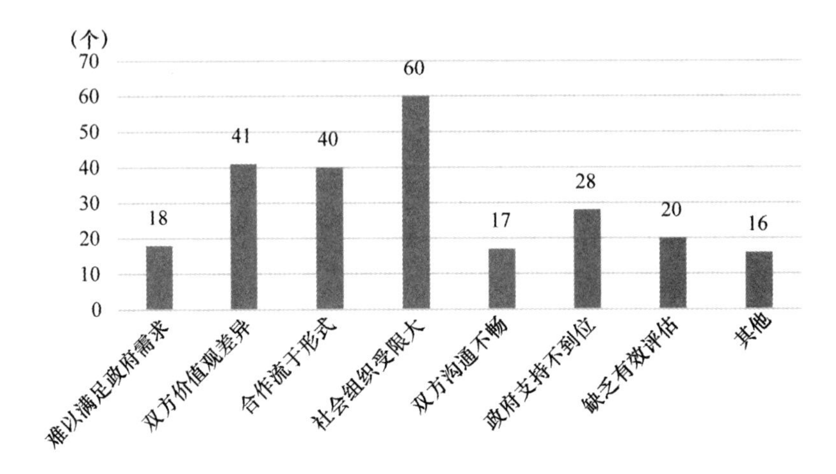

图 4.8 社会组织与政府合作过程中存在的问题

如上种种表明政府和社会组织在合作中应特别关注独立自主与资源依赖二者的关系处理，积极进行沟通以促进价值观调和，切实推进实践而非流于形式，同时也不可忽视沟通渠道建设、评估方式优化、资金配给效率等因素的影响。

（二）政府购买过程存在的问题

政府购买是政社合作的基本形式。社会组织通过接受政府委托或参与政府采购，提升政府公共服务的效率，同时吸纳一定的公共资金用于公益服务，形成与政府合作互动、共同发展的伙伴关系。了解社会组织遇到的阻碍，能为提升购买效率、优化购买效果提供参考。

问卷调查通过多选题的方式，共设置 6 个选项。调查结果显示，80 个采访者共选择了 138 个选项，平均每个社会组织的选项大约为 2 个。如图 4.9 所示，“资金不到位”是政府购买时社会组织面临的最大困扰，被选择 37 次，约占 26.8%，原因主要有二：一是前文所提及的审批流程复杂；二是项目经费规定的使用范畴比较狭窄，通常不覆盖 NGO 的人力费用，这给社会组织的财务管理带来诸多不便，也不利于激励员工。“执行受干预”和“执行难沟通”分别位列第二和第三，原因同前文所述。除此之外，政府购买的操作程序同样是社会组织关注的重点，有 16 个社会组织认为，政府购买中存在竞标不公平现象，13 个组织认为信息不透明。二者虽然占比不高，但依然应该引起政府重视，在未来的购买过程中提升过程的公开透明性。

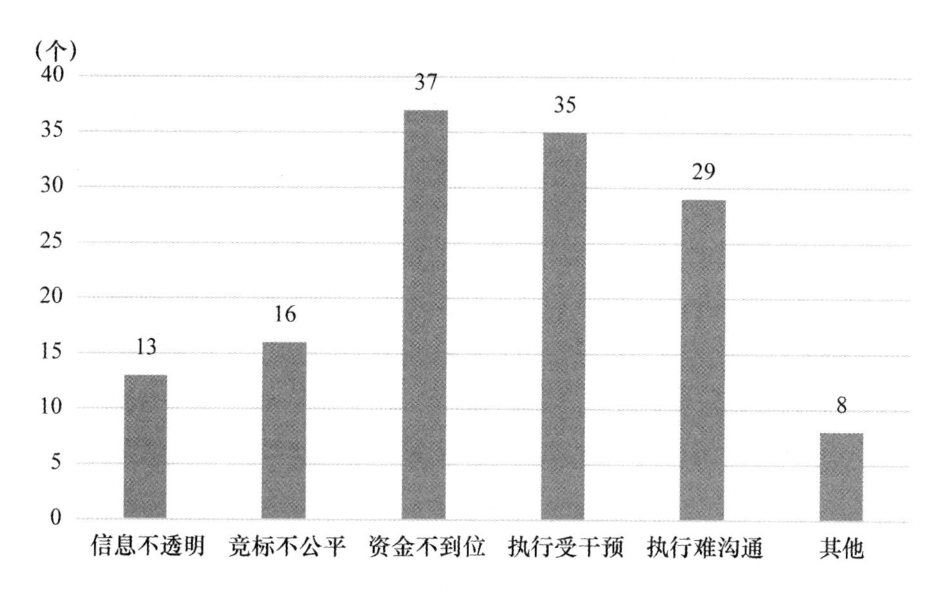

图 4.9 政府购买过程中存在的问题

（三）垃圾分类场域中政社合作存在的问题

前文分析显示，社区垃圾分类是政社合作状况良好的场域之一。但即便如此，其中仍然存在诸多需要优化之处。如图 4.10 所示，在社区开展垃圾减量分类的培力活动时，政社合作的主要困难集中在“资金难得到支持”（30.87%）。首先，垃圾分类涉及每个居民的行动改变，要求 NGO 投入足够人力进行社区营造，有时候还需要给社区居民准备积分卡、小礼品等作为激励，因此政府长期的经费支持是非常必要的。但在目前的政府购买项目中，一方面是分配给人力的经费有限，另一方面则是可持续性不足，一期项目长则一年，短则几个月，导致社会组织的预期很不稳定，影响垃圾分类效果的延续。其次，政府在动员方面给予的帮助也较为有限。社会组织进入社区需要政府背书以提升其合法性和居民的信任度，有时甚至需要政府协助其打通社区关系网络并争取各类资源，这会增加政府部门的工作负担，如果缺乏明确考核指标的压力，其便会选择不作为。有 NGO 就曾反馈："政府主体意识不强，买了我们的服务后认为既然已经外包了就都不管事了。"（社会组织访谈记录，20181220）有时候甚至还会出现"逆向替代"现象，即基层政府以"参与式学习"替代社会组织，回购并拓展当前项目。[①] 因此，部分实力还较为薄弱的 NGO 在承接垃圾分类服务时面临"要的少工作难以开展，要的多可能被替代"的局面，进退两难。最后，有 32 个社会组织选择了"难以获得信任和理解"这一选项。这与紧随其后的"理念冲突"密切相关。垃圾分类中，政府讲究效率，希望按照上级的考核指标和时限又快又好地完成工作。但社会组织认为"好"与"快"常常难以兼顾，倾向于以效果换速度，建立可复制、可持续的垃圾分类体系。这就使得二者在具体执行项目时出现冲突。比如在对一家上海的 NGO 进行访谈时，其工作人员就提到，"在区政府的要求下，必须要提速。所以我们（NGO）只能削减前期宣传的时间，压缩各个步骤。以前五年才做掉 21 个社区，现在要求一年就做掉这么多。政府是说今年要全区垃圾分类全覆盖，这其实是很不可思议的一个指标。不明白政府为什么要这样大干快干"（社会组织访谈记录，20170718）。

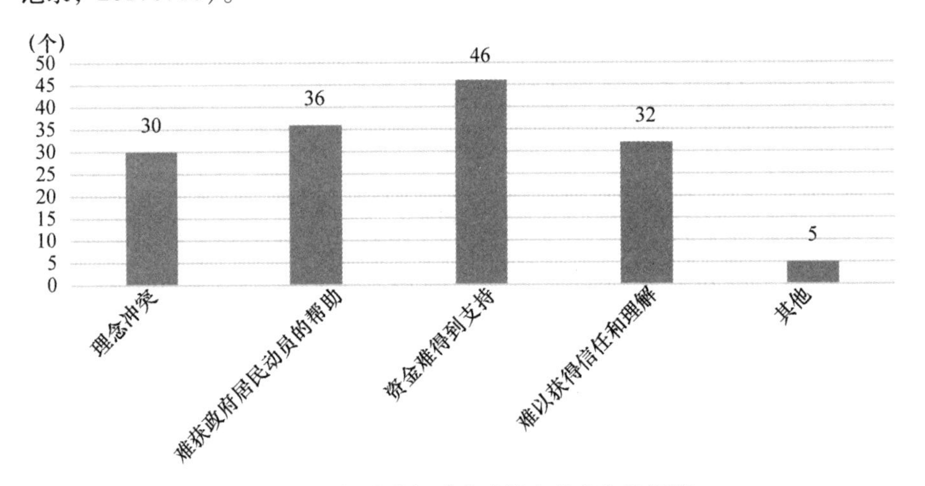

图 4.10 垃圾分类场域中政社合作存在的问题

① 杨宝、杨晓云：《从政社合作到"逆向替代"：政社关系的转型及演化机制研究》，《中国行政管理》2019 年第 6 期。

此外，有社会组织提到政府在垃圾分类方面更倾向于购买企业的服务，导致社会组织在卖方市场处于弱势地位。还有社会组织提到垃圾分类并不容易得到资助，包装成党建活动反而容易获得青睐……这些困境都在消耗着 NGO 在垃圾议题中的积极性和效能感，从长远来看，并不利于激发社会活力。

（四）设施监管场域中政社合作存在的问题

设施监管是六大场域中政社合作状况存在较多阻滞的议题。其具体困难体现在如下方面（见图 4.11）：第一，问题难有实质性改变（30.46%）。社会组织通过信息公开申请和实地调查暴露出当前垃圾处置设施在生产和排放过程中的各类风险，但这些发现如何推动监管政策、问责制度、企业整改等环节发生实质性改变始终是相关社会组织的难题。第二，信息公开申请慢，效率低（24.5%）。虽然经过数年的磨合，地方政府在污染信息公开方面已经变得更加灵敏和规范，但回复效率和回复内容依然有待提升和完善。第三，社会组织提供的数据难以被取信（17.2%）。相较于行业和学界专家，社会组织的专业性常常引发社会争议。在政府部门看来，对于污染监督尤其是垃圾焚烧设施排放的二噁英监督方面，NGO 提供的数据和提出的质疑并非完全科学合理，故有时会

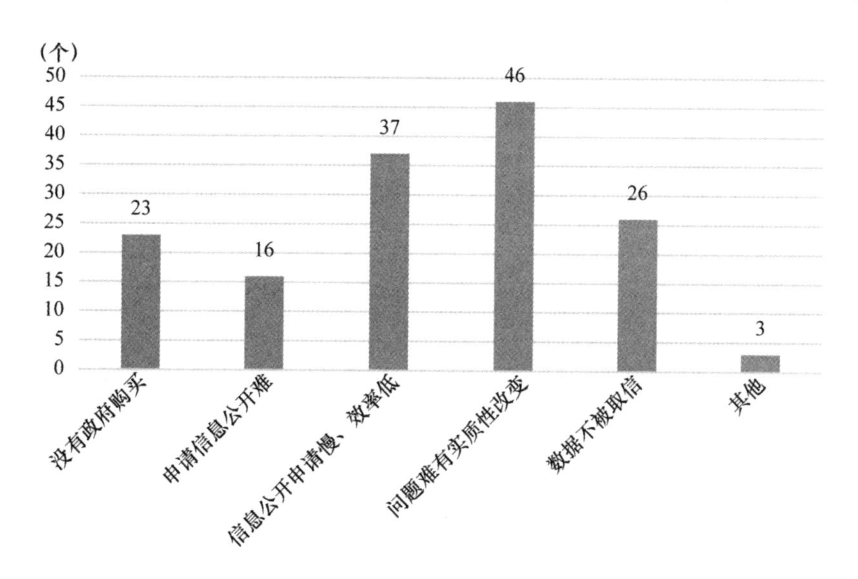

图 4.11 设施监管场域中政社合作存在的问题

抱持不置可否的态度。而为了维护社会稳定，在确保环境问题高效解决的同时维持经济发展水平，无论是企业、集团还是政府部门在信息公开方面都存在保守现象，更遑论主动提供资助支持社会组织的监督行动。因此，目前在垃圾治理领域，与政府合作进行焚烧行业监督的社会组织数量鲜少。

二 社会组织对政社合作的期望

虽然政府和社会组织在合作过程中存在很多问题，但环境协同治理已是大势所趋，故本书也从场域和内容方面分别调查了垃圾治理中社会组织对于政社合作的期待，以便为合作的深入推进提供参考。

（一）社会组织需要政府支持的场域

如图 4.12 所示，在垃圾处理链条中，社会组织在多个场域都需要得到政府的支持，其排序分别是政策倡导、垃圾分类、焚烧监督、回收循环、宣传教育、冲突化解。政策倡导作为需求最旺盛的场域，充分表明当前社会组织对影响政策的渴望及其乏力感。垃圾分类则反映了社会组织希望依托这一机会窗口，在政府支持下一边解决问题，一边自我成长。而设施监管和回收循环二者的合作现状均不是特别理想，需要政府通过开放边界、包容意见、提供机会、拨付资金等方式予以支持。宣传教育

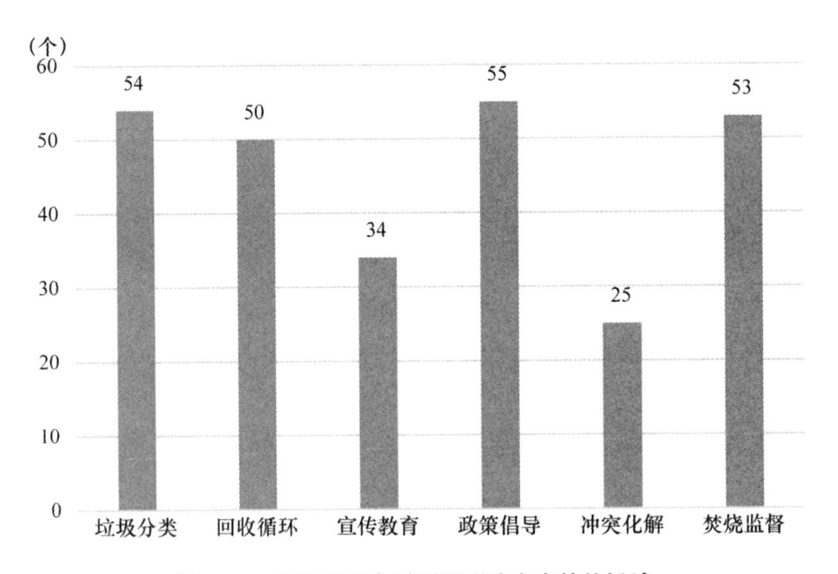

图 4.12 垃圾治理中需要得到政府支持的场域

略低于其他环节的主要原因有二：一是二者对此合作已经非常顺畅，且社会组织比较容易从其他渠道获取支持。二是越来越多的社会组织脱离了单纯的宣传，而将其和扎根社区的行为动员合二为一。冲突化解排在最后主要源于社会组织的“自我审查”，极少有社会组织有意愿和能力在敏感性议题中持续投入。

（二）社会组织需要获得的政府帮助

垃圾议题社会组织正处于雨后春笋般的蓬勃发展之势，需要得到政府在社会组织成长、业务开展等多方面的支持。具体而言，包括但不限于图 4.13 所呈现的内容。由社会组织的评分来看，十个选项都超过 3 分，其中 6 个选项超过 4 分。最强烈的需求来自政策支持。由于垃圾链条囊括的场域丰富、NGO 行动性质多元，这里所指的政策范围也十分宽泛。既包括社会组织的管理政策，也涉及环境治理、垃圾治理等具体、细分领域的政策，还涵盖宏观的社会治理、公众参与政策。只有良好的政策环境才能将相关主体的行动导向良性发展的方向，比如在上海市 2019 年强制垃圾分类政策出台后，社会组织的行动空间和深度都得到了明显拓展与深化。其次是希望政府积极参与垃圾治理相关工作，不仅仅给予资金资助，同时也在治理全周期与社会组织共塑亲密战友关系。“上海爱芬”就是一个成功案例，其在社区推行的“三期十步法”之所以成功并得以

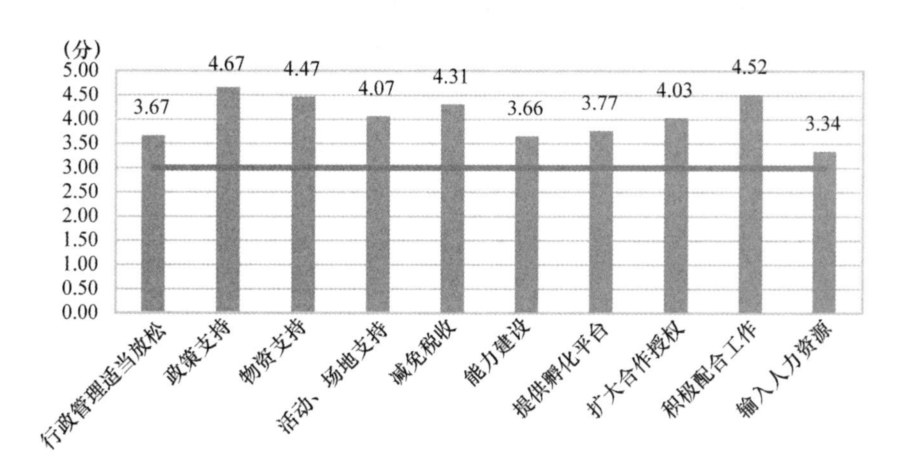

图 4.13 未来社会组织需要政府提供的帮助

广泛复制，与各类政府部门从始至终的介入是密不可分的。此外，社会组织还期待政府进一步转变思路，为其提供更充足的自主空间。虽然经过若干年磨合，社会组织能充分发挥主观能动性，在中国本土背景下创造出“非正式政治”“嵌入式行动”等策略性关系模式，但大多属于权宜之计，并非最理想的合作形态。除上述选项外，排在其后的还包括物资支持、税收减免、活动场地支持、输入人力资源等可以帮助 NGO 减少行动成本的具象化支持。此外，现阶段政府推动成立了越来越多的枢纽型组织，依托它们对行动型社会组织注入资源并赋能，也在社会组织的期望之中。

本章小结

本章立足社会组织视角，以覆盖垃圾治理六大场域的 80 个社会组织为样本，从组织基本情况、政社合作现状、政社合作存在的问题及未来发展期望等维度进行统计分析，初步廓清了在垃圾议题中政社关系的基本状态，为后文的进一步分析奠定基础。

从本章节的数据中可以清晰地看到，社会组织正持续涌向城市垃圾风险治理场域，致力于垃圾困局的破解。无论身处哪个场域，与政府实现全面、双赢的合作都是其理想选择。现阶段的政社关系虽然也存在分歧或矛盾，但相互支撑与补充始终是主旋律。二者在宣传教育、垃圾分类等场域已经积累了较为丰富的协同经验且收效显著。但与此同时，也不能否认“政强社弱”的图景依然存在，偶尔甚至还会出现基层政府对 NGO 服务的“逆向替代”。社会组织在“要资源”与“求自主”二者间的纠结与无奈始终是政社合作中难解的结。

第五章

调适性协作：垃圾分类场域中的政社关系

整个城市垃圾风险链条上，决定风险缓解效果最关键的环节在于“前端减量分类”，即社区层面的垃圾减量和分类培力。对此，习近平总书记在中央财经领导小组第十四次会议上提出“普遍推行垃圾分类制度”；《生活垃圾分类制度实施方案》要求，2020 年年底前在 46 个重点城市实施强制分类，[1] 该工作如箭上之弦，蓄势待发。

在众多利益相关者中，以环境公益为目标的社会组织可谓政府的坚实盟友，其始终在实践一线耕耘，致力于将公众对环境的关注和议论切实转化为参与污染治理的决策和行动。然而，我国垃圾议题社会组织的规模性成长仅十年有余[2]，行动图景尚不明晰，加之所处地域分散、可见度低，学界尚未对其与政府的协力机制进行系统性考察。作为补充，本章尝试回答如下四个问题：其一，社区垃圾分类中的政府与社会组织分别从事哪些工作？其二，哪些因素影响垃圾分类中的政社协作？其三，对于不同类型的政府与社会组织而言，协作是否具有多样化路径可供选择？应该如何实现？其四，这种多样化的路径对垃圾治理领域的政社关系优化有何启示？

具体通过两种方法予以展开。其一，立足中观层面，使用模糊定性

---

① 谭爽：《城市生活垃圾分类政社合作的影响因素与多元路径——基于模糊集定性比较分析》，《中国地质大学学报》（社会科学版）2019 年第 2 期。

② 据民间组织零废弃联盟与合一绿学院 2015 年编撰的《中国民间垃圾议题环保组织发展报告》统计，当年垃圾议题 NGO 约 40 家，其中近 30 家成立于 2006 年之后。2016 年因受国家政策的鼓励，数量进一步增加。

比较方法对27家垃圾议题社会组织与政府的协作路径进行归纳，回答哪些因子影响政府与社会组织的有效协作，因子间又如何通过多元组合实现“殊途同归”之目的。其二，立足微观层面，通过解剖麻雀式的个案分析，回答不同类型的社会组织如何在参与社区垃圾分类时实现有效的政社协作。

第一节 垃圾分类场域中的政府与社会组织行动

政府与居民是传统城市社区垃圾分类实践中的重要主体。政府部门根据层级差异，既充当宏观指导的角色，也履行具体落实的职责。而社会组织作为近些年涌现出的一股“新势力”，依靠自己的环保热情、专业性和灵活性，为垃圾分类带去新的理念与方法。

一 政府在社区垃圾分类场域的行动

我国政府在垃圾分类方面曾有过不少尝试和努力。早在1957年7月12日《北京日报》上的头版头条发表了《垃圾要分类收集》一文，提倡居民将旧报纸、牙膏皮、碎玻璃、橘子皮等物按照要求，分门别类送至国营废品站卖钱[①]。在资源不甚充足的中华人民共和国成立初期，这样的倡导与行动更多是为了回收利用，节约资源。改革开放以来，随着经济状况逐渐向好，垃圾危机逐渐凸显，政府对垃圾处理的战略也随之转变，经历了“初步应对—综合治理探索—治理思路纠偏”的发展历程。早期，垃圾分类更多停留于理念上的宣传倡导，1993年政府出台《城市生活垃圾管理办法》，试图推动倡导垃圾分类行动，住建部也曾在2000年、2015年指定了多个垃圾分类试点城市，但实际效果均不显著。近年来，随着政府部门的处理思路由重末端处置转向重循环发展，垃圾分类再度引发关注，并逐渐成为中央与基层政府的重要任务。在此背景下，围绕社区场景的垃圾减量分类，政府主要开展了如下工作：

---

① 郭艳：《做好垃圾源头管理是构建“无废城市”的重要基石》，《资源再生》2019年第4期。

（一）顶层规划

中央政府对垃圾分类相关工作释放积极信号，一方面，在政府体系内部统一思想，指导相关部门将垃圾分类纳入工作进程；另一方面，通过领导讲话、政府工作报告、纲领性文件等向社会传递信心，激发人们对垃圾分类的关注，鼓舞其参与垃圾分类行动。如 2016 年 12 月 21 日，习近平总书记在中央财经领导小组第十四次会议中专门强调垃圾分类的重要意义；2017 年的《政府工作报告》明确指出，“加强城乡环境综合整治，普遍推行垃圾分类制”；2018 年 11 月 6 日，习近平总书记在上海考察时提到“垃圾分类是新时尚”等，都为垃圾分类的未来发展指明了方向，给环保组织注入了一针强心剂。

（二）政策制定

在顶层战略指引下，制定垃圾分类具体规划及工作方案是政府职能部门的重要职责。我国负责垃圾管理的中央部委是住房和城乡建设部（简称“住建部”），但由于垃圾分类同时涉及资源循环利用、环境保护、公众教育等议题，因此，国家发改委、生态环境部、教育部等也会介入。新一轮垃圾分类工作开始后，国家发改委、住建部在 2017 年 3 月发布《生活垃圾分类制度实施方案》，并对 46 个重点城市提出强制分类要求，成为城市生活垃圾分类的指导性文件。2018 年，教育部办公厅等六部门发布《关于在学校推进生活垃圾分类管理工作的通知》，对学校的垃圾分类开展提出要求。在上级文件基础上，各省、市、区地方政府也结合本地实际，制定了相关的工作规划。2020 年 8 月，国家发改委、住建部、生态环境部联合印发《城镇生活垃圾分类和处理设施补短板强弱项实施方案》，为垃圾分类后的收集运输及处置做出谋划。

（三）具体实践

1. 考核监督。由上至下的考核监督既能够检查了解各地垃圾分类政策落实情况，推动政策优化，同时也能够产生督促、激励的作用，促使基层政府横向比较，见贤思齐。比如住建部在发布《生活垃圾分类制度实施方案》后持续跟踪检查，定期发布 46 个试点城市的垃圾分类排名，激励各地及时改进。生态环境部则计划将垃圾分类纳入中央生态环境保护督察，督促各级政府切实履行主体责任，引导城市持续推进垃圾的精细化管理。①

2. 实践指导。垃圾分类的具体实践指导由住建、环保等“条”上的职能部门和“块”上的基层政府共同实施。城管部门作为垃圾分类工作的牵头部门，既要提供政策解读、技术标准、投放指南、垃圾清运处理等服务，也要协调调动辖区住建、民政、教育、卫生、机关事务管理等部门共同做好社区垃圾分类工作。而街道办作为人民政府的派出机关，则必须统筹分解落实上级有关垃圾分类的各项工作，并进行业务指导、技术支撑和业绩考核。

3. 社会宣传。唤醒民众主动进行垃圾分类的意识和行为是一个潜移默化、深远持久的过程，垃圾分类的社会宣传也是一项重要工作，需要长期的坚持和努力。在垃圾分类中，生态环境部门、教育部门等各级各类政府部门都承担着宣传职责。

二 社会组织参与社区垃圾分类的行动

环境保护一直是社会组织关注的重要领域。在垃圾议题方面，社会组织更是敏锐的反应者和行动者。早在1996年，环保组织“地球村”就在北京市西城区大乘巷倡导居民实行垃圾分类，至今居民已坚持分类了20年，一直延续着这个好习惯。2009年，我国持续发生反对建设垃圾焚烧厂的“邻避”事件后，垃圾议题社会组织开始渐露头角，并在2012年前后进入发展期，到2016年国家将垃圾分类作为基本国策后，数量显著增加。其在社区垃圾分类中的具体实践集中在如下四个方面：

（一）宣传教育

垃圾议题社会组织通常采取举办讲座、组织活动、带领参观等丰富多彩的形式进行宣传教育，内容包括但不限于介绍垃圾减量与分类的好处及方式，现有垃圾处置技术的优势、劣势及改善策略，可持续生活方式的实现等。这些宣教活动往往会根据群体特征来设置适应性方案。

（二）分类指导

垃圾分类指导工作主要针对社区管理者和居民，涉及社区垃圾分类

---

① 周洲：《环保再出重拳！生态环境部：将垃圾分类突出问题纳入中央环保督察》，2019年6月28日，https：//baijiahao. baidu. com/s？ id = 1637593669661084144&wfr = spider&for = pc，2021年2月24日。

体系的建立和垃圾减量与分类的具体方法。社会组织在这个过程中旨在实现两大功能：一是通过对分类方法进行告知说明，使居民“会分类”；二是通过持续的关注和提醒，对居民行为进行监督，使之能“坚持分类”。

（三）回收利用

回收利用是垃圾分类的延伸。社会组织通过收集、再造社区产生的一些可循环使用的废弃物，或是将厨余垃圾就地堆肥等方式，达到减少垃圾、节约资源的目的。这些活动能够调动居民的好奇心和积极性，兼具社区营造的功能，受到社区居委会、物业等的欢迎。

（四）力量孵化

“今天的进入（社区）是为了明天的撤出”，环保组织一直秉持这样的理念，通过孵化社区本土队伍获得可持续的垃圾治理能力。这支队伍或许是社区精英，或许是社区志愿者，也或许是扎根社区的社工类组织。环保组织通过设立基金、开展培训为其赋能，使之能够和业委会、居委会、物业协同联动，成为稳定的社区垃圾治理驱动力。

第二节 垃圾分类政社协作的多元路径：基于模糊集定性比较*

“垃圾分类”作为垃圾风险治理的初始步骤，决定着最终的治理效果，倍受学界与业界重视，其中政府与社会组织的协作逐渐成为独立课题。除了关注日本、美国等发达国家与地区的“多中心治理”“愿景共创”“项目委托”等政社协作模式，学者还将视野拓展到发展中国家，通过对20个发展中城市的比较，描述社会组织在垃圾分类、资源回收和成本节约中的关键作用①；抑或详细探讨发展中国家固废管理中社会组织的

---

* 本章部分内容摘自作者于2019年发表在《中国地质大学学报》（社会学科版）第2期的论文《城市生活垃圾分类政社合作的影响因素与多元路径———基于模糊集定性比较分析》，收录本书时做了进一步的改动。

① D. C. , Rodic L. , Scheinberg A. , et al. , “Comparative analysis of solid waste management in 20 cities”, *Waste Management & Research the Journal of the International Solid Wastes & Public Cleansing Association Iswa*, Vol. 30, No. 3, 2012, pp. 237 –254.

角色、行动模式及影响因素①，指出其参与受资源短缺、政治氛围、捐助依赖性等问题阻碍②。亚洲各国因近年频遭“垃圾围城”困扰，也吸引了学界目光：通过对孟加拉社会组织行动及效果的数据分析，学者发现其在垃圾的源头减量与收集环节贡献深远③；也有学者运用 SWOT 框架分析社会组织介入印度垃圾管理的优势与劣势④，主张促进政社协作，共同打造可持续的废弃物管理系统⑤。

上述研究为我国垃圾分类实践提供了有益参考，但因政治体制与社会环境差异，外部经验不宜直接移植，必须立足本土，探索具有中国特色的协作路径。由于社会组织参与分类的时间不长、规模有限，国内研究成果多侧重于规范性构想⑥。鲜有的实证研究围绕环保组织“上海爱芬”展开，分析进行社区垃圾分类的多元协作机制，提炼出“以环保组织和社区为中心，政府提供服务性支持”的模式⑦。虽然从社会组织视角入手的成果有限，但针对“如何推进城市生活垃圾分类”这一议题，已有诸多学者提出颇有见地的观点，如“确保干预手段的多元性和互补性，实现垃圾分类从行政驱动到利益驱动再到文化驱动的转变”⑧；“注重宏观

---

① Tukahirwa J. , “Civil society in urban sanitation and solid waste management: The role of NGOs and CBOs in metropolises of East Africa”, Wur Wageningen Ur, 2011.

② J. T. Tukahirwa, A. P. J. Mol, P. Oosterveer, “Civil society participation in urban sanitation and solid waste management in Uganda”, *Local Environment*, Vol. 15, No. 1, 2010, pp. 1 - 14.

③ E. Hossain, K. T. Islam, M. M. Bashar, et al. , “Involvement of Household, Government and NGOs in Solid Waste Management in Khulna City: A Comparative Analysis. Journal of Civil”, *Construction and Environmental Engineering*, Vol. 2, No. 1, 2017, pp. 17 - 26.

④ Ra jamanikam R. , Poyyamoli G. , Kumar S. , et al. , “The role of non-governmental organizations in residential solid waste management: a case study of Puducherry, a coastal city of India”, *Waste Management & Research the Journal of the International Solid Wastes & Public Cleansing Association Iswa*, Vol. 32, No. 9, 2014, pp. 867 - 881.

⑤ Kamaruddin S. M. , Pawson E. , Kingham S. , “Facilitating Social Learning in Sustainable Waste Management: Case Study of NGOs Involvement in Selangor, Malaysia”, *Procedia-Social and Behavioral Sciences*, Vol. 105, No. 1, 2013, pp. 325 - 332.

⑥ 孙其昂、孙旭友、张虎彪：《为何不能与何以可能：城市生活垃圾分类难以实施的“结”与“解”》,《中国地质大学学报》（社会科学版）2014 年第 6 期。

⑦ 陈魏:《环保社会组织参与的社区垃圾分类何以可能？——基于 A 社会组织的个案研究》，硕士学位论文，华东理工大学，2015 年，第 64—67 页。

⑧ 吴晓林、邓聪慧:《城市垃圾分类何以成功？——来自台北市的案例研究》,《中国地质大学学报》（社会科学版）2017 年第 6 期。

政策和微观心理因素的双重效应"[①] 以及"构建从源头分类到末端处置的五大体系"[②] 等。如上考量均内蕴着对社会组织介入垃圾分类工作的呼唤，论证了本书研究的必要性。

但既有成果目前处于两个极端：一端属于规范研究，建立在数据基础上的系统性实证较薄弱，归纳出的结果比较粗放，难以直击要害；另一端则为个案研究，有深度但缺广度，尚未实现垃圾分类领域政社协作路径的概化，不利于经验推广。有鉴于此，本书致力于从内容与方法两方面做出补充，即以模糊集定性比较方法（fsQCA）为工具，基于对 27 家垃圾议题社会组织的多案例研究，系统回答哪些因子影响政府与社会组织的有效协作，因子间又如何通过多元组合实现"殊途同归"之目的，以期打开垃圾分类政社协作的"灰箱"。

一 研究设计

（一）研究方法：模糊集定性比较分析

定性比较分析（QCA）是反思定量与定性研究方法的产物，由查尔斯·C. 拉金（Charles C. Ragin）于 1987 年提出。[③] 其目的在于整合前者的"广度"与后者的"深度"，通过"合成策略"进行中小样本案例的比较与系统分析。[④] 与传统仅关注单一原因的研究不同，定性比较分析基于"与（Logical AND）""或（Logical OR）""非（Negation）"的集合运算逻辑来建立解释条件与结果变量之间的必要与充分关系。就充分关系而言，定性比较分析有助于识别结果发生的多重并发原因，为同一结果的多种路径提供解释性框架。模糊集定性比较（fsQCA）是对早先出现的清晰集定性比较（csQCA）的改进，以避免后者只能使用二分变量（0 和 1）而导致的结论误差。分析采取"模糊集得分"来表示结果和解释条件

---

① 徐林、凌卯亮、卢昱杰：《城市居民垃圾分类的影响因素研究》，《公共管理学报》2017 年第 1 期。

② 叶岚、陈奇星：《城市生活垃圾处理的政策分析与路径选择——以上海实践为例》，《上海行政学院学报》2017 年第 2 期。

③ Ragin C. C. ed. , *The Comparative Method: Moving Beyond Qualitative and Quantitative Strategies*, University of California Press, 2014.

④ 黄荣贵、桂勇：《互联网与业主集体抗争：一项基于定性比较分析方法的研究》，《社会学研究》2009 年第 5 期。

发生的程度，得分可取0—1之间的任何数值，能较好地避免数据转换时的信息损失，更准确地反映案例的实际情况。[①] 本书采用fsQCA方法的原因有三：第一，样本量较小。当前在我国城市开展垃圾分类的社会组织数量较少，不适合进行大规模的统计分析。而样本数在10—60之间的比较研究恰是QCA的长项。第二，当前垃圾分类中政社协作的实践非常多元，其影响因素往往是多重并发的，而挖掘多样化条件组合也是QCA的优势。第三，本书研究所涉及的变量不属于"非此即彼"型（"有"或"无"），而是在"程度"或"水平"上变化，因此相较清晰集定性比较分析（csQCA），用模糊集定性比较（fsQCA）更为适合。此外，QCA曾遭遇"黑匣子"批判，即诟病其虽善于描述"逻辑"却无法分析"机制"。[②] 为尽可能弥补这一缺陷，笔者将遵循前人建议，通过不断引入、阐释代表性案例的实证材料，使之与QCA所聚焦的条件实现对话[③]，以便更细致地描述各影响因素的互动关系及作用过程。

（二）案例来源与资料收集方式

案例抽样时以"零废弃联盟"的组织架构为依托，首选其在华南、西南、华东、华北、华中地区且主要业务为垃圾分类的枢纽型组织5家，而后以枢纽型组织为中心，在其所辖区域选取5—6家组织，最终确定27家垃圾议题NGO作为研究对象。这一方面保证了样本在地域上的覆盖性，适应于我国现阶段各地尚不均衡的垃圾分类状况；另一方面则使样本同质性与异质性兼具，即既有发展较成熟、垃圾分类较成功的组织，也有处于初创期、尚在试验阶段的组织，以提升比较研究的效度。

数据资料源自三种途径：第一，问卷与访谈。笔者通过面对面、电话、网络等方式对27个组织进行了问卷调查或结构化访谈，并在部分组织帮助下与当地街道、区政府相关部门工作人员进行沟通。最终问卷全部收回，并获得逾10万字的访谈记录。第二，实地观察。课题组成员在

---

① Ragin C. C., "Fuzzy-set social science", *Contemporary Sociology*, Vol. 30, No. 4, 2000, pp. 291 – 292.

② Goldthorpe J. H., "Current Issues in Comparative Macrosociology: A Debate on Methodological Issues", *Comparative Social Research*, Vol. 16, No. 1, 1997, pp. 1 – 26.

③ Shalev M., "Limits of and Alternatives to Multiple Regression in Macro-Comparative Research", *Comparative Social Research*, Vol. 24, No. 24, 2007, pp. 261 – 308.

“零废弃联盟”担任实习生，通过参与其日常工作、研讨会、分享会、年会等活动，形成观察笔记若干。第三，二手资料。通过政府门户网站、中国知网、微博与微信公众号等，收集各组织及当地政府开展垃圾分类的相关文本。

（三）变量选取与理论研究框架

1. 结果变量及其赋值

政社协作的产出非常难以界定，优化政府服务[①]、推动政策执行[②]、激发社会资本[③]、促进市场活动[④]等都曾被学者提及。正如汪锦军所说：“对于政府、社会组织与服务接受者而言，站在各自立场评价协作效用的结果是不同的。”[⑤] 因此，为防偏失，本书试将垃圾分类中各方利益同时纳入：首先，就协作者而言，协作目的在于资源交换。社会组织从中获取财政拨款、合法性、参与渠道，而政府则得到政治支持和服务供给。[⑥] 据此，本书选取两项指标来测量：（1）社会组织获得更多行动资源，如得到人财物等支持、树立社区信任、拓展业务范畴、提升知名度等。（2）政府垃圾分类管理技能提升，如掌握更多垃圾分类专业知识与居民动员策略等。其次，就接受者而言，协作成功的标准是公共服务的有效生产。可用如下指标衡量：（3）垃圾分类获得成效，即目标区域垃圾分类状况较此前提升。此外，由于我国政社协作仍处于探索阶段，尤其在垃圾分类这一新兴领域，双方并肩作战正经历从无到有的过程。因此，

---

① Alexander J.，“Nank R. Public—Nonprofit Partnership Realizing the New Public Service”，*Administration & Society*，Vol. 41，No. 41，2009，pp. 364 – 386.

② Brinkerhoff D. W.，“Government-nonprofit partners for health sector reform in Central Asia：family group practice associations in Kazakhstan and Kyrgyzstan”，*Public Administration & Development*，Vol. 22，No. 1，2010，pp. 51 – 61.

③ ［美］帕特南：《使民主运转起来》，王列等译，江西人民出版社 2001 年版。

④ Snavely K.，Desai U.，“Mapping Local Government-Nongovernmental Organization Interactions：A Conceptual Framework”，*Journal of Public Administration Research and Theory*：*J-PART*，Vol. 11，No. 2，2001，pp. 245 – 263.

⑤ 汪锦军：《走向合作治理：政府与非营利组织合作的条件、模式和路径》，浙江大学出版社 2012 年版。

⑥ Cho Sungsook，“Gillespie D F. A Conceptual Exploring the Dynamics of Government-Nonprofit Service Delivery”，*Nonprofit and Voluntary Sector Quarterly*，Vol. 35，No. 3，pp. 45 – 48.

二者能在磨合中形成稳定、良性的关系也属于结果之一。[①] 据此设计第四个指标：（4）政社双方建立稳定的协作关系，实现多次政府购买或共同行动。结果变量赋值采用四值方案[②]，符合一个及以下条件为0；符合两个为0.33；符合三个为0.67；四个都符合为1。

2. 解释变量及其赋值

垃圾分类中政社协作影响因素的选取，可分别从两类理论中获取灵感：一类是静态的、善于搭建结构的“政社关系”框架。1978年，萨拉蒙（Salamon）首先指出应为非营利组织和政府之间的关系构建模型，此后，相继出现了4C模型、Coston模型、杨模型等代表性成果。概括而言，这些模型将制度多元性、外部环境、行动目标、相互依赖性等视作“协作触发剂”。另一类是动态的、长于解读过程的“协作治理”模型。前人分别构建了Bryson模型、六维协作模型、SFIC模型等范本，认为完整的协作流程应包括初始条件、治理结构、执行过程、评估反馈等环节。基于既有框架，同时遵循QCA对变量数量的限制[③]，本书最终选择7个解释变量，其理论支撑和赋值说明如下：

（1）保障条件。该要素旨在回答政府与社会组织协作的逻辑起点，是协作得以成功的支撑。首先，根据既有研究，一个国家或地区的“制度环境”决定了政社关系的基本形态。[④] 具体到本书，其涵盖两方面内容：第一，支持政社协作的制度环境。第二，支持垃圾分类的制度环境。而制度本身又包含呈现在纸面上的政策文本以及实践中领导者的施政偏好，故将上述维度两两结合，得到衡量“制度环境”的四个指标：①有

---

① Desai S. U.，“Mapping Local Government-Nongovernmental Organization Interactions：A Conceptual Framework”，*Journal of Public Administration Research and Theory：J-PART*，Vol. 11，No. 2，2001，pp. 245－263.

② 在四值方案中，模糊集得分可以取：1，0.67，0.33，0。其中，1表示条件发生，0表示条件未发生，其他取值介乎两者之间。

③ 根据学者建议，QCA处理的条件变量最好小于10个，以防止条件组合过于复杂以及案例的“个体化”。

④ Coston J. M.，“A Model and Typology of Government-NGO Relationships”，*Nonprofit& Voluntary Sector Quarterly*，Vol. 27，No. 3，1998，pp. 358－382. Dennis R.，Young，“Alternative Models of Government-Nonprofit Sector Relations：Theoretical and International Perspective”，*Nonprofit Policy Forum*，Vol. 29，No. 1，2000，pp. 149－172.

关于垃圾分类的政策支持；②有关于垃圾分类的领导支持；③有关于政社协作的政策支持；④有关于政社协作的领导支持。其次，Brinkerhoff 曾指出，政府寻求第三方力量协助的动因在于其很难独立应对复杂公共问题的挑战。[①] 换言之，社会组织必须能证明自己具备基本的"生存能力"以及提供相应公共服务的"发展能力"[②]，方能得到政府信任，建立协作关系。在垃圾分类领域，对其"协作能力"的测量可以细化为四个指标：①社会组织具有组织合法性和稳定性，能维持自身存续；②社会组织在垃圾分类方面有丰富经验；③社会组织能达到政府对于垃圾分类业务的要求；④社会组织能处理好协作过程中与政府的关系，避免明显冲突。该变量赋值采用四值方案，符合一个及以下条件为 0；符合两个为 0.33；符合三个为 0.67；四个都符合为 1。

（2）起始条件。该要素是大部分协作模型的第一环节，涵盖参与动机的一致性、协作纠纷史、权力对称性等要素。[③] 整合诸多模型，结合垃圾分类实践，本书将其分解为两个变量：第一，协作意愿。指标有二：①社会组织愿意接受政府的经费支持。虽然协作能带来资源交换，但在我国政治社会背景下，也有部分社会组织因担心政府以经费为工具强化对其的隐性控制[④]，最终放弃协作。②双方愿意进行垃圾分类中的具体业务协作。垃圾分类是一个复杂的体系，政府必须从浅层的经费支持走向更深层的、在各个环节中的业务支持，才能实现产出最大化。赋值时，将两个指标交叉组合构成二维矩阵，以定序变量的形式赋四值，即均不愿意为 0；愿意进行业务协作但不愿意接受经费支持为 0.33；愿意接受经费支持但不愿意进行具体业务协作为 0.67；二者都愿意为 1。第二，目标契合。没有共识的存在，任何协作都很难起到实质性作用。[⑤] 但由于不同

---

① Brinkerhoff, Derick W., "Exploring State-Civil Society Collaboration: Policy Partnerships in Developing Countries", *Nonprofit and Voluntary Sector Quarterly*, Vol. 28, No. 1, 1999, pp. 59 - 86.

② 邓国胜：《非营利组织评估》，社会科学文献出版社 2001 年版，第 67—69 页。

③ Ansell C., Gash A., "Collaborative Governance in Theory and Practice", *Journal of Public Administration Research & Theory*, Vol. 18, No. 4, 2007, pp. 543 - 571.

④ 吴月：《隐性控制、组织模仿与社团行政化——来自 S 机构的经验研究》，《公共管理学报》2014 年第 3 期。

⑤ 彭少锋：《政社合作何以可能》，湖南大学出版社 2016 年版。

主题目标与利益的多样性，达成一致目标存在相当的困难。[①] 本书从两个指标入手衡量政府与社会组织对于协作解决垃圾分类问题的基本看法，进而分析其对协作结果的影响：①双方认可协作有助于垃圾分类实现。当一方不认可时，将阻碍协作进程的继续。②双方认可对方进行垃圾分类的目标。如果双方的目标认知存在差异，将影响其具体行动的协调配合。上述二者均没有赋值为0；目标不一致但认可协作助力为0.33；目标一致但不认可协作助力为0.67；二者都有为1。

（3）过程条件。该要素用以描述协作的操作流程。在我国现阶段政社协作中，资源流向仍呈现“政府—社会组织”的单向性特征，故后者往往是政社关系变革中主动的塑造者[②]，垃圾分类领域也不例外。如果某一社会组织在协作事宜上投入足够人力和精力，也就更有机会获得政府认可与支持。因此，首先考察“资源投入”这一变量，测量指标包括：①社会组织是否有专人负责与政府协作事宜；②社会组织是否有专门资金投入政府关系维护；③社会组织是否制定维护政府关系的策略；④社会组织是否在达成政府要求方面投入足够精力。对于动态的“协作机制”，笔者主要参照“六维协作模型”[③]，从如下四个环节进行分析：①政府与社会组织职责明确；②政府与社会组织有畅通的沟通途径；③政府与社会组织共同决策；④政府对社会组织的工作有定期评估。上述变量赋值均采用四值方案，符合一个及以下条件为0；符合两个为0.33；符合三个为0.67；四个都符合为1。

（4）结果条件。根据SFIC模型，协作获取的阶段性成果将影响其最终效果以及双方关系的稳定性。[④] 在对部分案例的初步观察中，笔者也发

---

① Innes J. E., Connick S., Kaplan L., et al., “Collaborative governance in the CALFED program: Adaptive policy making for California water”, *IURD Working Paper Series* 2006-0, *University of California*, *Berkeley*, Vol. 20, 2006.

② 郁建兴、沈永东：《调适性合作：十八大以来中国政府与社会组织关系的策略性变革》，《政治学研究》2017年第3期。

③ Dawes S. S., Eglene O., “New models of collaboration for delivering government services: A dynamic model drawn from multi-national research”, National Conference on Digital Government Research, 2008, p. 314.

④ Ansell C., Gash A., “Collaborative Governance in Theory and Practice”, *Journal of PublicAdministration Research & Theory*, Vol. 18, No. 4, 2007, pp. 543-571.

现，如果社会组织的垃圾分类行动得到了媒体关注或其他地区的学习，将提升政府的信任与协作诉求。据此，设计两个指标测量阶段性结果：①垃圾分类模式获得媒体报道；②垃圾分类方式吸引他地效仿。二者均没有赋值为0；有媒体报道但无他地效仿为0.33；无媒体报道但有他地效仿为0.67；二者都有为1。

综上所述，本书的理论研究框架如图5.1所示。

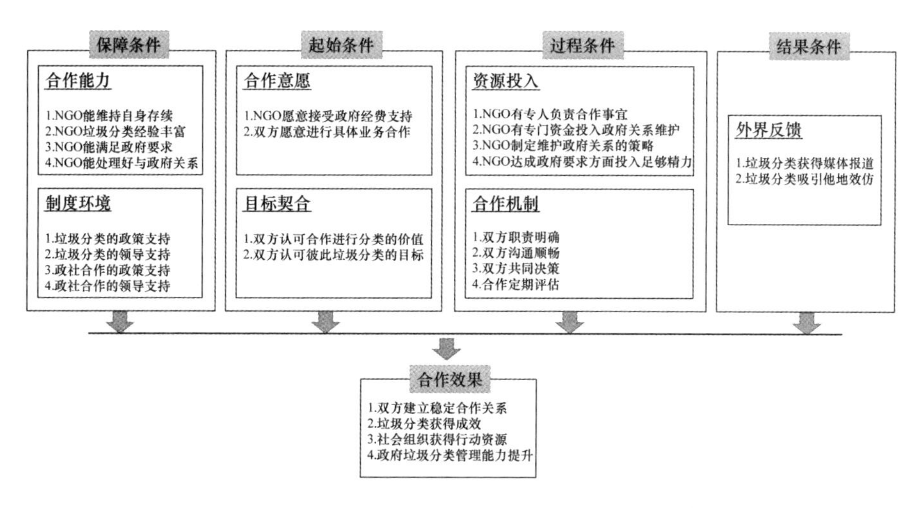

图5.1 理论研究框架

3. 真值表构建

根据上文确定的变量及赋值标准，构建27个案例的真值表。具体操作时，为确保研究信度，先由课题组三位成员根据所收集资料分别赋值，再对出现的差异进行集体讨论，直至取得共识。

二 城市社区垃圾分类政社协作的必要条件

定性比较分析通过计算“一致性”和“覆盖率”来确定变量间是否存在必要性与充分性关系。一致性指纳入分析的所有案例在多大程度上共享了导致结果发生的某个给定条件（或条件组合），大于0.9时认为X是Y的必要条件。当一致性得到满足后，可以进一步计算覆盖率指标，覆盖率指标越大，则说明 X 在经验上对 Y 的解释力越大。[①]

表 5.1　条件变量的必要条件检测

	变量名	一致性（consistency）	覆盖率（coverage）
保障条件	协作能力	0.879286	0.768414
	制度环境	0.903571	0.883380
起始条件	协作意愿	0.976429	0.584938
	目标契合	0.807143	0.869231
过程条件	资源投入	0.736429	0.814376
	协作机制	0.928571	0.884956
结果条件	外界反馈	0.664286	0.846224

采用软件 fs/QCA3.0 对单条件变量能否构成垃圾分类中政社有效协作的必要条件进行分析，结果如表 5.1 所示：所有因素的一致性都大于 0.7，即均具备一定的解释力。其中，“协作意愿”“协作机制”“制度环境”三者的一致性分别为 0.976429，0.928571，0.903571，均大于 0.9，故为三个必要条件。这意味着：

1. 协作效果较好的案例中的双方均存在较强的“协作意愿”。该意愿体现在两方面：

其一，社会组织愿意接受政府的经费支持。调研过程中，只有北京 Z 社会组织固废团队对于是否接受政府资助存在犹豫：“也不是不跟他们（政府）合作，但我们愿意多发展其他渠道。因为从执行上讲拿他们（政府）的钱执行特别高，评估方式也比较烦琐。而且我们认为，公益这件事本身就应该是全社会来买单。所以有时候会做权衡，看是否要接受（政府资助）。”（Z 社会组织访谈记录，20170912）Z 社会组织的选择源自自身实力，因属于中国发育成熟、声名显赫的环保 NGO，筹资能力很强，故并不依赖单一的资金来源。但大部分尚处成长阶段的垃圾议题 NGO 难以望其项背。正如“零废弃联盟”与合一绿学院联合发布的《中

---

① 黄荣贵、郑雯、桂勇：《多渠道强干预、框架与抗争结果——对 40 个拆迁抗争案例的模糊集定性比较》，《社会学研究》2015 年第 5 期。

国民间垃圾议题环境保护组织发展调查报告（2015）》显示：当前民间组织开展垃圾议题工作的最大掣肘因素为“资金不足”，在“议题敏感”“人员不足”等九个选项中位列第一，这决定了大部分NGO具有接受官方资金的强烈意愿，“服务购买”是二者协作的主要方式。

其二，除资金外，在垃圾分类实施过程中，双方对彼此存在资源依赖。一方面，相关政府部门因缺乏时间、人力与方法，难以独立开展垃圾分类宣传与指导，亟须社会组织的专业支持。如成都B区城管局的工作人员坦言：“我们事情太多了！垃圾分类只是其中的一小部分，没有时间也没有人去做这个事。而且从来没接受过正规培训，也没了解过别的地方怎么分类，不像G社会组织（成都市某垃圾议题社会组织）那么精通，说得头头是道。”（成都B区城管局访谈记录，20171103）另一方面，若无区政府、街道办等具有行政权威的机构作为中介人与协调人，社会组织亦很难获得居民理解并长期扎根社区。

2. “协作机制”是第二个要件，确保政府与社会组织在垃圾分类具体事项和不同阶段中有章可循、相互补足。

这首先体现为双方职责明晰，尤其是政府责任必须履行到位。比如，在A社会组织的“三期十步法”中，街道需协助社会组织进社区实地调研、摸查垃圾处理现状，区市容所、妇联、文明办、房办等多部门需联合召开垃圾分类动员会，市容局需与社会组织共同为社区制定分类投放点、配备标准化分类容器等。[①] 有了如上支持，才助力A社会组织打造了持续有效的分类模式。

其次，稳定的沟通机制是有效协作的关键，体现为正式与非正式两类。前者为制度化的垃圾分类情况汇报会议，频率为半个月至一个月，部分组织一季度需向街道或区政府提交书面材料。后者指非正式的不定期沟通，如S社会组织负责人提道：“我们的工作人员现在几乎每天都和街道负责人见面。即便不是每天，也不会超过一周，他们的互动是非常频繁的，基本可以称为24×7，全天候不间断。”（S社会组织访谈记录，20170324）

再次，决策机制是协作中兼具实质与象征意义的部分，不仅直接影

① 详见A组织2017年印刷出版的手册《三期十步法——社区垃圾分类操作指南》。

响行动质量，还表征着社会组织究竟是政府的“伙伴”还是“伙计”。以A社会组织为例，垃圾分类的推进模式一直由双方协商确定，尽管面临上级的考核压力，区市容局与街道仍尽可能尊重其的专业性与独立性，不以权威俘虏对方：“对于分类怎么拓展，A社会组织的意见是做一个巩固一个，不能有回潮。但今年市里要求全覆盖，我们压力就比较大，所以，也跟他们（A社会组织）沟通了很多次，最后达成共识，还是坚持这个模式，但是尽可能提升点速度。”（Y街道市容所J访谈记录，20170718）分类过程中虽存有分歧，但决策权力共享所构筑的良性关系使其大都迎刃而解。

最后，评估机制是政府用以考察社会组织能力、进行协作策略调整的参照，也是社会组织自我考察、不断精进的动力。27个社会组织中只要接受政府资金者均面临方式各异、频率不一的评估，评估结果会跟项目“尾款”挂钩。这虽在一定程度上打乱了组织的工作节奏，却也无形间促使双方紧密沟通、相互支持，故大部分组织将评估视为彼此了解、能力建设、优化成效的“契机”。

3. “制度环境”是第三个必要条件，或是来自政策文件的制度性规定，或是与上级领导的施政意愿吻合。条件越充分，协作越容易成型，效果也越显著。

上海市A社会组织是典型的成功案例：“2011年，分类成为市政府的一个重要项目，两年间出台好几个政策①，一来明确了垃圾减量的具体量化目标，给基层政府施压；二来提出街道政府可以通过购买服务支持社会组织参与分类，给我们提供了存在和行动的合法性。更幸运的是，我们还遇到了一个很有前瞻性的街道领导，他非常有环保意识，而且认为社会组织很重要。就是因为他跟我们一块到社区去动员，才让这个工作持续下去。”（A社会组织访谈记录，20160425）无独有偶，郑州市L社会组织能成功注册并进入分类领域，也仰赖于2012年的政策机遇及领导支持：“从2012年开始我觉得政府对垃圾分类越来越重视，一步一步

① 2011—2012年上海市出台的相关政策包括：《关于实施“百万家庭低碳行、垃圾分类要先行”市政府实事项目的通知》《关于开展生活垃圾分类减量试点工作的指导意见》《上海市促进生活垃圾分类减量办法》等。

地投入资金，投入人力，要不然我们这个 NGO 也不会从无到有，专门做这个工作。”（B 社会组织访谈记录，20171227）

除上述三个条件外，“协作能力”的一致性为 0.879286，非常接近于 0.9，说明社会组织能否维持自身存续，能否弥补政府在垃圾分类中的短板等，都直接影响着政府的信任与满意度，进而影响协作效果。但这并非必要条件，其原因在后文的组合条件分析中将进一步论证。此外，“目标契合”的一致性超过 0.8，说明目标统一将为双方协作锦上添花，这部分证实了 4C 模型中“目标影响政社关系”的论断，却同样不是必需。实际上，在调研过程中笔者发现，不少组织对垃圾分类目标的解读与政府存在差异，但这并不影响其因资源依赖而求同存异。

三　城市社区垃圾分类政社协作的多元路径

上文已经确定了影响城市生活垃圾分类政社协作效果的必要条件，本部分将对一致性大于 0.7 的非必要条件进行组合分析，从而呈现其发挥作用的多元路径。

组合分析输出方案如表 5.2 所示，三个条件组合的总覆盖度约 0.75，表示其解释了大部分的案例，是政社协作推进垃圾分类最为典型的几种组合。将上文的必要条件加入，并将字母代替的变量名称转换成中文名称，得到三个表达式，其分别对应三条路径，用以说明城市垃圾分类中政府与社会组织有效协作的多元策略选择。

表 5.2　　条件组合分析结果

条件组合	覆盖率	净覆盖率	一致性
zytr * mmqh * ~hznl	0.544286	0.072857	1.000000
~wjfk * mmqh * hznl	0.614286	0.142857	1.000000
wjfk * zytr * ~mmqh * hznl	0.425000	0.047857	1.000000
所有组合	0.758571	—	1.000000

注：“*”表示“和”，“~”表示“非”。原始覆盖率（raw coverage）指给定项解释结果案例的比例；唯一覆盖率（unique coverage）指剔除与其他组合重复的部分而得到的覆盖率；一致性（solution consistency）与覆盖率（solution coverage）说明所有条件组合对结果的总体一致性与解释度。

（一）路径一："目标契合型"协作

协作效果 = 协作意愿 × 协作机制 × 制度环境 × 资源投入 × 目标契合 × ~协作能力

该路径展示了能力不足的社会组织如何与政府建立协作并取得成功。除必要条件中的协作意愿、上级支持与协作机制外，还依赖于"资源投入"和"目标一致"，即组织的能力短板因其与政府目标的高度一致及在政府关系维护中的投入而得以弥补。笔者将该路径命名为"目标契合型"协作。代表性案例之一是深圳市B社会组织。该社会组织注册于2012年，其孕育、成长与发展都与政府的直接推动密不可分。

"2012年，深圳市开始推行垃圾减量分类创建工作。按要求，那年A区必须创建十个垃圾分类试点小区，我以前是环保志愿者，知道这个信息后就和区城管局去洽谈，看能不能策划一些以垃圾分类为议题的项目。接着组建了一个参观学习团，去北京、上海一些城市参访他们的垃圾分类工作。学习后领导非常重视，觉得分类不只是政府的事情，公益组织也发挥很大的作用，就建议以我作为法人、局领导联合发起成立B社会组织。"（B社会组织访谈记录，20171227）从创始人的叙述中可知，B社会组织注册前在垃圾分类领域几乎没有成熟经验，使之获得合法身份的原因有二：

第一，上级垃圾分类的政策要求。深圳市在2000年被选为八个垃圾分类试点城市之一。面对"垃圾围城"风险，深圳市政府又于2012年将"垃圾减量分类"写入《政府工作报告》，同时发布《深圳市"十二五"城市生活垃圾减量分类工作实施方案》，大力推动垃圾分类工作。该《方案》对推动源头减量、确定分类方法、完善收运系统、建设处理设施等都做了计划和安排，并特别提到要发动热衷于公益事业的志愿者、社会环保团体和义工联开展相关工作。2013年，深圳市成立"生活垃圾分类管理事务中心"，2015年6月颁布《深圳市生活垃圾分类和减量管理办法》，并举行"全面推行生活垃圾分类和减量"启动仪式，意味着生活垃圾分类和减量工作在深圳进入全民行动时代。[①] 这种自上而下的良好氛围

① 柳时强：《深圳生活垃圾分类减量工作全面启动》，《广东建设报》2015年第11期第10版。

给社会组织的介入提供了良好条件。

第二，双方一拍即合的共事意愿。与有利政策共同存在的，是深圳浓厚的民间志愿文化。社会组织参与公共事务历史较长，深圳市政府对协同协作的模式也非常赞赏。因此，B社会组织能够在区城管局的扶持之下创立并顺利开展工作。

而双方后续良性关系的维持则得益于另外两个“秘诀”：

首先，B社会组织始终与政府保持工作目标统一。《深圳市“十二五”城市生活垃圾减量分类工作实施方案》提出的目标之一是“市民垃圾分类知晓率不低于95%”，故A区政府面临的首要任务是“宣传教育”。虽然B组织成员大都认为“深入社区、扎根社区才能真正推广垃圾分类”（B社会组织访谈记录，20171229），但还是将“校园培训”作为核心目标，用三年时间在A区各中小学校进行垃圾分类宣讲会，协助区政府通过了“知晓率”考核。涉及未来发展规划时，B社会组织也将政府需求纳入考量，尽管个中诸多无奈：“我们成立五年了，发展其实挺缓慢的。所以很想加入社会企业的成分，实现自造血。但政府希望我们能保持纯粹的NGO性质，这个问题目前比较棘手，也在和城管局不断磨合。”（B社会组织访谈记录，20171227）

其次，B社会组织投入了较多资源来优化双方关系。正式层面体现在尽可能满足政府的工作安排，比如频繁参与各类会议。“我们要开展什么大型活动，全部要通过上面的审批，每周还要参加局里党建工作的汇报。工作方面有定期的汇报，也有一些不定期的商议，反正有事儿就去。”（B社会组织访谈记录，20171229）这显然会挤占B社会组织的人力资源与工作时间，但受访者还是积极乐观地使用“学习”二字来概括参会效果。非正式层面，则由B社会组织创始人或负责人腾出一定精力与基层政府领导进行不定期联络，以打造无形的“情感纽带”。

努力的效果显著，B社会组织与政府始终相互信任，并肩战斗。一方面，B社会组织的办公场所由政府提供，设在区城管局，运营经费约80%来自区及街道采购项目。区政府还将深圳市首个“绿生活零废弃体验馆”交由B社会组织运营，吸引了许多市民及国内外城管系统、公益组织、环保人士慕名参观。这有效扫除了B社会组织的生存困境，使之能在业务领域专心耕耘，知名度日益提升。此外，在城管局认可的业务工作领域中，B 社会组织都获得了比较大的自主权。遇到问题时，城管局也会支持："他们（B 社会组织）可以协调的就直接协调，如果遇到了阻力，我们会出面去沟通协调。"（A 区城管局访谈记录，20180322）另一方面，A 区也借助组织力量，深入社区、机关、学校开展"资源回收日""垃圾分类百校大联合"等系列活动，建立和完善垃圾分流体系，逐步培养市民形成良好生活习惯。正如城管局领导称赞的："他们（B 社会组织）在每个街道、每个工作站、每个物业小区都有一套成体系的东西在运作，没有哪一个地方是辐射不到的。"（A 区城管局访谈记录，20180322）

如上，可以判断"目标契合型"协作路径适合两类社会组织：一类如同 B 社会组织，虽不是官办性质，却是在政府支持与庇护下成立，具有"基因优势"。但此类型在 27 起案例中数量寥寥，也非当前垃圾议题社会组织的主流。另一类则是初创的社会组织。2016 年后，随着垃圾分类成为基本国策，各地均暴露出对专业力量的渴求，致力于垃圾分类的社会组织也如雨后春笋般涌现，赶上了政社协作的最佳时机。新生组织虽然能力经验尚浅，但可以锚定所在地政府需求，在理念、目标、工作手法上尽可能与之靠拢，以争取项目与资金支持，边实践边成长。

（二）路径二："内力支撑型"协作

协作效果 = 协作意愿 × 协作机制 × 制度环境 × ~外界反馈 × 目标契合 × 协作能力

类似于"目标契合型"，该路径需要政社双方存在一致目标。但差异在于，"资源投入"可有可无，"外界反馈"极不显著，协作要义在于社会组织过硬的实力。笔者将其命名为"内力支撑型"，代表性案例是郑州市 L 社会组织。

L 社会组织成立于 2009 年，因找不到合适的主管单位，直至 2013 年才在民政局正式登记。而其获批原因，除了"社会组织放开注册"的政策机遇，更关键的在于组织已具备了一定的运营能力："我们是自然之友地方小组的一个分支，注册之前已获得香港一家基金会的资助，在社区做厨余垃圾堆肥。民政局认为我们有正常开展的项目、有专职工作人员、有资金来源，具备成立一个社会组织的要件。"（L 社会组织访谈记录，20170614）

除“能力”之外，L社会组织业务领域的选择让政府进一步卸下担忧。负责人Y表示：“我们很清楚‘污染防治’在环保领域是个比较敏感的话题，所以注册的时候明确表示只做社区垃圾分类。政府觉得这个事没风险也有价值，就主动帮我们协调，让科委做主管单位。”（L社会组织访谈记录，20170614）

经过严格的“自我审查”，L社会组织迈入了政社协作的第一道门槛，也成为郑州市首家正式通过民政部门注册的民间环保组织。民政局领导在社会组织成立仪式上赞许地说：“以往社会团体多是由政府主导建立，而这一次，郑州市环境维护协会完全由民间自发产生，这是真正意义上的民间社会组织。我们民政部门非常支持，这也代表了社会发展的一种方向。”①

此后，“以‘能力建设’为轴、‘目标统一’为翼”的策略不断为组织赢得空间。首先，“能力建设”表现为组织为求生存的不懈努力。2012年前后，垃圾分类在郑州并非“朝阳产业”，故L社会组织始终以社会筹款为生：“我们从来都觉得自己生长的环境跟他们（官办NGO）不一样，所以在最难的情况下，哪怕就是在没钱的情况下，也要干！”（L社会组织访谈记录，20171208）这种坚韧与自立打动了政府，也为组织争取了更多信任。民政部社团科的负责人就曾敬佩地说：“我就很奇怪啊，当年注册的很多公益社会组织现在都注销了，L社会组织人这么少，也没有很多的筹款渠道，怎么能坚持活到现在？”（实地观察记录，20170615）

其次，“能力建设”还体现为L社会组织业务水平的持续精进。经过在社区的多年耕耘，其打造了“垃圾堆肥”“生态集市”等品牌项目，成功实现厨余垃圾循环利用，并先后获评“SEE劲草同行”伙伴、3A级社会组织、郑州市科协系统三星级协会、“零废弃联盟”华中区枢纽中心……突出的业绩给政府吃了“定心丸”。

但协作过程中，双方并非没有分歧。与大部分社会组织一样，L社会组织将“社区”视为垃圾分类的大本营，但政府却选择在“环境教育”

---

① 《郑州首家民间环保组织正式通过了民政注册》，2013年4月22日，http://www.hnr.cn/hnr/3g/3gyw/3glife/201304/t20130422_414564.html，2020年10月8日。

领域给予资助。如何处理组织愿景和政府目标的差异成为一大挑战。

“说实话，环境教育不是我们的长项，但我们理解这可能是政策压力。而且政府的钱不能不要，协作关系必须要建立，基于这个考虑，最后就把环境教育和组织专长做了个结合，变成学校的‘零废弃’宣教。”（L社会组织访谈记录，20170615）通过主题精细化，L社会组织巧妙地化解了双方在垃圾分类目标上的差异，并且在执行过程中表现得非常谨慎。

“（环境教育）项目拿过来以后，我们就没再申请别的。一方面，政府承诺，如果做好了，以后投入的金额会增加。另一方面，也很担心如果项目做砸了，以后彼此关系该怎么维护。所以从策略上考虑，其他一些工作都暂时停摆了，准备把政府的这个项目好好做……让政府看了有成就感。”（L社会组织访谈记录，20170614）“我们希望是能够代表我们这样的环保组织发声，所以每次参加市里的、区里的各种会议时，对提交发言的内容都很审慎、很重视，做好扎实的准备。所以政府也都能听得进去，也觉得你们值得支持。”（L社会组织访谈记录，20171207）

“好好做”“让政府有成就感”“做好扎实的准备”等表述非常形象地说明了对于L社会组织这样不在公共关系上进行额外“资源投入”，又尚未获得显著“外界反馈”的社会组织而言，只有以项目为载体，最大限度展示自身能力，同时宣告与政府步调一致，方可树立口碑、建立信任。

L社会组织的努力没有白费，有关部门或是邀请其在国家民政部调研中建言献策，或是鼓励其争创星级协会以获取更多资源，或是向其咨询青年人参与环保的策略……L社会组织在郑州市的触角伸展得越来越宽，前景一路向好。

在27个案例中，与L社会组织路径一致的多为处于发展期的NGO。其在垃圾分类领域已积累一定经验，但社会关注度不足，尚未成为声名远播的“明星”，也没有多余资源专门维护政府关系。故其在政社协作中的诀窍在于踏踏实实、用“内功”说话。但要注意的是，这种“内功”不能过度远离政府需求，而应依据自身资源，采用权变性策略来寻求双赢，进而建立良好互动，有效推进垃圾分类。

（三）路径三："外因驱动型"协作

协作效果 = 协作意愿 × 协作机制 × 制度环境 × 外界反馈 × 资源投入 × ~目标契合 × 协作能力

与上述两条路径的明显区别在于，该情境中社会组织与政府存在目标差异。为克服该初始条件的缺失，"外界反馈""协作能力""资源投入"三者须同时发力。其中，"外界反馈"功效最为显著，主要指大众媒体等对社会组织垃圾分类经验的良好评价与积极效仿，这可将组织本就出众的能力几何倍数放大，不仅提升政府的协作意愿，更促使其主动伸出橄榄枝。综上，笔者将该路径命名为"外因驱动型"协作，代表性案例是上海市 A 社会组织。

A 社会组织的前身是环保社团 R。2009 年，上海市将生活垃圾分类列入世博会迎办期间的重要目标之一，R 社团开始自行投入人力、物力做社区电子废弃物回收等工作。但几年内，因缺乏政府理解与支持，社团始终未获合法身份，资金来源也不稳定，直到 2011 年才扭转该局面。

"2011 年，我们开始在 Y 小区进行试点，把垃圾分成大概 11 类，有 90% 的参与率，做得还蛮成功的。当时有 20 多家媒体来报道，突然间我们挺有名了，之后科委就来找过来说要帮我们注册。"（A 社会组织访谈记录，20160425）被社会组织创始人称作"成功"的垃圾分类尝试正是 2012 年上海市鼎鼎有名的"杨波模式"。杨波小区虽未被列入当年全市 100 个垃圾分类的试点范围，但在 A 社会组织的帮助下，其垃圾分类率却达到了 90%，远超当时绝大多数市级试点小区 30% 的水平。铺天盖地的媒体宣传使该模式引起了巨大的社会反响：市委市政府对此做出重要批示，区与街道政府政绩大丰收，Y 小区被评为"全国科普示范社区"，A 社会组织也一炮而红，被冠以垃圾分类"先驱"与"明星"的光环。此后，越来越多的基层政府前来寻求协作，逐步构建了至今依然良好的协作关系。

相关政府部门给予了 A 社会组织较高的自主权。一方面，在具体工作中，A 社会组织承担了从调研到方案确定再到实践指导全流程的任务，街道和居委会基本会按照其建议展开工作，并提供资源支持。另一方面，在政策倡导环节，A 社会组织能够直接向区、街道等相关部门反馈意见。

出于对其专业性和前瞻性的信任，政府也非常乐意参考其意见：“政府具有其自身的局限性和惯性，但第三方的思路就比较开阔，可以帮我们想到一些方式方法。”（街道市容所访谈记录，20170718）

但在“协作”的乐章中，“分歧”亦是难以回避的旋律：“政府给了很大的支持。但说实话，我们在垃圾分类深层目标上是不同的。虽然表面看都在分，但他们要的是一段时间内指标上量的分类，而我们追求的是培养人主动、持续的分类习惯与能力。”（A社会组织访谈记录，20160426）

可见，从A社会组织的角度而言，垃圾分类是个慢功夫，关键在于“授之以渔”而非“授之以鱼”。但基层政府受制于考核压力，难免追求短期之“鱼”。这曾使A社会组织陷入矛盾与茫然，但其非常清楚，缺少政府支持的垃圾分类很难在社区生根，故花费了不少精力增强彼此理解与信任。首先，在分类的每个环节，A社会组织都会邀请不同层级与职能的政府工作人员参与并赋予其核心功能，使之在提升自我效能感的同时，也逐渐理解A社会组织“稳扎稳打”的工作模式。其次，A社会组织会帮助街道处理一些力所能及的工作。如笔者实地探访时，一位工作人员正帮助某社区进行“花圃改造”，她解释这是与街道签约的小项目，虽然与组织业务并不相关，但希望借此维系与街道的伙伴关系，以获得可持续的政府购买。最后，A社会组织策略性地进行了“概念重塑”，将“垃圾分类”打包进“社区治理与营造”这一宏观目标中，让一直非常重视治理能力建设的上海各级政府难以拒绝。与此同时，“外界反馈”的作用继续发酵。继“杨波模式”后，“三期十步法”成为A社会组织工作的新亮点，各路媒体纷纷报道，多地政府、企业、社会组织前往学习，不少国内外学术团队跟踪研究……越来越多的正反馈不仅使A社会组织声名鹊起，也为当地政府树立了“治理得力”的美名。这进一步帮助A社会组织赢得政府认可，使其垃圾分类工作更方便、有效。

可见，能力强并不意味着应撇开政府独立行动。恰恰相反，能力越强，越有资本与政府平等协作、共生共荣；但同时，也越容易固守自我，产生冲突。该如何化解这一矛盾？成熟期社会组织的代表A社会组织提供了两条经验：其一，自我增能以获得良好外界反馈，尤其要善用宣传策略打造自身品牌，提升社会影响力，为政府的主动选择提供充足理由。

其二，开放心态，投入资源，运用多元策略维护与政府的关系，以淡化差异，建立共识。

第三节 垃圾分类场域中政社协作的调适性模式

一 垃圾分类场域中政社协作的调试性模式

前文借助 fsQCA 方法比较分析了 27 个案例，初步得到如下结论：城市垃圾分类中政社有效协作受多因素影响。其中，“协作意愿”“协作机制”与“制度环境”为必要条件，其余要素则呈现组合效用，可提炼为“目标契合型”“内力支撑型”“外因驱动型”三条路径。这一发现有力支撑了前人基于个案的发现，如政府介入有助于补充社会组织“不合法”“没资金”“缺信任”等短板，二者协作建立在“观念合拍”“制度完善”“互惠互利”等基础之上。同时也提出了不同观点和须进一步关注的问题。

（一）政府与社会组织须重视双方协作的“必要条件”

1. 应着力提升双方“协作意愿”，奠定良好的起始条件。对政府而言，应优化项目购买过程中烦琐的评审、财务、汇报等制度，让社会组织“敢申请”“能申请”。对于社会组织，则应始终秉持“自力更生”而非“等靠要”的观念，加强业务能力、提升传播技巧，为政府支持提供诱因。

2. “上级政策与领导支持”是二者有效协作的重中之重。2016 年后，垃圾分类顶层设计启动，释放诸多“政策红利”，为社会组织参与创造良好契机。但也暴露出两个问题：一是在列入“强制分类”的 46 个城市中，目前还有 27 个未出台地方性实施方案细则，不利于调动基层政府和社会组织积极性。二是部分已出政策的地方因“锦标赛体制”而陷入“运动式治理”，反致负面效应。如上海市 A 社会组织的工作人员曾无奈地抱怨：“政策要求今年各区垃圾分类全覆盖，这其实是非常不可思议的一个指标。在很多国家，一个地区覆盖率百分之三十就已经很不错了。如果强行要求提高到百分之八十甚至百分之百，那么只能降低质量。”（A 社会组织访谈记录，20160426）故如何使政策既产生“推拉效应”，刺激政府行动力，又避免走向极端，再度陷入“运动式治理”，将是未来必须思考的问题。如果说政策让社会组织做出预备动作，政府各部门的具体行动才能让其真正开跑。这种行动不仅指项目购买，更重要的是双方在垃圾分类“实务”上的互助。正如前文所述，由于我国缺乏自治基因，“陌生人组成的社团进入社区并不容易”，需要官方权威的引荐与宣传，故基层政府尤其是街道、居委会必须对此提供支持，助力社会组织“破冰”并“扎根”社区。同时环卫部门也应该尽快打造“生活垃圾分类运输体系”，确保社区所分出的垃圾不再混合收运，使社会组织与居民的努力能切实见效，形成正向反馈。

3. 无论何种路径，都需要一套行之有效的“协作机制”。政府与社会组织应该在共同商议下进行制度构建，依据各自优势明确划分垃圾分类中的权责，并设计高效的沟通机制和系统化的评估考核体系，避免随机性、不规范的共事方式影响协作绩效。

（二）政府与社会组织可量体裁衣选择适配的协作路径

城市垃圾分类存在显著的区域特征，各地经济社会发展阶段、法律政策运行情况、政府部际协作状态、社会组织发育程度等，都直接影响垃圾分类实践。因此，政社协作并不存在万事俱备的“完美状态”和“整齐划一”的操作模式。在本部分提供的三条协作路径中，政府投入的人财物依次削减，社会组织的自主性逐渐提升，对组织成熟度与专业能力的要求也愈发严苛（见表5.3）。双方应立足对自身禀赋的判断灵活选择协作策略，更可依据彼此发展变化而及时调整。与此同时，每条路径也都有自身存在的风险，需要在实践中予以关注，尝试破解。

表5.3 协作路径与政府、社会组织的适配性

协作路径	社会组织基本情况			政府基本情况		协作特征
	专业能力	掌握资源	发展阶段	掌握资源	对社会组织的需求	
目标契合型	弱	匮乏	初创	丰富	强烈	政府保驾护航
内力支撑型	中	一般	发展	中等	中等	政社相互增能
外因驱动型	强	丰富	成熟	中等	较弱	社会组织反哺

1. “目标契合型协作”路径适合于资源丰富、有能力催化社会组织或对其有强烈需求的地方政府，以及处于初创期、经验尚浅、资源匮乏的社会组织。政府应发挥主导作用，为社会组织成长保驾护航。该路径可能出现的问题在于强势政府对弱势社会组织自主发展的制约。比如对于B社会组织而言，其负责人曾表示想要扩大规模并转型为社会企业模式以谋求可持续性，但该提议并未得到政府认可。“政府认为要是成立一个企业，就会导致控制上没有现在这么好。他们还会有一些顾虑，认为你变成企业了，做的事情就是为了盈利。让他们真正放心的是，我们是一个公益社会组织，我们的理念和所做的东西是和政府一致的，是为社会服务的。”（B社会组织访谈记录，20180322）

2. “内力支撑型协作”路径适合于资源较充足、对社会组织有一定需求的地方政府，以及处于发展期、已具备垃圾分类经验的社会组织。双方可共同学习、相互增能。该路径的挑战突出表现为由于政府在垃圾分类方面专业性不强，无法给予社会组织更有针对性的培训，只能依靠社会组织自己去尝试和探索：“更多的它就是一些组织管理、组织发展这些方面的一些培训，或者说一些社区工作的方面。垃圾这个议题的话其实还没有。”（L社会组织访谈记录，20180721）

3. “外因驱动型协作”路径则适合发育成熟，在垃圾分类领域已形成“品牌效应”，能显著“反哺”政府的社会组织。由于双方都较为强势，对于环境治理已经形成自身非常稳定的理念，故也更常出现分歧，也需要更长的时间磨合以适应彼此的工作方式。对此，A社会组织工作人员就曾说：“我们给他们（城管局）‘洗了很久的脑’。说我们要建立一套整个社区可持续的垃圾分类管理体系，这是个系统工程，不是一个宣传一下就能做好的工作。跟他们讲了很多年，他们现在才终于明白一点。”（A社会组织访谈记录，20180921）

二 垃圾分类场域政社协作的行动机制

本部分以SFIC模型为指导，针对三种不同情境的政社协作治理构建行动机制，并对关键因素的重要性进行排序，以期促使政社协作良好推进，实现城市社区垃圾分类覆盖率提高、实效性增强的目标。

（一）“目标契合型协作”的行动机制

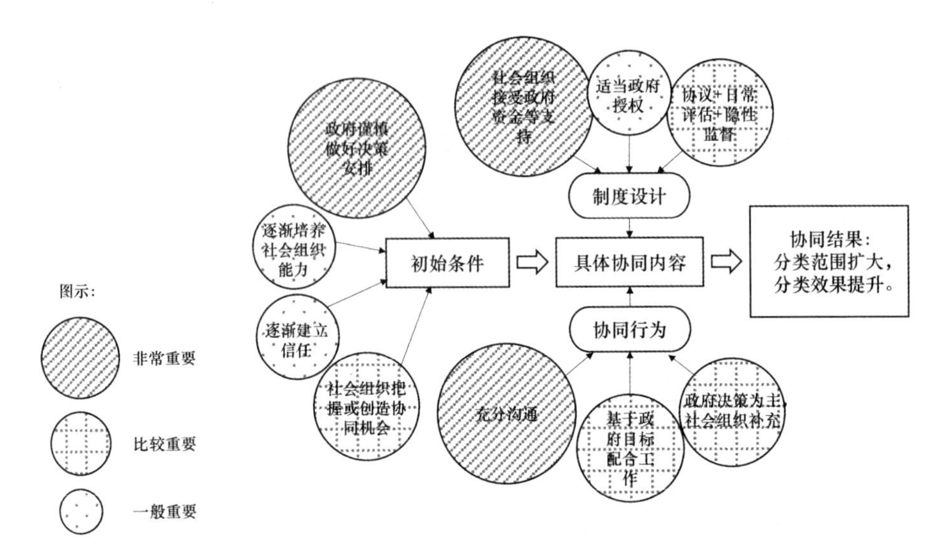

图 5.2 “目标契合型协作”的行动机制

1. 协作原则

在政府能力较强、社会组织能力较弱的情况下，政府通常会做好计划，社会组织则可以依照政府工作方案展开行动，并不断获取信任，争取建立深层次协作。

（1）协作关系建立前，社会组织应积极参与，获取信任。能力较强的政府通常会主动搭建系统的工作框架，并配套推出相关政策，动员各方力量介入。社会组织应抓住机会，积极参与，展示热情，获取政府信任。

（2）协作关系建立中，社会组织应持续配合，寻求新的发展之道。能力强的政府容易将社会组织定位为其下属、子部门等角色，对此，社会组织需要在获得政府资源支持、维持组织稳定的前提下尽可能保持独立，避免“看似协作、实为附庸”的情况，并注意自身发展的规划，持续成长。

2. 协作机制

（1）初始条件：第一，政策因素非常重要。政府行为会对能力较弱的社会组织产生明显影响，故应谨慎做好政策安排，为协作共治搭建框架，拓宽社会参与渠道。第二，机会因素比较重要。若政府主动向社会组织抛出橄榄枝，相关社会组织就能很快进入垃圾分类领域。若政府主动性较弱，社会组织就应重视政策因素，有意识展现与政府目标和理念的协调性，或与政府相关人员多沟通交流，创造协作机会。第三，能力因素一般重要。由于社会组织能力较弱，强政府可以将易上手的工作交给其完成，帮助其在“干中学”，提升专业度。第四，信任因素一般重要。因社会组织本身规模小、力量弱，不会对政府造成威胁，只要踏实做事，政府对其信任度也是较高的，无须过多担心。

（2）制度设计：第一，资金来源非常重要。由于社会组织初期能力弱、筹资能力差，因此需要借助政府项目多获取资金。但应尽量避免其成为全部资金来源，否则组织的脆弱性会增加，一旦失去这一支撑，就会陷入困境。第二，评估监督比较重要。政府可以通过服务购买进行正式评估，也可以在日常交流过程中进行隐性监督，掌握工作开展的程度以及社会组织的能力状况，有的放矢予以扶持。第三，授权力度一般重要。在协作中，政府可以适当放权，给予社会组织自主决策和执行的空间，既减轻自己的压力，也让社会组织得到锻炼和成长。

（3）协作行为：第一，建立沟通非常重要。双方应进行充分沟通，明确工作计划。社会组织可以主动创造各种正式与非正式的沟通机会，与政府建立信任，维系感情，并在恰当的时候将组织需求反映出来，获取政府支持。第二，工作配合比较重要。在社会组织自身实力较弱的情况下，先以政府的工作安排为准。双方在实践过程中取长补短，互相支持。第三，决策合议比较重要。社会组织可以先以政府的决策为主，顺应政府工作安排的内容，也可以在可行范围内发挥自身的主观能动性优化部分执行性决策，对相关工作做出积极补充，并且在稳固自身能力的基础上，不断争取发声机会。

（二）“内力支撑型协作”的行动机制

1. 协作原则

在政府能力较弱、社会组织能力较强的情况下，社会组织通常在本领域起步较早，经验丰富，政府则起步较晚，需要社会组织支持。这成为二者协作的基点。

（1）协作之前，社会组织应自主增能。政府尚未在本地广泛铺开垃

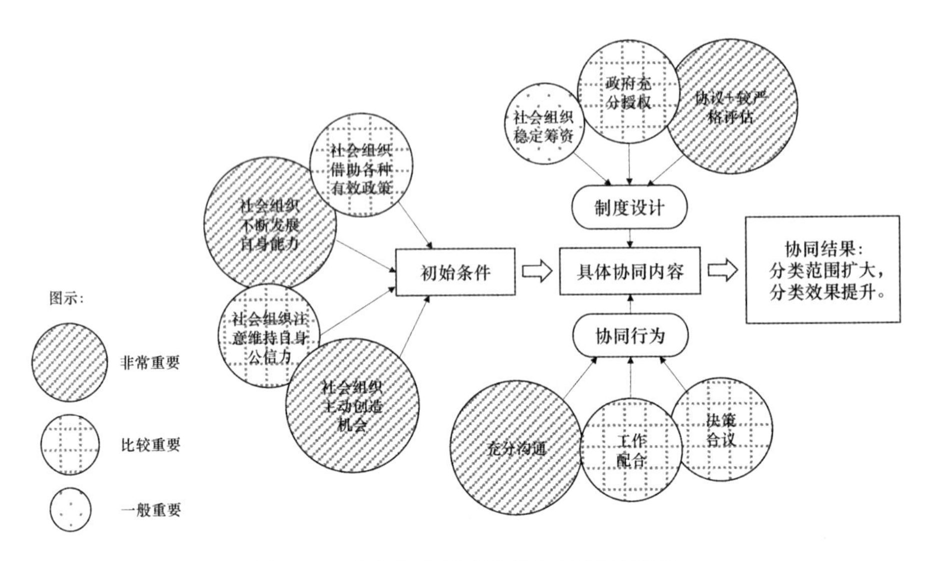

图5.3 “内力支撑型协作”的行动机制

圾分类工作时，能力较强的社会组织的人员和资金都比较稳定，可以主动在小规模的社区进行垃圾分类探索。初见成效后，则应有意识扩大影响力，主动与相关政府部门沟通联系，持续进行理念输出和政策倡导，帮助政府意识到垃圾分类的重要性，并在此基础上提出协作建议。

（2）协作之中，政社双方实现优势互补。垃圾分类涉及面广，即使社会组织能力很强，也无法靠一己之力持续推进，政府权威性和政策驱动力能够达到事半功倍之效果。故当二者协作关系建立后，政府应该在资金、政策、管理上补足社会组织短板，为其创造更多空间和资源。社会组织则可以运用自身专业能力，协助政府优化政策方案。

2. 协作机制

（1）初始条件：第一，能力因素非常重要，是社会组织的砝码。该情境下，政府在垃圾治理专业方面能提供的支持是有限的，因此社会组织需要不断自我赋能，提升专业性和公信力，成为政府协作的首选。第二，机会因素非常重要。由于政府在垃圾分类方面认知不足，一般不会提早布局，故社会组织要非常珍惜与政府沟通的机会，创造协作需求。第三，政策因素比较重要。政府初期虽然没有在垃圾分类方面给予太多关注，但社会组织可以借力与其他环境议题相关的政策推动自我发展，为垃圾分类拓展空间。不过随着中央对垃圾分类工作的重视和推进，各地政策方面的关注度和行动力一直在持续增强，政策方面的障碍将逐渐推平。第四，信任因素比较重要。由于社会组织能力较强，政府或会担心其脱离管理。对此，社会组织需要注意维持自身公信力，树立积极的组织形象。政府也可以多对社会组织进行考察关注，从小规模协作开始，培育双方信任感。

（2）制度设计：第一，评估方式非常重要。因对社会组织的高度授权，政府可能会在评估方面更加严格。这种情况是可以理解且有必要的，只要评估不因繁杂冗余而影响正常工作，社会组织应予以配合。同时，政府也应尽可能简化评估流程，提升效率。第二，资金来源一般重要。由于社会组织能力较强，故除了政府购买服务的资金，其还具备一定的筹资能力。第三，授权力度比较重要。具有强能力的社会组织往往会非常关注自我实现，故政府应该通过充分授权激发其积极性和效能感。社会组织则可在原则范围内较为自主地开展工作，注意及时反馈，接受政府评估。

（3）协作行为：第一，建立沟通非常重要。协作中社会组织获取了较大的施展空间，故更应注重与政府的及时沟通反馈，让政府了解其工作进展，随时统一目标，防止冲突。第二，工作配合比较重要。政府会出于信任感全力支持社会组织的工作，社会组织也应配合政府的相关需求，尤其是来自上级的绩效考核，在相互理解中共同发展。第三，决策合议比较重要。因政府经验有限，故具体实操性工作应多听社会组织的意见。政府亦可及时纠偏，共同优化行动路线。

（三）“外因驱动型协作”的行动机制

1. 协作原则

在政府与社会组织能力都较强的情况下，双方都会积极在垃圾分类中进行探索和努力，协作原则在于相互尊重、各尽所长、推动创新。

（1）协作之前，双方应强化自身能力，寻求协作机会。在未建立协作关系之前，双方都可以先重视自身能力建设。尤其是社会组织，更应积极参与相关的工作，展示自己以获取更多的协作机会。相关政府部门在做好分类工作的同时也可以积极物色有能力的社会组织，主动了解和沟通，明确社会组织在分类工作中的优势，实现朝向更高目标的协作。

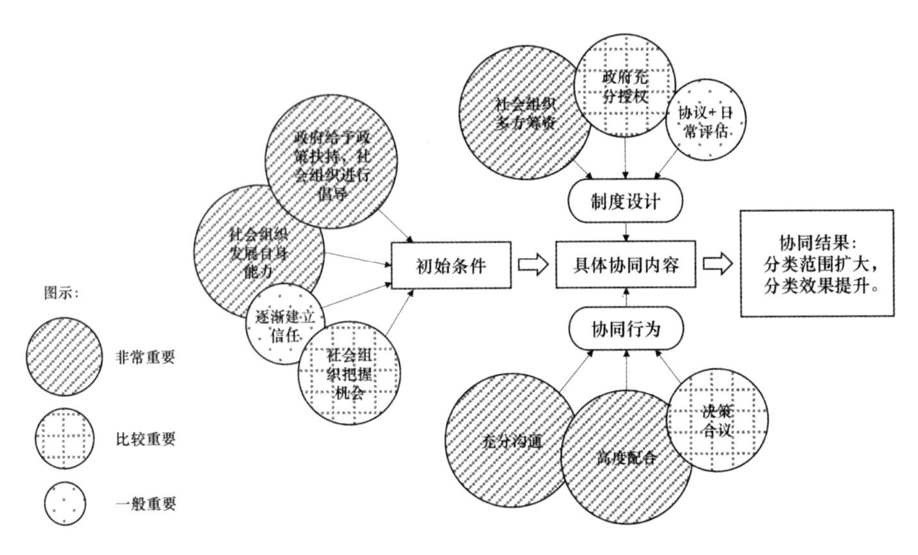

图 5.4 “外因驱动型协作”的行动机制

（2）协作之中，双方应充分了解，共同进步。此时由于两者的能力都较强，会在社区垃圾分类工作上有各自的观点和计划，因此难免产生矛盾冲突。比如政府部门会更看中分类覆盖率、参与率，而社会组织则更加重视分类质量和实际参与度。对此，双方应允许不同观点的存在并进行充分沟通和探讨，推动目标和价值耦合，共同确定协作内容及工作方式，实现对垃圾分类的深入探索和创新。

2. 协作机制

（1）初始条件：第一，政策因素非常重要。能力较强的社会组织在初期就可以根据自身需求对政府进行政策倡导，政府可在扶持社会组织、推进垃圾分类等方面出台相关政策，鼓励社会组织参与垃圾分类工作。第二，能力因素非常重要，能力较强的社会组织可先在垃圾分类领域做出尝试，使自身具备较高专业度和不可替代性。能力较强的政府则应视本区域城市管理情况，在时机恰当时推进垃圾分类工作，积极寻求社会组织参与。第三，机会因素比较重要，社会组织需要主动把握机会，创造条件。如寻找政府内部对环境治理、垃圾分类感兴趣的关键个人，请其建立与政府的联系，或抓住城市环境治理的机会，寻求更多协作机会。第四，信任因素一般重要。政府和社会组织若在历史上有过较好的协作经历，会有利于双方进一步协作；若没有，也可以基于较为契合的理念和能力，在初期展露诚意，建立信任。

（2）制度设计：第一，筹资能力非常重要。能力较强的社会组织筹措资金的能力也较强，政府不会成为其全部资金来源。故可依据自身情况承接项目，保持组织的独立性和自主性。第二，授权力度比较重要。政府可信赖社会组织，给予其在垃圾分类中较大的自由度，不偏离工作目标即可。第三，评估方面一般重要。由于社会组织经验充足，自驱力强，故政府不需要耗费太多精力做全过程监督。可以以定期汇报为主，以街道办、居委会等基层工作人员的主观评估为辅来进行。

（3）协作行为：第一，充分沟通非常重要。由于双方容易产生分歧，因此需要通过高频率的沟通明确各自想法和工作策略，增进了解，换位思考，提升工作效能。第二，工作配合非常重要。双方的高度配合有利于将彼此能力和潜力发挥到极致，不仅达成目标，同时促进彼此成长发展。第三，决策合议比较重要。由于社会组织在垃圾分类领域已经积累了充足经验，故政府应该在授予执行权的同时赋予其一定的决策权，以推动实践经验转化为理论指导，培育社会组织的“主人翁”意识。与此同时，社会组织也要注意决策时不可过度偏离行政目标。

本章小结

本章对垃圾治理中典型的服务型场域——垃圾分类中的政府与社会组织关系形态进行了分析。通过对小样本的模糊集定性比较甄别出“目标契合型”“内力支撑型”“外因驱动型”三条“调适性协作”路径及其影响因素，并基于对三个差异性案例的详细剖析，从起始条件、制度设计、协同行为三个模块入手，构建了三类适应性协作机制。

虽然协作是社区垃圾分类培力中永恒的主旋律，但协作过程却始终隐含着一个值得反思的问题：社会组织与政府应该如何找到自己的最佳角色？对社会组织而言，“寻求独立”始终是其渴望的理想状态。但垃圾分类的特性决定了与政府脱离势必陷入尴尬，故无论在哪条路径中，社会组织都在“依赖性”与“自主性”之间不断求取平衡。加之现阶段很多组织尚处初创期，不宜照搬西方“自力更生”的办法，更明智的选择是“借助政府资源，在参与中成长”①，通过有智慧、有策略的妥协和有理性、有原则的坚持，逐步消解资源与权利的单向流动。对政府而言，则应树立“包容”与“可持续”理念。无论是通过单纯资金支持还是具体业务合作与社会组织发生关系，其目标都不应只是追求垃圾分类的成本削减或绩效增长，而更在于激发社会活力，培育共事“伙伴”。只有摒弃将政府购买视为短暂的市场交易，摒弃将垃圾分类视为上级压力和“政绩跑步机”②，将其转化为真正的环境共治理念，方能与社会组织获取共识，从工具主义的“协作”真正迈向共生共在的“合作”，最终形成“以政社分开为前提、以政府职能转变为基础、以政府购买服务为纽带”的新型政社关系，以及双方相互依赖、边界清晰的善治格局。③

① 彭少锋：《政社合作何以可能》，湖南大学出版2016年版，第199页。

② 任克强：《政绩跑步机：关于环境问题的一个解释框架》，《南京社会科学》2017年第6期。

③ 吴辉：《政社关系的探索与前瞻》，《中国党政干部论坛》2013年第5期。

第六章

合纵连横：焚烧监督场域中的政社关系

随着国家垃圾治理力度加大，垃圾焚烧厂、堆肥场以及危废垃圾处理设施频繁上马。其中，焚烧厂的扩张势头最为迅猛。根据《2019年中国垃圾发电行业分析报告—产业现状与未来规划分析》，2000年我国运营中垃圾焚烧厂数量仅有2座，截至2019年2月，我国已有运营中垃圾焚烧厂418座，此外还有167座在建，并且在“十三五”规划中，仍有大量的垃圾焚烧厂规划，中国在不久的将来会迎来垃圾焚烧时代。[①] 相较于填埋，垃圾焚烧具有残渣少、产生能量可以再利用的优势。但与此同时，焚烧可能产生的飞灰、二噁英等有害物质却会危害人体健康、带来环境风险，造成高昂的社会成本。虽然《固体废物污染环境防治法》《生活垃圾焚烧发电行业达标排放专项整治行动方案》《关于进一步做好生活垃圾焚烧发电厂规划选址工作的通知》《关于生活垃圾焚烧厂安装污染物排放自动监控设备和联网有关事项的通知》等对垃圾焚烧发电项目的选址、运营和污染排放等做了进一步规定，但政策在执行过程中依然存在许多障碍，垃圾焚烧厂违法现象并未完全遏止。针对于此，我国环境NGO积极参与到垃圾焚烧监督中。

环境监督是一种限权行为，即为了确保生活在公共环境中的所有主体都能享有良好环境权而对那些超出法律规定限度、影响他人环境利益的环境权行使行为进行限制。作为与舆论监督、公民监督相平行的社会

---

① 《中国在运垃圾焚烧厂突破400座垃圾发电产业市场规模稳步增长》，2019年3月18日，http://wx.h2o-china.com/news/view?id=289034，2021年10月11日。

团体监督，环境 NGO 在监督体系中扮演重要角色。分散的公众可以将一部分环境监督权集中起来交给相关社会组织，由其采取多元的监督工具与政府、企业、公众等利益相关方互动，行使对政府和企业的环保制约，[①] 推动环境执法的公平公正和企业环境责任的有效履行。

但大部分环境 NGO 在监督实践中都面临着合法性和权威性不足、积极性和独立性欠缺、监督模式有待优化、公民动员效果有限等困境[②]，其原因包括政策支持有限、政府互动意识不强、公众监督能力缺乏等[③]。总的来说，环境 NGO 在参与监督时会面临多方制约，其中与政府的关系建构又成为最明显之掣肘，“非对称性依赖”带来的抑制效应十分明显。[④] 因此，环境 NGO 需要寻找破局思路，在处理好与政府关系的同时，发展适应性策略。

本章正是立足于此，从组织生态学视角，以“生态位”理论为支撑，围绕 NGO 的组织成长、行动策略及其与政府的关系建构展开论述。具体分为两部分：首先依托“生态位理论”，以历时视角追溯以垃圾焚烧监督为主要业务的社会组织如何通过“合纵”策略，在社会组织群内推动“单点—链条—网络”的生态位变化，推进监督模式转型。其次依托“价值增值理论”，将视角转移到群落间，分析社会组织如何经由“合纵”实现自我价值的“四维增值”，从而帮助其实现与政府的有效“连横”，共同提升环境监督绩效。

整个垃圾治理场域中，专事环境监督的社会组织并不多。根据案例研究所遵循的“目的性抽样”原则，以三个标准选取样本：（1）社会组织以垃圾焚烧监督为核心业务。（2）社会组织成立时间较长，可清晰观察其监督角色和行动的动态变迁。（3）社会组织得到业界、学界和媒体的广泛关注，能获取丰富的一手或二手资料。据此，选择 W 社会组织作

---

① 董石桃、刘洋：《环保社会组织协商的功能及实现：基于政策过程视角的分析》，《教学与研究》2020 年第 1 期。

② 杨华国：《论环境治理中的公众监督：基于新范式的分析》，《环境保护》2020 年第 48 期。

③ 郑长旭：《太湖流域水体污染治理中的政府与非政府组织合作机制研究——以网络治理理论为分析视角》，硕士学位论文，上海师范大学，2014 年。

④ 罗丹：《非对称资源依赖视角下政府与民间环保组织的关系研究——以清镇市政府购买第三方环境监督为例》，《贵阳市委党校学报》2017 年第 2 期。

为个案。该社会组织位于安徽省，成立于2008年，2013年正式注册为社会团体。工作内容包括安徽省工业污染防治、全国垃圾焚烧厂污染监督、本地公众环境意识及环境行动力提升等。焚烧污染防治是其成立的原动力，也是其核心业务板块。在长期的焚烧监督过程中，W社会组织与志同道合的社会组织结成公益网络，形成监督合力，不断改善与政府部门的关系格局。

第一节 生态位理论视野下的垃圾焚烧监督系统

一 生态位理论下的分析框架

组织生态学论（organizational ecology）由Hannan和Freeman于1977年提出。他们在达尔文生物进化论的基础上，将组织系统与自然生物系统加以类比，指出组织演化与发展具有与自然生态系统相类似之处，彼此可以通过组织与环境之间的相互作用达到互相适应对方的结果。[①] 生态位（niche）是组织生态学中的核心概念之一，最初起源于生命科学领域，指一种包含个体、群落或生态系统等不同层级水平对象的生命主体特质，[②] 也被认为是生物单元在特定生态系统中与环境相互作用过程中所形成的相对地位与作用。[③] 生态位概念在演进过程中被划分为两个主要的类别：一种是以Grinnell（1917）为代表提出的“空间生态位”概念，侧重于考虑物种的环境要求，[④] 关系到物种的生态和地理属性，并且通过基本的非相互作用变量和宏观规模上的环境条件来定义。[⑤] 另一种则是以Elton（1927）为代表提出的“功能生态位”概念，关注生物在其所占生态

---

① Michael T.，“Hannan，John Freeman. The Population Ecology of Organizations”，*American Journal of Sociology*，Vol. 82，No. 5，1977，pp. 929 - 964.

② 彭文俊、王晓鸣：《生态位概念和内涵的发展及其在生态学中的定位》，《应用生态学报》2016年第27期。

③ 朱春全：《生态位态势理论与扩充假说》，《生态学报》1997年第17期。

④ Leibold M. A.，“The Niche Concept Revisited：Mechanistic Models and Community Contex”，*Ecology*，Vol. 76，No. 5，1995，pp. 1371 - 1382.

⑤ Soberón J.，“Grinnellian and Eltonian Niches and Geographic Distributions of Species”，*Ecology Letters*，Vol. 10，No. 12，2007，pp. 1115 - 1123.

位置上发挥的作用，反映了物种对资源使用状态的短期影响。[①] 据此，本书将二者整合起来，从如下两个维度来识别相关组织在生态系统中的生态位：一是结构，描述组织参与焚烧监督时在整个系统中所处的位置；二是功能，分析组织在焚烧监督中所使用的工具及其效果。同时，因生态位选择还与物种的生命周期有关，故同时纳入“时间”维度，考察社会组织在不同发展阶段的生态位变化。周期划分时，集合 Cameron & Whetten（1983）、Simon（2011）、Dorothy Norris-Tirrell（2010）[②] 等的观点，用“初创期”“成长期”“成熟期”“衰退期”四个阶段来概括。

生态位中还有两个关键概念：一是群落（community），指在一定时间、一定空间内分布的各物种的种群集合，共同组成生态系统中有生命的部分。二是种群（population），指同一时间生活在一定自然区域内，同种生物的所有个体。将二者迁移到焚烧监督议题中，可以将该议题所涉及的所有利益相关方视作一个“焚烧监督群落”，政府、企业、公众、社会组织等不同立体可视作不同的种群，具有组内同质性和组间异质性。不同立体会根据自身特质、拥有资源、组织战略、工作目标等，分别在种群内和种群间优化生态位，推动利益相关方协同，从而提升焚烧监督的有效性。据此，建构如图6.1所示的研究框架，以之为指导对案例进行阐释，剖析在环境监督场域中社会组织与政府关系的建构过程。

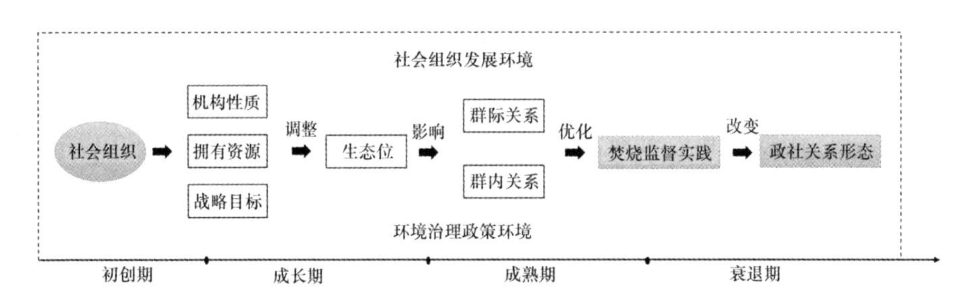

图6.1 研究框架

① Leibold M. A.，“The Niche Concept Revisited：Mechanistic Models and Community Context”，*Ecology*，Vol. 76，No. 5，1995，pp. 1371 – 1382.

② Dorothy Norris-Tirrell，*Nonprofit Organization Life Cycles*，*in Agard*，*K. A. Leadership in nonprofit organizations*：*a reference handbook*，SAGE Publications，Incorporated. 2010，pp. 585 – 593.

二 社会组织焚烧监督的生态系统构成

社会组织焚烧监督生态系统是指在对垃圾焚烧进行监督时，社会组织与相关利益种群共同构成的系统。具体而言，包括如下两大要素：

（一）政策环境

作为基础条件，其直接影响社会组织的生存和行动战略以及种群间互动。具体而言，涉及三类政策：一是社会组织的发展政策。W 社会组织作为面向全国焚烧议题的环保 NGO，中央和地方对社会组织的管理规定均会作用于其生存环境。二是国家对于垃圾焚烧的战略规划和管理规定。比如国家是否追求焚烧规划的可持续性，是否重视对焚烧环境污染的管制等，均会影响社会组织介入监督工作的战略导向。三是环境治理中与公众参与相关的政策。社会组织作为公众的集合形态，如果有鼓励性政策允许其进入焚烧监督这一生态系统，自然赋予其行动合法性。近些年，如上三类政策都取得了不同程度的进步。虽然国家对焚烧技术的认可和对焚烧设施的需求加大，与社会组织前端分类减量的理念出现分歧，但在“绿水青山就是金山银山”理念指导下，政府对焚烧行业的监管力度在不断强化，并为公众监督提供了多样化的技术手段和平台，对于环保组织的理解和包容度较之此前也得以提升。因此，从环境角度来看，机遇和挑战并存。

（二）主体及其关系

系统中与焚烧相关的主体，其态度与行动将影响整个焚烧监督系统的运行。社会组织的焚烧监督通过监督企业、监督政府以及公众监督倡导三种方式展开，因此其生态系统包含如下主体：第一，垃圾焚烧行业及全国垃圾焚烧企业。它们既是被监督的对象，同时负有自我监督责任。第二，中央及所辖区域焚烧设施的各级环保部门。它们既有监督企业的责任，也受到对其监督行为的监督。第三，焚烧设施周边居民或关注焚烧议题的公众。他们是社会监督的重要主体。第四，社会组织。与垃圾焚烧议题相关的社会组织形成一个种群，其内部的结构丰富多样，共同影响监督效果和政社关系构建。

综上，可以将社会组织焚烧监督的生态系统描绘如图 6.2。理想状态下，政府、企业、公众、社会组织各司其职、彼此合作，在三类政策所共同塑造的社会环境中开展焚烧监督。但在实践中，受制于诸多原因，其合作并不顺畅，制约着监督效果。有鉴于此，环境NGO通过对社会组织种群内部的生态位调整，以及与其他主体的群间生态位优化，推动多元协同监督体系构建。

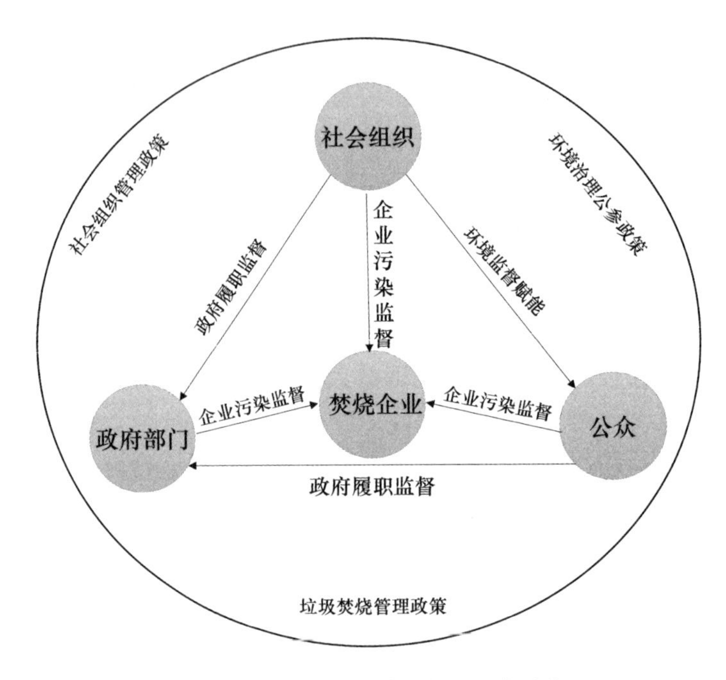

图6.2　社会组织焚烧监督的生态系统

第二节　众人拾柴：基于生态位优化的社会组织垃圾焚烧监督实践

一　社会组织创立期（2012—2018年）：孤军奋战与种群内角色建立

（一）结构生态位：项目驱动下的孤军作战

与许多环保社会组织一样，W社会组织以项目起家。21世纪初，当大部分中国公众对垃圾焚烧还十分陌生时，国际上关于焚烧争论已延续许久。全球焚烧工艺联盟（GAIA）正是致力于该议题的国际NGO。其在全球90个国家，与超过650个社会组织、个人合作，旨在推动建立没有垃圾焚烧、公平无毒的社会。2008 年，W 社会组织的发起人偶然获得该社会组织资助的项目“中国垃圾信息工作网络”，以之为依托，社会组织进入初创期，成为 GAIA 在中国的协调社会组织，重点开展垃圾问题的知识科普工作。成立初期，W 社会组织在垃圾焚烧的生态系统中非常孤独。彼时，垃圾并不是国内 NGO 关注的重点，相关社会组织数量鲜少。在社会组织种群内部，W 社会组织只是通过个别员工的私人关系与老牌 NGO 社会组织以及关注焚烧的个别民间专家有零星交流，并未形成明晰的合作议题与制度。在整个焚烧监督群落中，焚烧设施的规划与修建还处于自上而下的行政管控阶段，政府、企业、社会之间的互动机制远未建立。2009 年，广州番禺和北京阿苏卫两起“反焚案”如“双响炮”一般爆发，垃圾焚烧带来的环境风险和社会失序开始引发社会广泛关注，W 社会组织敏锐地感知到垃圾议题将成为环保领域下一阶段的“真问题”，于是，其结合此前 GAIA 的项目，将目光聚焦到“垃圾焚烧厂监督”这一细分领域，开始进行工作目标和手法的规划。

（二）功能生态位：信息收集与数据库建设

针对中国垃圾问题进行深入讨论后，W 社会组织负责人发现相比于前端分类减量，中国末端焚烧的环节更少被关注。而 W 社会组织处于三线城市，政策倡导和实地调研都存在一定的地域限制，但全国性的公开信息收集则可突破这一束缚。于是，综合外界需求和自身优势，社会组织初步确定了自身在监督生态体系中的位置：信息收集与发布者。

“当时的想法一是去搞清楚现在国内垃圾焚烧厂运行的情况是什么样子，另外是想做一个全国性的垃圾焚烧厂分布的地图，方便公众可以去了解身边焚烧厂建设的情况，给到他们监督的一个平台。”（W 社会组织访谈记录，20170505）

以之为目标，通过邮件、信函等向各级地方政府发起焚烧厂信息公开申请成为社会组织初创期的主要行动手法。经过两年积累，面向公众的垃圾焚烧资料库“生活垃圾焚烧信息平台”于 2011 年正式上线。平台内容有三：一是 W 社会组织向各级地方政府申请垃圾焚烧信息公开的进展、意见建议及政府回应的状况；二是国内生活垃圾焚烧厂地图及在线实时监测、政府监督、固体炉灰/炉渣装袋填埋环节等环境数据；三是与焚烧风险治理相关的国内外新闻、学术文献、反焚案例。通过该平台，W

社会组织一方面初步实现了对政府环境管理行为和企业合法运营行为的双重监督，另一方面则将容易被忽视或掩盖的环境维权者话语予以呈现。通过专业数据与鲜活故事的交织，向社会展示焚烧风险的全面图景。

二 社会组织成长期（2012—2016年）：种群内联盟建构及局部合作

（一）结构生态位：公益链建构与亚群落初现

伴随着反焚抗争的愈演愈烈，垃圾围城问题从幕后被推向台前，垃圾议题社会组织也随之涌现。随着社会组织数量增多及业务交叉，W社会组织意识到垃圾管理是个复杂的工作，需要彼此配合。于是，2011年12月，W社会组织等多家NGO及部分城市的“反焚明星”“反烧专家”共同发起“中国零废弃联盟”，旨在将关注垃圾问题的NGO集结起来，共同推动中国垃圾危机的解决。联盟的成立一方面初步建构了涵盖“宣传教育—垃圾分类—回收转运—焚烧监督—政策倡导”等环节在内的“垃圾治理链”，这给W社会组织带来了新的机遇：“大家可以在同一个议题上发力，这种相互之间的鼓励和支持还是有的。而且我们得到了关于焚烧的一些专家资源和政策渠道的资源，也与同在联盟里面其他一些关注焚烧的组织有了深度合作。”（W社会组织访谈记录，20170505）另一方面，相较于环保宣教、垃圾分类等NGO擅长的传统、主流议题，联盟中从事焚烧监督的社会组织数量寥寥。第一期的40余位成员里只有两家与W社会组织志同道合：一家是Z社会组织，擅长基础研究并拥有政策倡导资源；一家是S社会组织，擅长实地考察，尤其是对反焚维权事件的跟踪取证。于是，三家社会组织以及几位环境专家结成了垃圾治理公益链中的“焚烧监督亚群”。

2013年，W社会组织以社团身份注册，合法性的获取带来了地方政府对社会组织的支持，但同时也带来了新的期待与限制：“民政局也在推我们的项目，但是它推我们是希望我们去做公众教育，而我们一直想做的是焚烧，所以我们也只能在这中间斡旋。”（W社会组织访谈记录，20170612）作为对地方需求的回应，社会组织拓展出另外两支业务：安徽省工业污染防治和芜湖市的公众环保倡导。这在一定程度上分散了其工作精力，也对与其他NGO的合作提出了更为迫切的需求。

如上两个变化，初步改变了W社会组织在焚烧监督生态系统中的生态位：从孤军奋战转型为局部合作。但在这一阶段，由于联盟内聚焦焚烧议题的 NGO 并不多，所以亚群落的实力十分单薄，辐射范围也很有限。除了在资金上获得全球绿色资助基金会、厦门绿十字、中华环保基金会等社会组织的短期、小额资助外，协同行动主要发生在 Z 社会组织和 S 社会组织之间，且三者尚未建立起长期的制度化合作机制。

（二）功能生态位：基于数据的社会传播与政策倡导

局部合作为焚烧监督策略提供了更多可能性，以 W 社会组织擅长的信息收集为基础，社会组织种群内的监督工具变得更加丰富，主要包括如下四类：

1. 信息公开申请。为进一步完善“生活垃圾焚烧信息平台”，W 社会组织继续通过对企业官方网站和环保部门网站的查阅收集数据。在这个过程中，其工作人员对不少地方政府部门信息公开和履行程度的认知有限，于是向各级环保部门提出正式申请，希望其公开包括基本大气污染物、二噁英等垃圾焚烧厂运行排污情况。目前，这已成为 W 社会组织与政府沟通、获取环境监督数据的主要手法。

2. 社会倡导。基于充足的数据，W 社会组织与 Z 社会组织合作，紧跟中国垃圾焚烧设施发展趋势，自 2012 年起先后撰写了《中国 122 座在运行垃圾焚烧厂信息申请公开报告》《160 座在运行生活垃圾焚烧厂污染物信息申请公开报告》《231 座生活垃圾焚烧厂信息公开与污染物排放报告》《359 座生活垃圾焚烧厂信息公开与污染物排放报告》，并通过媒体发布会的形式进行社会传播与倡导，推动政府、行业、公众共同关注垃圾焚烧行业的环境风险治理。

3. 一线监督赋能。此前，W 社会组织主要从事案头工作，对焚烧厂的监督可谓隔山打牛。自 2009 年以来，反焚邻避事件的发生频率显著增加，向 W 社会组织求助的居民也越来越多。以之为契机，W 社会组织与 S 社会组织合作，在维权引导的过程中对公众进行赋能，帮助他们成为“眼睛”，为社会组织反馈一线焚烧厂的运营状况，促使线上数据与线下实景得以融合，丰富污染监督的证据。“我们主要是为居民对接专家、律师等资源，在这个过程里面起到一个协调和理性推动的作用。比如去年和 S 社会组织一起邀请到了八个地方焚烧厂周边的居民，给他们提供专业的焚烧监督培训，让他们对垃圾这个议题更了解，知道从哪些关键点

去看焚烧厂。”（W 社会组织访谈记录，20170612）

4. 政策倡导。“我们很快就发现了政策倡导的重要性。但是刚开始几年没有积累很多的政策资源，也没有提案的渠道，和 Z 社会组织开始合作之后，这个难题得到了突破。”（W 社会组织访谈记录，20170612）Z 社会组织丰富的理事资源为 W 社会组织创造了更为便利的政策倡导渠道。近些年，二者精诚合作，通过向政府提交研究报告、邀请政府工作人员参加研讨会、加强与政府部门日常沟通、在政策征求意见窗口期提交书面意见稿、撰写两会提案议案等方式，理性而坚定地向监管部门施压，推动全国或省级的行业专项条例等法律政策出台。

（三）成效与挑战

1. 成效

经过初创期和成长期的磨炼，W 社会组织在垃圾焚烧议题上已经明确了自身的位置，并通过对生态位的主动优化调整，提升了社会组织的监督效能，与伙伴们共同发挥了诸多积极功能。

首先，从政府角度而言，一是推动了其对于焚烧行业的关注。W 社会组织是在国内社会对垃圾焚烧懵懂无知时成立并开展工作的。经过与几位社会组织伙伴的多年共同努力，将“安全清洁焚烧”这个问题从幕后推到台前，让利益相关方进一步了解中国垃圾末端处置的图卷。尤其是对于政府而言，W 社会组织有明显的感受：“在社会组织做这个选题（焚烧监督）之前，政府的关注是没有成系统的。之后在与政府的交流中发现：经过和我们一来一回的交流、回应甚至是论辩，他们对焚烧厂的专项调研与设计，较之前都会有比较大的提高。”（垃圾焚烧研讨闭门会议，20191025）二是促进了政府环境信息公开意识和能力的提升。正如 W 社会组织工作人员所说：“2011 年刚开始做的时候，政府部门对信息公开的概念不了解，拒绝、质疑的情况比较多。但我们每年坚持这么做，他们也就逐渐接受了。尤其是近年来，随着政府强力推动环境保护各项工作，地方环保部门除了会积极回复信息公开申请之外，还会依法主动公开环境信息，专业度明显提升了。”（W 社会组织访谈记录，20200423）

其次，从企业角度而言，敦促其对焚烧厂运营情况进行整改。通过对企业排污信息的汇总发布、向政府部门进行意见反馈、点对点地进行电话沟通或者提交建议信等，促进企业完善环境信息公开。如 2016 年 1 月结合新标准实施，W 社会组织核查了 18 个省 76 个企业的排污数据，举报了约 50 次垃圾焚烧厂在线监测数据超标的情况，最终推动 7 家企业达标。

最后，从公众角度而言，提升了其参与焚烧监督的兴趣、意识、技能。通过官方网站、公众号文章和焚烧厂年度报告，W 社会组织向社会大众分享了诸多与垃圾焚烧相关的知识，使之对该议题更加了解，尤其提升了焚烧厂周边居民参与环境监督的认知和意愿。

2. 挑战

第一，资源整合能力不足。首先，资金来源比较单一。作为以国际项目起家且最初并未扎根地方的环保组织，W 社会组织最初的资金 100% 来自境外。后期逐渐获得了来自部分基金会的短期、小额资助，占据 90% 以上。但本地政府的经费支持一直较少且并非直接与焚烧监督议题相关，偶有公众筹款，占比仅有 7% 左右，并且受到地方政府的限制。其次，种群内合作资源有限，社会组织间缺乏长效化合作机制。如上文所述，在这一阶段，社会组织种群中垃圾议题 NGO 虽然实现了链条整合，但专注于焚烧监督的社会组织数量有限、地域分散、工作手法各异、合作机制尚不稳固。这导致各方优势和力量未能得以全面挖掘，互补效应未能得到充分体现，亟待加深合作，共同向企业施压、向政府建言。

第二，资金资源整合能力有限。其成立之初，100% 的资金都是境外资金，2011 年之后，国内的资金逐渐占据一定比例。截至 2020 年，达到 80%，其中又有 90% 来自基金会。但政府支持和公众筹款非常有限，且地方政府并不支持其进行公开募款。经费来源的单一性令社会组织工作人员颇为担心。

第三，与政府沟通存在壁垒。“在跟政府对接的时候，我们会去规避一些敏感问题，把争议明显的细节尽量放小。用最正规的方式申请，也请他们用最正规的方式给到我们回复。”（W 社会组织访谈记录，20170612）正如负责人所说，考虑到焚烧议题的敏感性，W 社会组织在监督时会特别注意方式方法的“自我审查”。基于此，双方的交流暂时未产生矛盾冲突。但这似乎是一种“表象的和谐”，工作人员依然能明显感受到与政府沟通中的壁垒：“我们这样三线城市的社会组织，虽然在焚烧上比较专业，但与政府交流的能力是比较弱的，主要就是写信、写邮件，没有什么机会能坐在一起面对面交流。这一方面还是因为政府与社会组织的沟通渠道不畅通，不了解我们的工作方式。尤其在垃圾焚烧这个敏感议题上，政府是比较保守的，认为自己的立场与社会组织不同。但实际上我们之间是没有对立的。”（W 社会组织访谈记录，20170505）由于“亲密关系”难以建立，社会组织也就很难将工作从“提意见”推进到“促整改”，其无法追踪政府究竟是“听了就做”还是“听了就过”，故而监督绩效常常难以衡量。

第四，公众倡导的覆盖面有限。虽然信息平台的建立提升了社会对于我国垃圾焚烧图景和垃圾焚烧设施运营状况的了解，但真正密切关注的还是集中在反焚维权群体和社会组织内部。如何能吸引广泛公众的关注，并将其环境关心导向环境参与行动，让更多人加入对安全焚烧的社会监督中，是下一阶段社会组织需要发力的重点。

三 社会组织成熟期（2017 年至今）：种群内监督网络搭建及立体监督模式构建

根据生态位理论，当生态环境发生变化时，物种所拥有的适合于自身的生态位及基因会丧失适宜性。作为回应，物种会通过基因重组实现适应性的分化以及生态位的分化或突变，并提高物种适应能力与速率，拓展生境分布区。[①] 对于社会组织而言，也是同样的道理。随着时间推移，W 社会组织面对的焚烧监督生态环境发生了变化，挑战与机遇并存。

首先，2016 年年底，习近平总书记在中央财经领导小组第十四次会议上强调，要加快建立分类投放、分类收集、分类运输、分类处理的垃圾处理系统，而后伴随着无废社会、无废城市战略的提出，焚烧成为垃圾治理所依托的核心技术。在这一浪潮下，新兴焚烧企业涌现、焚烧设施持续上马、焚烧行业日渐壮大。根据绿网对部分地区“生活垃圾焚烧发电中长期专项规划”的统计，未来十年，拟计划新增生活垃圾焚烧发电项目 776 个；到 2030 年，将有 1132 个生活垃圾焚烧发电项目建成。随着监督对象实力越发雄厚、形态日趋复杂，也给社会组织提出了新的考验。其次，随着《环境影响评价公众参与办法》《关于构建现代环境治理

---

① 彭文俊、王晓鸣：《生态位概念和内涵的发展及其在生态学中的定位》，《应用生态学报》2016 年第 27 期。

体系的指导意见》等政策出台，多方共同参与生态文明建设的环保新格局进一步确立，市场导向、公众参与和政府主导并列成为环境治理体系的重要构成部分，环保组织的生存环境向好，行动空间拓展。最后，伴随着垃圾焚烧行业的兴盛，同时出现的还有中央政府对环境监管的重视。近些年，生态环境部连续发布了包括《关于实施工业污染源全面达标排放计划的通知》《关于生活垃圾焚烧厂安装污染物排放自动监控设备和联网有关事项的通知》《关于开展全国生活垃圾焚烧厂二噁英排放监督性监测工作的通知》等多个政策，为社会组织的焚烧监督提供了合法性。

如上环境的变化，促使 W 社会组织再次主动进行“生态位调适”①，也即通过打破、重建或修正自己及其他有机体生态位，与生态系统协同进化，获得更适宜的生存环境。具体而言，W 社会组织利用自身作为“零废弃联盟”成员的身份优势，将目光聚焦在社会组织种群内，旨在通过群内生态关系的优化，整合不同环保 NGO 的资源，实现“1 + 1 大于 2”的效果，进而向政府、企业、公众等群际关系的改善传导力量。相关措施依旧可以从“结构”和“功能”两方面来理解。

（一）结构生态位：从打造垃圾公益链到编织焚烧监督网

W 社会组织与几家伙伴一起组建的“零废弃联盟”为垃圾治理打造了一条上中下游衔接的公益链。但由于相关 NGO 的数量有限，作为环节之一的垃圾焚烧监督一直未能形成独立的公益集群。2016 年之后，随着焚烧设施增加，政策支持力度提升，越来越多的社会组织开始转向对该议题的关注。既有新的组织成立，也有部分环保社会组织加强了在该分支上的精力投入。截至 2020 年，有 9 家 NGO（见表 6.1）从不同角度切入，聚焦于焚烧监督业务。

表 6.1　　关注垃圾焚烧的社会组织

社会组织名称	关注内容	主要工作手法
W 社会组织	焚烧厂清洁运行；政府监督性监测	信息公开申请、实地调研、政策倡导、公众倡导

① Laland K. N.， “Sterelny K. Perspective：Seven Reasons（not）to Neglect Niche Construction”，*Evolution*，Vol. 60，No. 9，2006，pp. 1751 – 1762.

续表

社会组织名称	关注内容	主要工作手法
Z社会组织	政府监督性监测；焚烧管理政策	基础研究、政策倡导
P社会组织	焚烧的能源属性；焚烧的经济成本	基础研究
G社会组织	焚烧管理政策	政策倡导、公众倡导
S社会组织	垃圾管理体系；焚烧环境风险	基础研究、科普
I社会组织	焚烧行业发展；绿色供应链	环境大数据、指数排行
V社会组织	垃圾焚烧规划及规划环评	环境大数据、基础研究
零废弃联盟	垃圾全流程管理；焚烧议题协调	社会组织培育、政策倡导
E社会组织	工业污染防治	项目支持、社会组织培育

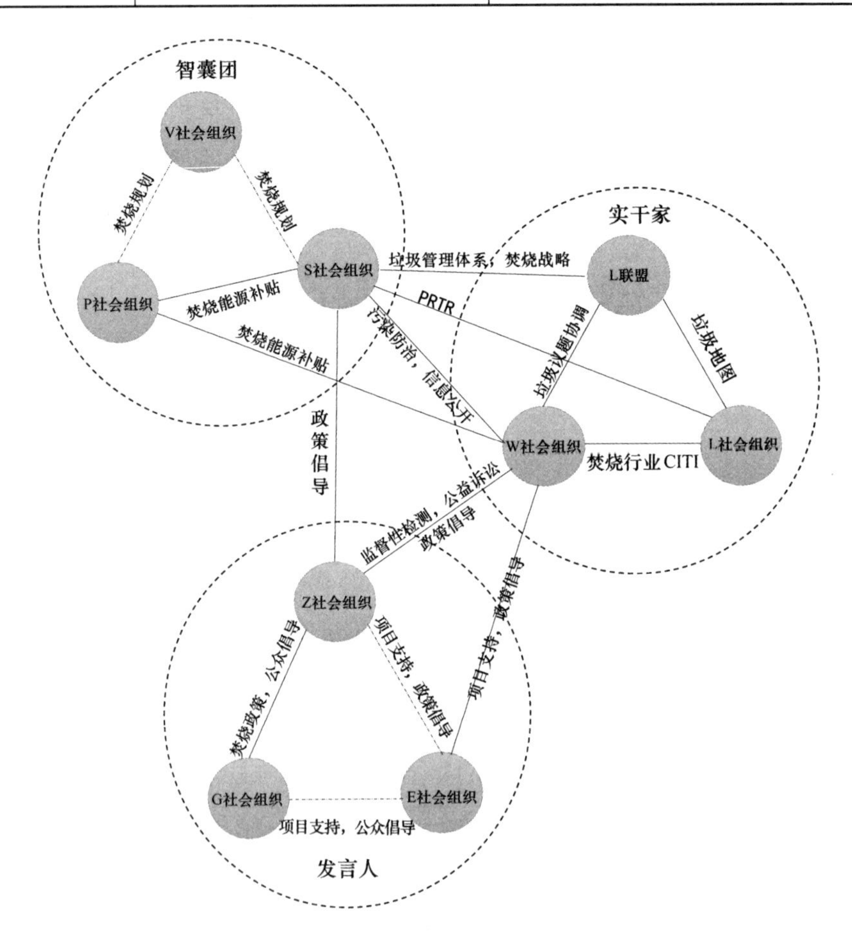

图6.3 焚烧监督社会组织网络

注：实线表示社会组织间已在焚烧监督议题上产生明确合作，虚线表示社会组织间仅有合作意向或尚无明确合作项目。

为形成监督合力、提升监督效果，W社会组织、Z社会组织和S社会组织三家早年的合作伙伴着力于对新旧社会组织进行联络整合，初步编织了一张焚烧监督网络。这张网既覆盖焚烧设施的全生命周期，又包含环境监督的各种策略，还能够辐射到垃圾焚烧生态系统中的多元主体（见图6.3），为监督模式优化奠定了基础。

在垃圾公益链上生长的这张焚烧监督网，为原本分散的社会组织厘定了自身角色：以P社会组织为代表的“智囊团”致力于基础研究，用科学数据和严密逻辑展示焚烧的环境风险；以W社会组织为代表的“实干家”埋头一线，通过信息申请、实地调研、企业座谈等方式反馈污染实况并督促整改；以Z社会组织为代表的“发言人”将研究成果与实践经验转化为“政言政语”，寻找渠道进行政策倡导，为民间智慧代言。社会组织间的合作机制虽然还不成熟，但也有效优化了社会组织的种群形态，推动焚烧监督模式的多维度转型。

（二）功能生态位：焚烧监督模式的多维度转型

1. 从“清洁焚烧”到“环境履责”：焚烧监督的目标进阶

“推动清洁焚烧”是W社会组织的“初心”，多年来申请政府信息公开也是为了实现这一目标。但2019年年底，全国统一的自动监测数据的信息平台开始对外公开，这让工作人员意识到，“做信息公开的背景已经变了。这几年国家对垃圾焚烧行业的监管一步步完善，如果再用老一套去提要求，政府会说焚烧厂（已经）全面实行信息公开了。所以，我们也必须换一个方式”（W社会组织访谈记录，20200423）。在此基础上，结合焚烧网络中其余社会组织的业务专长，W社会组织对“焚烧厂清洁运营”这一概念进行了包含两个层次的全新解读：初级层次指垃圾焚烧厂达标合规运营；进阶层次则要求整个焚烧行业在达标之后还能履行更多环境责任，能自主地做到更好。以之为导向，W社会组织重构了如下三个工作目标：第一，推动政府完善对焚烧行业的监管；第二，敦促企业合法合规运营，同时倡导企业承担更高层次的环境责任；第三，持续为公众赋能，提升社会多元主体参与焚烧监督的能力。目标的改变进一步带来了焚烧监督对象的拓展，瞄准焚烧设施的“点式监督”被涵盖更广泛的“全景监督”所替代。

2. 从“点式监督”到“全景监督”：焚烧监督的对象拓展

虽然焚烧设施是环境污染物的排放主体，也是社会稳定风险的导火索。但设施清洁安全运营只是冰山一角，其背后潜藏着焚烧行业是否健康发展、焚烧规划是否科学合规、焚烧技术是否最优选择等深层议题。多年的监督工作使环保组织意识到追根溯源才能从根本解决问题，因此，当伙伴力量得以集结，视野得以拓展，监督的对象也就自然由点及面，从焚烧厂这一“污染点源”升级为由四要素构成的全景图（见图6.4）。

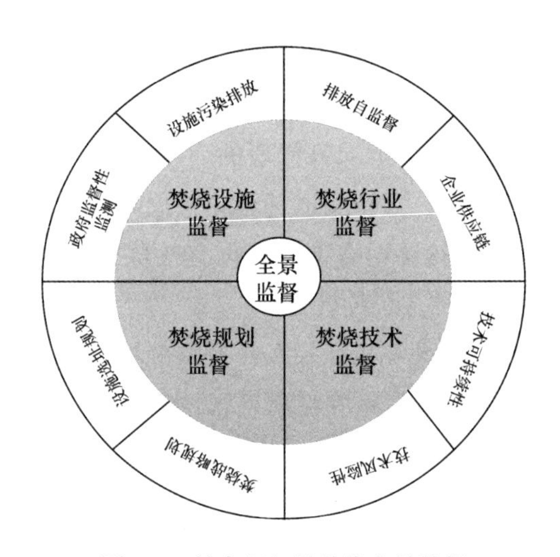

图6.4 社会组织的焚烧全景监督

（1）焚烧设施监督。包括对具体某座焚烧厂污染排放的“督企行动”，以及对政府监督性监测是否到位的“督政行动”。

（2）焚烧行业监督。一方面指向品牌公司对旗下垃圾焚烧厂精细化管理和立体监管体系的建构；另一方面则涉及品牌公司对焚烧业务供应商环境行为的督促和绿色供应链的打造。

（3）焚烧规划监督。从垃圾可持续治理角度监督国家和地区生活垃圾焚烧发电的中长期规划、环评规划等是否具有合法性、针对性、操作性，是否引入公众参与等。

（4）焚烧技术监督。立足“焚烧是否安全”这一“元问题”，反思科学的可靠性，审视焚烧技术的迭代及其环境风险，并与业内专家展开辩论，为国家的垃圾焚烧战略制定注入不同的声音。

3. 从“单兵作战”到“多管齐下”：焚烧监督的工具集成

监督对象的“面源化”既为社会组织行动打开了广阔天地，同时也对其监督能力提出了更高的要求。作为回应，W社会组织及其伙伴不仅能各尽所能，同时也通过相互嵌入，从如下四个方面实现工具集成，打造多管齐下的监督工具包。

（1）创新信息型工具。环境大数据是技术治理背景下环境监督的重要依托，能够提供开放透明的环境信息、科学的环境决策资源和前沿的技术支持，促进环境治理各主体线上线下的有效沟通和协同参与。[①] 在此背景下，W社会组织与I社会组织一拍即合，从两个项目入手，在焚烧行业推动基于大数据的环境监督。其一是“微举报”。如W社会组织等一线NGO应用I社会组织的“蔚蓝地图”数据，举报超标企业，推动企业承担污染治理的主体责任。不仅使社会组织参与环境治理的工作效能得到提升，同时还能帮助减少因环境信息缺失造成的信访案件，助力生态环境部门从源头减负，得到多地生态环境部门的认同。其二则是针对垃圾焚烧企业的绿色供应链CITI指数评价。“I社会组织发现我们在垃圾焚烧这个行业做得比较久，有一定的信息和资源，（毕竟）它（的CITI评价）并不是完全覆盖。于是从2018年年底开始合作，专门做垃圾焚烧行业的CITI评价。因为它是公开的，这会给相关的企业或者品牌方施加一些压力，也给我们带来了企业责任主体这个新的角度。促使我们逐步去改项目方向，开始跟企业直接沟通、直接倡导，不是隔空对话，不是通过政府去做一些事情。也就是它做一个平台，我们就点对点、一对一地去和企业沟通。”（W社会组织访谈记录，20200423）双方合作既推动I社会组织的大数据治理纵深环保行业，同时也为W社会组织拓展了工作格局。2019年，W社会组织联合环保组织在京召开“第五期垃圾焚烧行业民间观察报告发布会”，发布的报告分为“督政”和“督企”两部：《428座生活垃圾焚烧厂监督性监测民间观察报告》依旧与Z社会组织合作撰写，从政府监督性监测信息公开角度切入，旨在反映对于垃圾焚烧企业政府监管责任的履行情况；《428座生活垃圾焚烧厂环境责任履行民

---

① 王萍：《基于环境大数据的“环境治理共同体”构建新理路》，《江汉大学学报》（社会科学版）2019年第36期。

间观察报告》则是与I社会组织合作，第一次聚焦企业环保责任，旨在推动投资方提升针对垃圾焚烧厂及相关供应商的环境管理水平，主动公开环境信息，接受公众监督。

（2）推出调研型工具。为了使监督证据更充分，压力更直接，在信息平台已经基本完善之后，W社会组织将平台部分内容的更新移交给S社会组织，开始集中精力打造调研型工具，即通过工业污染防治手法，联合焚烧厂所在地的环保组织或周边居民，观察焚烧厂的实际运营状况。并以飞灰问题切入，了解焚烧后炉渣运输、填埋过程，进行基础的特征污染物检测，必要时取样送第三方检测部门。如有违规、超标情况，则向环保部门举报，监督垃圾焚烧厂整改，同时将相关信息纳入《生活垃圾焚烧厂信息公开与污染物排放调查报告》，对外公开发布。在这个过程中，W社会组织还特别注重挖掘并培养关注民间垃圾焚烧的行动者，筹建垃圾焚烧民间监督体系，驱动公众参与环境治理。据统计，截至2019年，其已实地调研垃圾焚烧厂约200座，覆盖安徽、北京、上海、广东、江苏、浙江、山东等地区，在环保部的支持下推动多座设施规范运行。[①]

（3）丰富研究型工具。垃圾焚烧究竟有哪些风险？发达国家在垃圾焚烧管理中有哪些经验？是否有适合于中国国情的垃圾末端处理之道？在焚烧监督网络中，也有社会组织通过基础研究回答如上问题，确保对焚烧厂提出的担忧和批评有理有据，同时还能给予建设性意见。其中，S社会组织通过公众号转载有关焚烧风险的学术论文，围绕二噁英、重金属等最受关注的污染物进行风险传播，同时引介英国、澳大利亚、欧盟等国家的焚烧管理策略。P社会组织是一家研究环境和能源政策的独立智库。其对焚烧问题的关注从能源系统的低碳转型切入，与S社会组织合作发布《错误的激励：中国生活垃圾焚烧发电与可再生能源电力补贴研究》《欧盟：去掉混合垃圾焚烧的“可再生能源”标签》《台湾垃圾焚烧厂从来都拿不到“再生能源补贴”》等文章，指出生活垃圾整体而言既不等同于生物质，也不等同于生物质废物。尽管在技术层面上焚烧具有一定优势，但因碳排放水平高，故将其简单视为可再生能源发电项目进行

① 合一绿学院：《选择行业深耕：芜湖生态中心推动垃圾焚烧清洁化——水保护有效方手法一》，2019年8月28日，https://www.lvziku.cn/article/1265，2020年10月2日。

全额补贴是非常牵强的。而作为垃圾管理体系的关注者，“零废弃联盟”、S社会组织、Z社会组织等则共同关注中国的垃圾可持续管理，在汇总既有观察和研究成果的基础上，撰写对《“十三五”全国城镇生活垃圾无害化处理设施建设规划（征求意见稿）》的建议，提出应用全局视野看待垃圾管理、降低末端焚烧比例、强化监管目标和要求。基础研究充分体现了社会组织向“科学公益”的转型，提升了监督行为的说服力。

（4）强化倡导型工具。政策倡导是W社会组织最初的监督手法之一，但安全清洁焚烧体系的建立不仅需要政策引导，同时也要求企业主动作为和公众积极参与。有鉴于此，监督网络中的社会组织合力强化倡导型工具，分别面向三类群体进行游说和赋能。面向政府，W社会组织与Z社会组织、E社会组织合作，依托两会代表向管理者提交《关于将生活垃圾焚烧厂列为国家重点监控企业的建议》《关于要求环保部门彻查全国生活垃圾焚烧厂违法排放情况的提案》《取消塑料垃圾焚烧的可再生能源补贴》等文本。面向企业，W社会组织与I社会组织一起研讨如何用好CITI指数，实现环保压力传导。对此，其特别总结了以“认同”为核心的倡导策略：“‘认同’是很关键的。所以，我们倡导的对象有三类：一是认同社会组织说的这个事情（打造绿色供应链）的企业。二是要联络负责信息公开或者认同信息公开的工作人员。三是联络认同环保理念的企业领导，有信心、有力量促成企业的转变。”（W社会组织访谈记录，20200423）面向公众，W社会组织则从2019年开始加大倡导力度，通过撰写《带你简单了解排污许可制度》《如何查看垃圾焚烧厂在线数据》《如何通过信息平台观察重排单位的环境信息》系列文章，向读者科普如何实现环境污染的社会监督，并配合“环保设施向公众开放”这一制度安排，编写《生活垃圾焚烧厂参观指南》，提升实地参观的专业性和有效性。

（5）开发法律型工具。除了如上所列举的诸多“软工具”，2014年，修订的《中华人民共和国环境保护法》赋予了社会组织发起公益诉讼的资格，环保组织也开始使用“硬手段”向有环境违法行为的焚烧企业追责。2017年起，Z社会组织就从W社会组织处获得关于焚烧厂违法行为的线索，从中挑选情形严重的典型案例。近几年，其先后因污染物排放超标等原因向江苏大吉发电有限公司和安庆皖能中科环保电力有限公司两家垃圾焚烧发电企业提起公益诉讼，要求其承担侵害社会公共利益的法律责任。除具体案件外，Z 社会组织还与 W 社会组织共同开展对区域环境监测方案的分析："比如每个市会有一个环境监测管理办法，从法律角度来看这个方案是否完善？跟新标准是否有冲突？这个方案从省到最下面的区县，是否有效地去执行了？虽然新标准当中有规定，但为什么现在那么多（政府和企业）没做？我们一起从执行的角度做一些分析工作。"（W 社会组织访谈记录，20200423）以实践观察为导向，对文本内容的优化提出针对性建议，更有助于推进环境监督法律法规体系的完善。

（三）成效与不足

1. 焚烧议题社会组织网络成型，但整体行动战略缺乏。经过三年的共同努力，垃圾焚烧生态系统中的社会组织网络已基本成型，每个社会组织都找到了自身在焚烧监督议题中的角色和位置，部分社会组织之间也形成了"两两合作"的局面。但网络从"织好"到"织密"还有一段距离，这段距离主要体现在合作战略尚未明晰。在一次工作坊中，S 社会组织的工作人员感慨："平常我们可能都知道这件事（焚烧监督）应该这么做，现有的从业社会组织也显示出了自己的力量。但有一些涉及宏观规划或者政策走向的问题，每个社会组织或者一两个社会组织是无法有效回应的。这就涉及战略，需要我们一起来关注。"（工作坊记录，20200904）因此，社会组织需要进一步增强相互了解并明确共同愿景，从而继续优化各自的生态位，共同制定面向可持续垃圾治理的行动规划，使社会组织资源得以整合并发挥最大效用。

2. 焚烧系统群际关系优化，但合作深度有待提升。社会组织种群内焚烧网络的联结提升了其知名度和社会声誉，也随之改善了其与焚烧系统中政府、企业、公众等其他利益相关种群的关系。各方不再是互不理睬或隔空对话，而是在社会组织的主导下有了更多面对面交流、探讨的机会。如表 6.2 所示，2017—2019 年，W 社会组织等发起了十余次多方参与的研讨会，围绕"信息公开的价值与难点""焚烧企业如何稳定达标""焚烧厂与周边居民的关系""利益相关方在清洁焚烧中的角色"等议题展开激烈讨论。虽然常有分歧、争议甚至争吵，但真理也在这个过程中逐渐辩明。多家焚烧企业业主在研讨会上开诚布公地说："很开心看到我们可以和谐地坐在一块儿，畅所欲言地说很多的事情和问题，其实像我们这些先进、有想法的企业为什么愿意跟 NGO 坐下来一起，也是希望共同推进这个工作，既符合环境的要求，也符合环保企业特殊的要求。”“在环保方面，NGO 真的是学霸思维，而企业是及格的思维，这个很难跨越。但我觉得我今天的收获最多的是我希望 NGO 和企业并不是对立面，跟政府也不是对立面，我们都不是对立面，我们要更加抓住实际情况往前推，而且我真的希望 NGO 比我们更有效地推动法律的一些变化。”（研讨会记录，20191025）而在肯定与政府和企业关系的进展的同时，社会组织觉得仍有可提升之处：“三年环境攻坚战打下来，环保部门对我们的态度变得越来越好。我们指出来的问题他们能心平气和地解释。但也就是解释，有很多现状，比如像监督性监测，环保部门会说没有能力去做。其实我们也能理解其中诸多困难，并且我们也相信如果政府能立马去做，不是付出很大代价（就能）改的，他肯定就改了。但有些法律明确要求做却没做的，比如特征污染物的一些数据，如果用做不到来回应，我们就觉得还是需要再努力。”（研讨会记录，20190717）如何推动各方携手打造环境社会共治体系，还需要继续探索。

表 6.2　　2015—2021 年社会组织发起并参与的代表性研讨会

时间	名称	参与人员	主办方
2015 年	全国垃圾焚烧厂信息公开与监管研讨会	政府、专家学者、媒体、公众、社会组织	社会组织（W 社会组织、Z 社会组织）
2016 年	新标准下的垃圾焚烧信息公开与监管	政府、专家学者、媒体、公众、社会组织	社会组织（W 社会组织、Z 社会组织）
2017 年	飞灰处置现状及固化标准研讨会	环保企业、社会组织	社会组织（W 社会组织、Z 社会组织）
2018 年	垃圾焚烧行业信息公开研讨会	政府、专家学者、媒体、公众、社会组织	社会组织（W 社会组织、S 社会组织）
2018 年	发挥环保社会组织建设力量破解垃圾焚烧项目邻避困境座谈会	社会组织、企业、政府部门、媒体	政府（生态环境部宣传教育中心）
2019 年	垃圾焚烧飞灰污染控制研讨会	飞灰处理企业、固废监管部门、媒体、专家	社会组织（W 社会组织、S 社会组织）
2019 年	垃圾焚烧行业信息公开研讨会	媒体、公众、专家学者、社会组织、焚烧企业	社会组织（W 社会组织、Z 社会组织、I 社会组织）

续表

时间	名称	参与人员	主办方
2019 年	焚烧行业行动策略研讨会	政府、焚烧企业、社会组织、行业协会、专家学者	社会组织（W 社会组织、E 社会组织）
2020 年	生活垃圾焚烧战略规划工作坊	社会组织、专家学者、公众	社会组织（W 社会组织）
2021 年	环保龙头企业参访研讨会	社会组织、企业	企业（光大环境、浙能锦江环境）

3. 焚烧监督效果明显增强，但可持续垃圾管理体系仍待完善。社会组织坚持不懈的推动、政府从被动到主动的回应、企业环保意识的逐渐提升为焚烧行业带来了显著变化。近两年，垃圾焚烧行业相关监管政策更加完善：随着排污许可制度的改革和《排污许可证申请与核发技术规范生活垃圾焚烧》正式发布，焚烧设施进入了申领排污许可证队列；《生活垃圾焚烧发电厂自动监测数据标记规则》的发布首次明确自动监测数据日均值超标可以用于环境执法，制约了以检修作为借口来解释数据超标的情况。2019 年年底，垃圾焚烧厂自动监测数据信息公开全国统一平台发布，社会监督变得更加便捷可行。与此同时，“我是环境守法者”首批承诺发布活动在杭州举行。13 家生活垃圾焚烧发电集团（企业）负责人共同发出“我是环境守法者，欢迎任何人员、任何时候对我进行监督”的郑重承诺。[①] 2020 年，国家发改委、财政部、国家能源局联合印发《完善生物质发电项目建设运行的实施方案》，提出逐渐降低中央电费补贴而提升地方政府的财政补贴，补贴方向则开始向垃圾收转运倾斜。如上种种，都很好地缓解了社会中的“忧焚”情绪，回应了社会组织曾经提出的诸多建议，同时也证明我国垃圾处理的思路正在从单一焚烧转向全流程、资源化、可持续的垃圾治理。但这些理念，如何能从战略文本的字里行间真正落实到每个省、市、区的垃圾治理实践当中，使焚烧与垃圾减量、分类和再利用并行，还需要社会组织持续行动，不懈监督。

---

① 生态环境部：《“我是环境守法者”活动在杭州举行 13 家垃圾焚烧企业作出环境守法承诺》，2019 年 12 月 13 日，https：//www. mee. gov. cn/ywdt/hjywnews/201912/t20191213_ 748278. shtml，2021 年 8 月 26 日。

第三节　合纵连横：生态位理论视野下垃圾焚烧监督中的政社协作

“合纵连横”是战国时期大国间博弈的军事战略。其核心要义在当代常被运用到管理领域，指各主体通过纵向与横向的协同合作达到自身价值增值、行动效能提升的目的。具体到本节所研究的案例，可以发现 W 社会组织的生态位调整也蕴含着“合纵连横”之意。在纵向上，通过社会组织种群内环保公益链的延伸，整合同类业务条线上的社会组织并使其形成细致分工，提升焚烧监督手法的精细化。在横向上，加大与政府、企业等种群的联合，改善群际关系，推动多元主体关注焚烧监督议题，实现异质化资源互补。

不同性质和禀赋的社会组织，在纵向路径和横向路径上的选择、投入和成效都不同。W 社会组织作为垃圾议题中元老级的社会组织，虽然最初与政府等的关系并不紧密，但面向公益界的整合能力比较强，因此，首先在种群内进行“合纵”，联合处于弱势的社会组织，再借助不断强化的纵向力量向横向网络中的主体发起倡导或施加压力，达致建立环境监督协作体系的愿景。政府作为“连横”的对象之一，与社会组织的关系也在持续变化，本节将从生态位跃升视角对此展开分析。

一　合纵：社会组织生态位跃升带来价值增值

在生态学中，物种的生态位跃迁是物种对环境的适应能力和控制能力从动态发展到静态平衡的过程。[①] 据此，社会组织生态位跃升可以理解为相关社会组织在重新认知自身生态位的基础上对种群内部价值链增值环节进行重新整合、对种群外部生态圈进行重新构建，涉及时间、空间、资源、能力等多个维度的生态位演化行为。根据前文所述，W 社会组织从初创期的原子化行动，到成长期组建垃圾议题公益链，再到成熟期铺设焚烧监督网，完成了自身生态位的优化和社会组织种群形态的完善。

---

① Hielscher S. ed. , *Grassroots Innovations for Sustainable Energy*: *Exploring Niche development Processes among Community—Energy Initiatives*, Edward Elgar Publishing, 2013, pp. 133 – 158.

经由如上三个阶段，社会组织调整了监督战略，拓展了监督对象，集合了监督工具。这些转变既是对政策环境变迁的被动回应，同时也是为实现自我价值增值、满足环境公益市场需求的主动选择。具体而言，W 社会组织通过“合纵路径”实现生态位跃升，进而帮助自己和伙伴们从如下四个维度追求价值增值。[①]

（一）战略价值增值

战略价值是指相关主体通过战略管理给自身和利益相关者创造的价值。通过对纵向同类业务社会组织的深度整合，W 社会组织等多家社会组织结成一张“民间垃圾焚烧监督网”，通过数次会议商讨，将各社会组织零散的工作目标凝练为更加宏观且长远的合作战略。比如从对单个设施污染的监督提升到对国家焚烧长期规划的关注，从对设施清洁运行延伸到对企业供应链的绿化，从给政府施压转变为倡导全民参与，从单纯的批评转变为意见与建议并存等。虽然战略调整还在进行当中，但部分社会组织面向共同目标的协同行动已经开始发挥“1 +1 大于 2”的力量，既提升了其与监督对象沟通的精准度、说服力和接受性，同时也降低了单兵作战的成本。

（二）素质价值增值

素质价值是指相关主体业务素质的变化。对于社会组织而言，就是通过彼此间的资源借用和相互学习实现观念更新、能力提升、知识优化等，为监督工作奠定更坚实的基础。对此，W 社会组织大有感触：“和越来越多的社会组织建立联系之后，互相给到很多启发，我们也在不断学习中发展起来。跟 I 社会组织、Z 社会组织学习行政复议，跟 Y 社会组织学习怎么做信息公开申请统计表，跟 C 社会组织学习怎么做调研……大家取长补短，逐步完善。现在关于监督的各方面基本有了体系，制作了包括履职申请、信息公开申请、两会提案等各类工具包。这样一来，如果有新人、新社会组织加入，他就能很快上手。”（W 社会组织访谈记录，20200423）比如在“与政府信件往来工具包”中就覆盖了“依申请公开注意事项”“举报信注意事项”“建议信或履职申请注意事项”“相关法

---

① 娄策群、杨小溪、曾丽：《网络信息生态链运行机制研究：价值增值机制》，《情报科学》2013 年第 31 期。

律法规”等内容。这些在与伙伴碰撞中产出的知识有效提升了社会组织环境监督的专业性，并将在持续传播中帮助更多社会组织实现素质价值增值。

（三）形象价值增值

形象价值是指相关主体对外展示的总体形象，如社会地位、美誉度、影响力等。最初，政府部门存在对社会组织参与环境监督策略的不了解，也对部分环保组织针对焚烧厂的苛责和批判态度感到不理解。为提升或修复社会形象，焚烧监督网络中的社会组织相互支持，借用网络中部分社会组织已建立的公信力来弥补自身认可度和知名度的缺失，实现形象价值增值。比如，在W社会组织与I社会组织的合作中，后者不仅提供了基于大数据的监督工具，同时也实现了良好政社关系和政企关系的传导。“生态环境部默认蔚蓝地图是一个比较好的环境监督和倡导方式，所以和I社会组织会有更紧密的合作。比如垃圾焚烧行业2019年一场关于合规运营的誓师大会就邀请他们的负责人去参加。环保设施对外开放，I社会组织也做了一个地图。这些都是正式或非正式的相互支持。我们今年开始和I社会组织联合开展对焚烧企业的监督，他们的这种口碑也帮我们拓展了一些工作的空间。”（W社会组织访谈记录，20200423）这种“声誉共享机制”在其他社会组织之间也常有发生：言辞犀利、态度鲜明的社会组织将自身观点委托给温和低调、进退有据的社会组织予以表达，以专业研究见长的社会组织依托善于传播的社会组织之力获得大众知晓……大家相互嵌入、共同发声，初步塑造了理性与激情兼具、轻声说重话的监督者形象。

（四）产出价值增值

产出价值指相关主体通过系列行动最终贡献的产出。在本书中，可理解为社会组织焚烧监督的绩效。经过网络搭建、彼此合作和工作积累，NGO在如下三方面有了明显产出：一是推动环境信息公开。W社会组织、S社会组织、I社会组织等通力合作，连续发布五期《我国垃圾焚烧厂信息公开与污染物排放报告》，促进政府和企业更加完善环境公开信息，使公众全面、有序地参与环境决策，推动地方政府的环保行为改善。二是敦促企业污染治理。2016年1月结合新标准，W社会组织核查了18个省76个企业的排污数据，举报了约50次垃圾焚烧厂在线监测数据超标的情况，最终推动7家企业达标。而其与I社会组织联合针对垃圾焚烧行业的绿色供应链CITI评价则进一步从“透明与合作”“合规性与整改行动”“延伸绿色供应链”“节能减排”“责任披露”五个维度对企业的环境责任履行施以激励和压力，引导企业开展精细化管理、减少环境风险。三是加快环境公益诉讼进程。Z社会组织曾针对两家垃圾焚烧发电企业发起诉讼。其中，诉江苏大吉发电有限公司大气污染案一审判决指出：该企业长期超标排放造成大气污染，损害公共环境利益，应当承担侵权责任，判赔500余万元。本案一审胜诉不仅给焚烧企业和行业以震慑，同时更证实了社会组织在依法进行环境监督中的专业与能力。

二 连横：价值增值推进焚烧监督政社合作

在垃圾焚烧生态系统中，政府具有双重身份。一方面，其作为规制者，通过法规政策和执法行为规制企业的环境行为；另一方面，其又是被监督对象，接受公众对其规制行为的监督。由此，社会组织与政府的关系也就凸显为两个层次：一个层次是“天然合作”。二者均以建设生态文明为己任，以环境保护为目的，共同发力，推动安全清洁焚烧。另一个层次则是“相互制约”。社会组织通过公众参与途径寻找政府督企过程中的不足并敦促其改进；反之，政府又可以通过制度安排来约束社会组织的行动空间。这几重关系在实践中的表现并不均衡：在“全能政府”理念和集权式管理体制下，社会组织处于弱势，缺乏参与环境治理的渠道，政府独自承担环境监督职责。在“有限政府”理念和社会多元共治背景下，社会组织实力提升，可以与政府共同承担监督责任，但同时也将政府置于监视器下，对其施加新的舆论和绩效压力。根据公共选择理论，政府工作人员不会因为在公共部门就天然具有利他情怀，其也会基于“理性选择”原则进行决策。据此，政府在处理与社会组织关系时，核心目标之一就是“减负”，也即考虑如何既能减少“监督压力”，同时又减少“被监督压力”，在投入最小化的同时实现治污效益最大化。本书中，社会组织通过生态位跃升所达成的价值增值恰好应和了政府的这一诉求，在“合纵”的同时为“连横”贡献力量，促使政社双方在焚烧监督的行动目标、合作空间、信任程度、策略融合等方面均获得进展。

（一）战略价值增值引导目标趋近

在多年行动实践中，社会组织与政府的交流逐渐深入，也越发理解“垃圾围城”给公共治理带来的压力。在此基础上，其理念从“反焚”转变为“忧焚”，从暴露问题到解决问题，也将“去除焚烧”的理想愿景转化为“清洁焚烧”的阶段性目标，与国家推进垃圾治理进程、建设无废社会、维护社会稳定的执政理念趋于并轨。与此同时，在社会组织的不懈谏言下，焚烧所带来的环境与社会风险得以充分暴露，推动政府频繁出台监督新规，双方共同致力于淘汰个别工艺水平落后、管理水平低下、不能长期稳定达标排放的垃圾焚烧厂，树立整个行业“良好的社会形象”，提升社会信任和公众接纳。

（二）素质价值增值拓展合作空间

NGO 焚烧监督的理性化和专业化不仅提升了监督效率，同时也减少了情绪化表意给政府带来的舆论压力和说“外行话”所耗费的沟通成本。相较于若干年前焚烧厂问题频发、公众抗议连连、各方互不理解的状况，政府与社会组织之间的鸿沟正在弥合，合作空间得以拓展。如环保部门数据向社会组织开放使用，委托环保 NGO 带领公众参观焚烧设施，甚至直接与其探讨相关问题：“现在开始有直接的交流。比如生态环境部固体废物与化学品司前段时间出了两个征求意见稿，他们直接就发给我们了，因为里面有我们关心的二噁英。这样可以将一些意见直接回复过去，不用再通过提案议案，效率提高了。”（工作坊记录，20200904）

（三）形象价值增值促进政府信任

借鉴“企业形象识别系统（Corporate Identity System，CIS）”理论，可以从“理念形象（mind identity）”“行为形象（behavior identity）”“视觉形象（visual identity）”三个维度[①]来分析焚烧监督联盟中社会组织形象增值对政社合作的推动。理念形象包括社会组织的愿景、目标、战略等精神要素。在与政府多年的交流、论辩、拉锯过程中，社会组织越来越多地展露出坚定但温和、充满激情但又不失理性的面貌特征，以扮演政府的“帮手”与“伙伴”为组织理念，缓和了最初剑拔弩张的紧张关系。行为形象以理念为出发点，对内表现为完善的管理制度和良好的员

① 黄聚河：《营销策划理论与实务》，清华大学出版社 2013 年版，第 56 页。

工面貌；对外则表现为提供优质服务、塑造产品品牌等。目前，由“零废弃联盟”打造的垃圾治理产品体系、W社会组织打造的焚烧厂安全清洁运营项目、I社会组织打造的绿色供应链大数据评价等，共同展示了社会组织在环境监督领域的深入性和专业化。而各社会组织的月报、年报、项目报告、财务公示等制度，则充分体现了其内部治理的规范与可靠。视觉形象由社会组织的标志物、广告、LOGO等具有视觉传递功能的元素组成，它将社会组织理念、精神境界、文化特质、服务规范等抽象语言转换为具体符号。各社会组织依托官方网站、微信公众号、微博、App、报告发布会等平台，运用视频、图片、文字等向社会传递自身“扎根垃圾领域、专注污染防治、呼吁多元共治、面向无废社会”的组织形象。上述努力一方面提升了社会组织的知名度，另一方面则增强了其美誉度，进而赢得政府信任，双方合作的案例也越来越多。

（四）产出价值增值驱动策略整合

从前文可见，伴随着单个社会组织的原子化行动跃升为网络合作，其对于焚烧风险的警示得到更多社会关注，与企业建立了更直接的对话渠道，推动更多焚烧厂实现整改，政府对于焚烧厂的规划战略与监管政策也在逐渐转型。虽然暂时无法准确测量这些变化与社会组织努力之间的关联强度，但正如一位工作人员所说：“我们提出建议，过了一段时间政府也这么做了，证明我们方向是正确的，和体制内领导专家是吻合的。”（“零废弃联盟”访谈记录，20180426）可见，社会组织的不懈坚持不仅从诸多角度推动垃圾焚烧逐步迈向合规化、科学化，同时也拉近了其与政府的距离，二者的监督策略相互嵌入，改变了单打独斗的局面，有效缓解了环保部门的压力。

三　局限：垃圾焚烧监督中政社合作的掣肘

（一）风险权衡存在分歧

随着经济发展和城镇化脚步加快，环境风险在当前社会普遍存在。雾霾、水污染、垃圾围城、工业排污……无一不在挑战政府的治理能力，常常使之处于疲于应对的状态。受到资源约束，公共决策总是在不同风险中进行权衡与选择。而角色与视角的不同决定了政府与社会组织对于风险的权衡常有分歧，这在垃圾处置时体现得尤为明显：对于政府而言，日益增长的垃圾是主要风险，占地小、效率高的焚烧设施则是解决该风险的首选；对于环保组织而言，焚烧所排放的污染物是首要风险，从源头进行垃圾减量分类才是治本之策。对于政府而言，动员全社会开展垃圾分类所花费的时间、人力、成本必须得到综合考虑；对于环保组织而言，焚烧对于循环经济和无废社会建立带来的阻滞效应才是公共决策必须克服的状况。对于政府和企业而言，合理限度内的信息公开有助于促进企业合法合规运行，但由于公众对污染物认知有限，公开过多反而会导致误解，引发社会稳定风险；对于环保组织而言，知情权是公众环境权利中的核心要件，高度透明是政府和企业的环境义务，只有摒弃对维权风险的过度担忧，才能建立信任，共治污染。对此，各方在研讨会上产生了如下对话："企业代表：民间力量总是倡导要把这些数据都公开出去，这个过程中公众可能会出现情绪或行动上的反应，但是社会组织没有办法控制和应对这样的状况。社会组织代表：信任是双方的。如果企业只是部分公开，但是你想让周边公众对你产生绝对的信任，这是很难的。焚烧厂是强势的一方，是不是可以先迈出一步，先做到一个全面持续的公开。如果企业是堂堂正正的，是不是这种风险就可以不攻自破了呢？"（研讨会记录，20191025）

而在笔者对一位环保部门工作人员的访谈中，对方则有些无奈地表示："我们也经常被人家这样来批评。其实有的时候公众的想法不一定完全正确。只有真正你面临具体的事情的时候，你才知道要面临多少困难，才知道必须要去取舍，因为妥协意味着你可以确保最关键的东西得到保障。而过于去强调其中某一方面的时候，最关键的利益反而被损害掉了。"（环保部门访谈记录，20180622）

如上种种对风险的理解和关注点的天然差异决定了政府与社会组织的工作目标难以完全统一。尽管目前二者已经在诸多方面达成相互理解与妥协，但政府依然会诟病环保组织对问题缺乏全局把握；而环保组织则常常批判政府只考虑目标风险，对于次生风险思虑不足。

（二）环境法律存在模糊

从2017年开始，中国开始尝试将垃圾焚烧项目的公众沟通机制化。环保部（现为生态环境部）当年发布通知，要求全国垃圾焚烧场安装污染物排放自动监测系统，在厂区门口树立电子显示屏实时公布污染物数据，并且将监测设备与环保部门联网。2020 年 1 月 1 日起实施的《生活垃圾焚烧发电厂自动监测数据应用管理规定》则进一步强调，自动监测数据可作为环境违法判定证据。自动监测数据将长上“牙齿”。但“装、树、联”仅仅只是垃圾焚烧行业提高透明度的一小步。由于中国环境法律体系中效力最高的《环境保护法》只是鼓励企业主动公开环境信息，环保部门发布的低层级标准和规定即使有强制性，实际上执行的难度也很高。而焚烧行业内部人士则表示，各地、各层级政府从焚烧企业采集污染数据的机制和数据公开的要求不统一，导致企业在信息公开时存在诸多考量，也需要和地方环保部门进行沟通。[①] 同时，因企业涉及的个人隐私、商业秘密、国家安全等生产活动属于法定不公开信息，而何为“个人隐私、商业秘密、国家安全”又缺乏明确界定，这为其留下了较大的自由裁量空间。[②] 法律文本和执行中的模糊地带，造成了企业对政府监管的回避，进而传导为政府对环保组织监督的推脱。由 W 社会组织和 I 社会组织发布的《428 座生活垃圾焚烧厂环境责任履行民间观察报告》显示，中国正在运营中的 428 座垃圾焚烧厂中，仅有 49 座在网站公开烟气自动监测数据，61 座公开企业周边环境质量信息。对于公众最关心的垃圾焚烧厂二噁英排放信息，也仅有不到四分之一的设施公开。此外，对于部分垃圾焚烧厂在厂区内设置的电子屏，公众很难看到，易获取的网上信息也非常有限。[③] 由此可见，近年来法律法规的逐步完善虽然已经极大地拓宽、加深了社会组织参与环境监督的范畴，但诸多细节的不完善依然对其行动造成掣肘，阻碍了政社合作的深化。

（三）知识生产存在冲突

社会组织在参与环境治理抑或污染监督的过程中，常常在对政策的理解力、自身定位、专业性、解决问题的能力等方面遭到质疑。从前文可见，W 社会组织等采用多种策略来化解如上质疑，其中最重要的手段

---

① 王晨：《2020：中国垃圾焚烧厂能否逆转“邻避”?》，2020 年 1 月 18 日，http：//zhongwaiduihua. blog. caixin. com/archives/219969，2020 年 10 月 2 日。

② 王机龙：《我国境内企业污染的传播失灵与重建》，上海交通大学出版社 2019 年版，第 111 页。

③ 王晨：《2020：中国垃圾焚烧厂能否逆转“邻避”?》，2020 年 1 月 18 日，https：//zhongwaiduihua. blog. caixin. com/archives/219969，2021 年 3 月 27 日。

就是“生产知识”，也即通过对信息的收集整合、去粗取精、凝练总结，产出一套有数据支撑、有专家背书、有案例辅佐的“常民知识体系”，希望对政府、企业和行业专家所产出的“权威知识体系”形成补充，作为环境监督行动的专业化支撑。但在实践中，两种知识之间却往往以“对立”而非“互补”的状态存在。社会组织认为，己方话语权和参与权的确立必须建立在政府与企业权力收缩的基础上。反之，政府与企业则担心常民知识的生产和扩散会挑战权威，甚至误导社会舆论。比如围绕“二噁英是否有害？现代化焚烧厂是否有害?”这一监督中的核心争议点，双方就进行过漫长而尖锐的正面交锋，最终形成不同话语体系的“自言自语”。对彼此知识体系的不认可和并不愉快的知识论辩在一定程度上阻碍了政社合作的深度推进。

本章小结

2017 年，生态环境部环境与经济政策研究中心曾指出，“随着环保社会组织越来越多地走上倡议和影响政府企业行为决策的道路，其组织间不断联合协作，形成更大的声音和产生更好的效果”。[①] 本章正是围绕这一新形势，将垃圾焚烧监督场域作为落脚点，以“生态位”理论作为依托，描述了社会组织如何从“单枪匹马”到“链条结成”再到“网络协同”的监督形态变迁。在这个生态位持续跃升的过程中，社会组织间的协作由广泛迈向深入，其种群内的“合纵”策略有效塑造了种群间的“连横”关系，优化了监督绩效。经过对自身价值的“四维增值”，社会组织赢得了政府的信任与认可，二者在焚烧监督的行动目标、合作空间、信任程度、策略融合等方面也获得进展。但与此同时，我们不能忽略风险权衡的分歧、法律环境的模糊、知识理解的冲突等环境监督政社合作中的挑战。应对这些挑战，需要政府与社会组织在更为宏观的层面上深化对环境治理目标的认知、对各自社会角色的理解以及对知识体系差异的包容。

---

① 郭红燕：《环保社会组织如何参与环境治理》，《中华环境》2017 年第 4 期。

第七章

协作中博弈：宣传教育场域中的政社关系

环境教育旨在通过知识传播和理念倡导，潜移默化地促使环境价值观和环保意识树立，进而推动环保行为的形成。[1] 垃圾治理领域也是如此，无论是零废弃生活方式的养成还是垃圾分类行为的常态化，都需要依托有效宣传，促使人们塑造正确的环境价值观、积极的环保意愿、科学的环保知识以及相应的环保行为倾向。

从整个垃圾生命链条来看，宣教工作既包括对前端垃圾减量分类意义和方式的传播，也包括对末端垃圾处置技术及其风险的沟通。但在这两端，政府与社会组织的认知和理念存在差异，双方均充分运用话语传播、知识生产、行为倡导等策略向社会传递相关信息，对期望受众进行教育和引导。由此，在宣教场域中，政府与社会组织之间形成了较为复杂的关系形态，笔者将其称作“合作中的博弈”，也即针对不同的宣教议题，社会组织会分别履行“服务”和“表达”两种不同的功能，与政府既可能成为良好盟友，也可能处于博弈状态。为了充分理解这一复杂关系，本章将选取相应案例，从如下两个层面进行论述：第一个层面立足公共管理学科，着眼“行动”。探讨在垃圾治理宣教的服务中，政府与社会组织如何形成良好合作。第二个层面立足传播学，着眼“表达”。以一个社会组织的自媒体平台为研究对象，剖析社会组织的自媒体如何在异于官方的视角下进行环境宣传并调动公众的环保意愿与行动，进而透视

① Cynthia McPherson Frantz, F. Stephan Mayer, “The importance of connection to nature in assessing environmental education programs”, *Studies in Educational Evaluation*, 2014, p. 44.

我国垃圾治理背后的社会网络及政社关系，探讨双方在垃圾焚烧知识生产与传播中的角力。

第一节 搭台与唱戏：行动视角下的政社协同宣教

环境宣教工作面向全社会，如果事无巨细都由政府操办，势必增加社会成本。在这一领域，进行服务的竞争性外包，可以吸引更多社会组织积极参与，提供差异化服务，由此激活社会资源，推动环境宣教向专业化、精细化方向发展。① 在垃圾治理领域，已经涌现出不少政社合作开展环境宣教的案例。如2018年，深圳市城管局启动"生活垃圾分类公众教育蒲公英计划"，通过建设市、区、街道、社区公众教育基地，联合社会组织、社工、义工等共同组建并培养垃圾分类宣传人才队伍，② 实现垃圾分类公众教育规模化、平台化、常规化。又如中华环境保护基金会与北京市各区携手推动的"绿足迹行动"，持续不断地面向政府、企事业单位、社区等进行垃圾分类宣教活动。此外，还有环保组织自然之友在北京市朝阳区科委及利乐基金会等支持下打造的"废弃物与生命"教师共修营项目，为来自全国的教师和环保教育者提供垃圾分类课程开发培训……这些项目覆盖面不同、优势各异，为垃圾治理理念和知识的传播做出了有价值的贡献。本节将以一个覆盖全国的环境宣教项目——"环保设施向公众开放"作为样本，分析其中政社合作的方式、成效及挑战。

一 政府搭台唱大戏：环保设施开放中的政社协同实践

为了提升环境治理效果，政府广泛运用先进科学技术，修建诸如生活垃圾处理设施、城市污水处理设施、危险废物处理设施等工程项目。然而，在社会不同主体眼中，这些项目却呈现出非常吊诡的一体两面性：从环境管理者和项目建设者角度而言，其是实现减少碳排放、化解垃圾

---

① 《政府购买宣教服务行不行?》,《环境经济》2015年第15期。

② 《深圳生活垃圾分类公众教育蒲公英计划启动》,《深圳特区报》2018年7月20日第A08版。

围城、降低水污染等环保目的的良方。[1] 但在项目周边居住者和部分环保组织的眼中，它们却成了产生致癌物、排放污水的二次环境风险制造者。上述分歧带来了持续不断的邻避冲突，影响经济发展与社会稳定。

面对这对长期存在的矛盾，2017 年 5 月，环境保护部与住建部联合印发《关于推进环保设施和城市污水垃圾处理设施向公众开放的指导意见》，旨在通过实地参观、多方交流、答疑解惑，促使公众理解环保、支持环保、参与环保。12 月，两部委公布了第一批 124 家面向公众开放的设施单位名单，并印发环境监测、城市污水处理、城市生活垃圾处理、危险废物和废弃电器电子产品处理四类设施开放工作指南。截至 2019 年年底，全国已有 70% 地级及以上城市启动该工作，吸引 600 万人次步入 1239 家环保设施单位。在这一环境宣教重点项目的推进过程中，环保组织在政府支持下主动作为，积极参与，配合当地环保部门和企业做好公众参观预约、策划直播、开展社会宣传等活动，取得了较好的效果。[2] 那么，在这场政府搭台、社会组织参演的宣教大戏中，双方各自扮演什么角色？如何相互配合？是否出现过分歧？

（一）政府的职能

1. 政策引导。2017—2018 年间，生态环境部、住建部等先后印发《关于推进环保设施和城市污水垃圾处理设施向公众开放的指导意见》《关于进一步做好全国环保设施和城市污水垃圾处理设施向公众开放工作的通知》等政策文件，分批公布了面向公众开放的设施单位名单，并制定了详尽的设施和开放工作指南。根据文件要求，2020 年年底前，全国各省（区、市）应实现四类设施 100% 向公众开放，打通信息公开和社会监督的壁垒。[3] 在中央指导下，各级政府也积极响应，通过出台地方性政策，推动环保设施向公众敞开大门。如 2018 年，云南省生态环境厅、云

---

① 谭爽：《从知识遮蔽到知识共塑：我国邻避项目决策的范式优化》，《中国特色社会主义研究》2019 年第 6 期。

② 虞伟、章松来：《环保设施向公众开放，环保 NGO 能做什么?》，《中华环境》2020 年第 5 期。

③ 生态环境部、住房城乡建设部：《生态环境部要求进一步做好全国环保设施和城市污水垃圾处理设施向公众开放工作》，2018 年 10 月 23 日，http：//www. mee. gov. cn/xxgk2018/xxgk/xxgk15/201810/t20181023_ 665200. html，2022 年 2 月 12 日。

南省住房和城乡建设厅联合下发《云南省关于进一步推进环保设施和城市污水垃圾处理设施向公众开放的实施方案》《云南省2019年环保设施和城市污水垃圾处理设施向公众开放工作实施方案》，明确了工作目标、职责分工、重点任务等，建立了环保设施向公众开放工作的规范化和长效机制。① 文件中还特别提道："鼓励当地的环保社会组织加入'美丽中国，我是行动者'环保社会组织联盟，积极申请'环保设施向公众开放NGO基金'项目资助，积极参与环保设施开放工作。加强对受资助环保社会组织的指导和支持，鼓励环保社会组织开拓线上参与渠道、开展典型经验案例分享与宣传。"该项活动启动之前，社会组织曾经非常苦恼："如果没有政府的背书，有一些垃圾焚烧厂的设施就会拒绝我们，理由就是不对外开放。"（会议观察记录，20200902）而今，诸多政策规定为环保组织走进焚烧设施，与政府协同进行环境宣教奠定了合法性基础。

2. 服务购买。与宏观政策支持共同发力的，是操作层面的服务购买。为解决部分社会组织人、财、物等资源不足带来的行动障碍，在生态环境部宣传教育司指导下，中华环境保护基金会联合美团外卖"青山计划"共同设立了"环保设施向公众开放NGO基金"，面向各省宣教部门推荐的"美丽中国，我是行动者"环保社会组织联盟成员开展资助，以缓解各地生态环境部门任务重、人手少、精力有限、方法单一的局面。第一期共收到了67份申请书，择优资助了包括北京市朝阳区环友科学技术研究中心、江苏省环保联合会等社会组织的16个项目。获得资助的社会组织也不辱使命，很好地履行了自身责任。比如"深圳市绿源环保志愿者协会"持续开展了20余次面向垃圾处理设施、污水处理厂等环保设施的参观活动，在社会组织官网发布了"吃垃圾的老虎""垃圾的旅程""没分类的垃圾哪去了"等生动有趣的活动记录和科普宣传报道。参与的公众、志愿者、督导员们表示不仅对垃圾处理有了更深入的了解，同时也更有信心让自己和居民们参与到垃圾分类行动中。

3. 社会组织赋能。考虑到社会组织除了"经济短板"之外，还存在"能力短板"，生态环境部联合中华环境保护基金会和中华环保联合会专门举办了"全国环保社会组织培训班"，旨在增进政府部门与环保社会组

---

① 黄河清：《云南省25个环保设施向公众免费开放》，《昆明日报》2019年7月10日。

织之间的交流与互动，加强环保社会组织对环保设施向公众开放工作的把握和理解，激励环保社会组织成为生态环境部门开展工作的有效补充力量，更好地发挥环保社会组织在生态环境保护事业中的积极作用。培训内容包括环保设施的建设与运营情况介绍、设施向公众开放现场教学、相关政策与实践介绍、环境信息公开情况介绍等，系统地将政策知识、环境知识、沟通知识等进行梳理，有效提升了一线环保组织的专业本领。

（二）社会组织的角色

1. 黏合剂。正如前文所说，环保设施在不同人群眼中的功能和风险并不一致，邻避抗争往往因此而起，公众与政府、企业的紧张关系也时常由此而生。由于各治理主体间的信任关系并不牢固，因此，无论是政府抑或企业作为设施开放参观的组织者、带领者，都有可能引发公众的误解，被视作是一种“漂绿”行为。而社会组织具有天然的“亲社会性”，其可以作为独立第三方进行知识宣传、风险沟通，为政府和企业做“反向背书”，赋予设施参观中立的“科普性”而非有目的的“说服性”。与此同时，社会组织还擅长收集并反馈公众的意见建议，可以搭建政、企、民之间的良性互动平台，使之联系更为紧密。

2. 监督员。开展环保设施向公众开放工作是促进行业持续发展、化解涉环境邻避问题、防范社会稳定风险的重要举措。实质上是引入公众监督，倒逼企业规范生产活动，最大限度减少环境违法行为。[①] 环保社会组织作为公众环境利益代言人，其专业知识更充分、思考问题更深入、表达诉求更全面，在与企业沟通时更有策略。因此，以之为组织者带领公众进行设施参观，既实现了环境科普的功能，同时也能发挥监督员作用，给企业施加更多压力，有效推动企业重视现场管理和达标排放。

3. 创新者。向公众开展科普传播是环保设施向公众开放的重要内容，社会组织也充分利用自己在环境宣传方面的优势，做公共服务的排头兵和创新者，尝试各种方式提升教育及传播效果。比如浙江省台州市黄岩区环保志愿者协会与相关部门和企业合作，打造了“设施开放单位研学项目”。在常规性开放的基础上，将学生的第二课堂搬进环保企业，通过

---

① 虞伟、章松来：《环保设施向公众开放，环保 NGO 能做什么？》，2020 年 6 月 18 日，http：//www. zhhjw. org/m/view. php？ aid =7501，2022 年 2 月 10 日。

“逛一逛、猜一猜、做一做、记一记”等步骤，实现参观与实践相结合，引领学生进行深度思考和体验。同时，为补齐线下活动参与人数有限、场地有限的短板，该区采用“公众开放＋直播”的“线上线下”双线联动模式，让无法到达现场参观的群众，通过远程就能全方位了解企业的生态环境状况。该区通过搜狐、新浪、黄岩发布等平台直播活动 3 场，网上观看超 13 万人次，每次参与活动的公众人数从 50 人上升到近 5 万人。[①] 在社会组织的创新性思维和行动中，环保设施向公众开放覆盖面更广、内容更深入、效果更显著，开放质量得以显著提升。

二 政社协同的成效

公众环境研究中心主任马军曾说：“我们的企业，长期以来习惯了在四围高墙之内生产经营，与当地社区老死不相往来；在建设项目规划决策中缺乏公众参与，出现污染问题常常一味回避矛盾，不但企业和社区之间的信任严重缺失，更没有和社区沟通互动的基本能力。而面对邻避，临时抱佛脚常常效果有限。建立企业的责任形象需要长期努力，而打开大门，让社区公众走进我们的企业，了解设施的运行和污染控制状况，无疑将是迈出正确的第一步。”[②] 这一步迈开后，不仅倒逼企业积极履行环境和社会责任，缓和了紧张的企民关系，经过政府与社会组织的精诚合作，还获得了很多衍生效应。

1. 提升公众环境知识和环保意识

垃圾焚烧等环保设施开放，拓展了公众参与生态环境保护的渠道，保障了公众知情权、参与权和监督权，也增强了公众对生态环境保护的理解。[③] 环保 NGO 作为组织者和传播者，将走马观花的参观提升为形式丰富、追根究底的参与，避免开放活动变为走形式、走过场。一家关注焚烧的社会组织多次表示：“我们希望开放是彻底的、有价值的，我们也

① 王金熙、黄岩区环保志愿者协会：《双线联动，共推环保设施向公众开放》，2020 年 6 月 18 日，http://www.zhhjw.org/a/qkzz/zzml/202005/fmbd/2020/0618/7500.html，2022 年 2 月 10 日。

② 《垃圾焚烧厂打开围墙邀请参观，环境部副部长：以开放化解邻避》，2018 年 11 月 10 日，https://www.sohu.com/a/274415081_100191052，2022 年 2 月 10 日。

③ 周仕凭：《上好“公开”课，破解“邻避”题》，《环境教育》2018 年第 11 期。

会从比较专业的角度去询问企业方一些问题。同时我们会告诉公众，垃圾焚烧风险和垃圾分类之间的关系，让每个人都知道自己在垃圾链条中的责任。反正你的垃圾不分好，最后还是会污染你自己的环境。”（访谈记录，20190803）如此一来，一方面，确保公众能从“是什么”“为什么”“怎么做”等多角度入手，实现对垃圾焚烧、污水处理、污染监测等环境治理手段的深刻认识，避免“无知无畏”的批评和“吹毛求疵”的责备，在理性、客观基础上积累环境知识，改变环境偏见；另一方面，也让公众明白污染易、治理难的道理，认识到自己的环境责任是什么，应采取何种环保行动，从而为绿色公民培育奠定基础。据反馈，一些公众在参观了解环保设施开放单位之后，加入环保志愿团队，成为生态环境保护的宣传者、践行者，通过个人影响家庭、通过家庭影响社区。①

2. 推动政社友好互动关系的建立

“环保设施向公众开放 NGO 基金”项目创新模式，搭建了政府、企业、环保社会组织与公众四者间的良性互动关系。一方面，生态环境部门通过资金资助环保组织，依托其带动公众走近环保设施，不仅缓解了政府任务重、人手少、经费紧张的困难，还将参观模式设计得丰富多彩、有声有色，提升了该工作的深度、广度和力度；另一方面，以设施开放为抓手，也进一步畅通了与环保社会组织间的沟通，提升了双方的信任感，为持续深入的合作建立奠定基础，有利于构建以政府为主导、以企业为主体、社会组织和公众共同参与的现代环境治理体系。

3. 促进环保社会组织的能力提升

在环保设施开放项目的合作过程中，社会组织不仅贡献了力量，同时也以之为平台实现了能力提升。这主要通过三条路径实现：首先，项目委托时，政府对环保社会组织的资质、经验、业绩均有明确规定，这虽然抬高了参与门槛，给部分社会组织带来障碍，但同时也促使相关机构朝着更规范、更高效的方向努力。其次，项目开展前，政府面向社会组织举办的培训班或交流会，为社会组织了解环保、拓展知识、深化理解等提供了渠道。最后，项目执行时，为了优化效果，社会组织各显神

---

① 虞伟、章松来：《环保设施向公众开放，环保 NGO 能做什么?》，2018 年 11 月 10 日，http：//www. zhhjw. org/m/view. php? aid = 7501，2022 年 2 月 10 日。

通、积极创新，不仅与地方政府、企业、公众建立了良性互动关系，同时也为社会组织的项目和策略创新另辟蹊径。总体来看，通过项目资金资助、方法指导，环保社会组织在项目申报、活动组织、自身建设、沟通协作、意识传播等方面都得到了有效提升，大大促进了社会组织进一步发展，取得了较好的成效。[①]

三 政社协同的张力与难点

经过多年的实践探索，环保设施向公众开放活动日趋深入、开放工作日趋常态、开放形式不断优化、专业水平有所提升，整体局面向好发展。[②] 但在社会组织与政府的合作中也面临挑战，存在张力，其根源主要来自双方对该项工作本质和目标上的认知差异。

（一）“环保设施向公众开放”的四个本质

环保设施向公众开放是一扇窗口，承载着环境风险越发受到关注的当下社会公众对于环境参与的诉求以及政府、企业对诉求的回应。其本质体现在四个方面。

第一，环境科普宣教的平台。现阶段这一功能的效果最显著。社会组织也非常肯定地表示：“通过这种方式，让更多公众走进焚烧厂等设施，了解相关知识，的确有助于提升其对垃圾问题的关注，也有利于我们后面做一些行动倡导。”（社会组织访谈记录，20200904）

第二，从国家角度倒逼企业进行污染防治的手段。这方面的效果也是立竿见影。访谈时，多家环保组织都表示：“整体会觉着设施开放政策是特别好的，切实促成了企业提升环境表现，最起码是变得干净，异味（恶臭）也改善很多。”（社会组织访谈记录，20200904）

这两个本质分别表征了“谁来定义风险”和“谁来判断污染”这两件事，我们也可以看到在这二者中，其实政府和企业是占主导地位的，而公众是一个被教育、被科普的对象。因此，如果我们将视角转换为一

---

① 虞伟、章松来：《环保设施向公众开放，环保 NGO 能做什么?》，2018 年 11 月 10 日，http：//www. zhhjw. org/m/view. php? aid =7501，2022 年 2 月 10 日。

② 杜宣逸：《环保部召开 2017 年全国环保设施和城市污水垃圾处理设施向公众开放工作座谈会暨现场会》，《中国环境报》2017 年 3 月 18 日第 1 版。

种社会的、民主的导向时，“环保设施向公众开放”还承载了另外两种期待，这也是社会组织想要推动的目标。

第三，风险沟通。所谓沟通，就应是双向的、坦诚的、直面公众风险疑虑的。所以，部分公众和 NGO 提出，“我们希望在一次参观中，设施的优势和风险都能够得到充分的展示，让公众也能够客观、全方位地了解这种技术。我们的疑问也能得到明确的答复”（社会组织访谈记录，20190603）。

第四，社会监督。涉及设施开放，到底能够开放到什么程度？企业和社区的围墙，是降低，还是可以彻底推倒？对此，受访者表示：“如果每次开放都是做好完全准备之后的开放，是不是能真实反映厂方的日常工况？是不是能有更进一步的监督？”（社会组织访谈记录，20190603）此外，污染防治的效果，谁说了算？这都涉及监督主体的涵盖范围和权利行使。

（二）政社协同的“六对张力”

上述两种导向下对设施开放的不同理解，导致设施开放过程中存在张力。所谓“张力”，并非矛盾或对立，而是体现了不同主体在不同价值取向下对这个工作不同层次的期待。具体表现在以下六个方面：

第一，开放范围的张力：“有侧重的开放”还是“全方位的开放”？也即到底开放到什么程度。在政策指导下，环保设施通常有几个重点向公众开放的场景，如中控室、环保展厅、锅炉、抓斗等。但社会组织的期待会更多一些，尤其关注污染处理设施和情况的介绍：“垃圾焚烧发电厂给公众参观的主要就是总控室、沙盘、垃圾吊车这些。但是像污染设施我们基本上是看不见的，比如说飞灰处理、废水处理，没有办法接触到。我们建议企业扩大一些参观的范围。”（访谈记录，20200904）

第二，呈现内容的张力：“报喜少报忧”还是“报喜也报忧”？也即开放时向公众“说什么”。在关于设施开放的报道中，常常能看到这样的描述：“垃圾电厂在想象中应该是垃圾成堆、臭气烘烘，没想到这么高大上，池水清清、绿草茵茵、环境优美，厂房宏伟气派，还有景观廊亭，装饰华丽，干净漂亮，胜似星级酒店，如果不是亲眼所见，真不敢相信这就是垃圾发电厂，特别是肩负着全市垃圾处理的重任，对美好环境建设真是功不可没。”① 从中能感受到为了打消民众对环保设施的焦虑和恐惧感，政府和企业都做了大量切实的工作，也在传播口径上做了精心的考虑。但在环保组织眼中，这或许会带来困扰：环境风险如果一直被隐藏，该如何唤醒公众的环保意识和行动？当居民认为焚烧能解决很多问题时，对垃圾分类的积极性是不是也会降低？

第三，主体诉求的张力：“渴望理解”还是“追求改善”？由于价值取向的不一样，各方的诉求也不尽相同。政府和企业在设施开放过程中，最希望的是通过正面的信息公开和宣传教育，得到社会的理解和信任。但对于环保组织而言，在理解政府和企业的基础上，还具有非常强烈的追求改善的期待，哪怕这个过程很慢：“有一些其实是可以公开做到的，为什么现在还没有公开。还是一个愿意和不愿意的问题，不是说能不能的问题，我觉得先把这一步跨出来，我已经做到 60 分了，只要我想做，从 60 到 61 分这个还是可以一步跨过去的，慢慢来也可以。”（闭门会记录，20200112）

第四，主体态度的张力：“回应政策”还是“切实提质”？在环保组织和企业长期的交流中，他们反馈了部分企业对于设施开放的一些态度，也即受制于“成本制约”“闷声发大财”等经营思维和“合规万岁”的理念，还是以“回应政策，完成规定动作”为目标，主动性和积极性有待提升。对此，社会组织表示，希望企业能积极履行“环境社会责任”，而不是将设施开放作为企业对外宣传的载体，参观流程过于注重企业品牌介绍、走马观花式的流程安排等。

第五，角色认知的张力：“宣传者”还是“监督者”？在设施开放过程中，环保组织对自己角色的认知和政府、企业对他们的认知存在张力。对政府和企业而言，他们希望环保组织能够作为一个比较好的组织者和宣传者来引导公众参与到环境知识学习和环保行动中。但对于环保组织自身，尤其是做污染防治的社会组织，他们更希望自己能成为监督者，在更深层次上获得信任：“期待政策能让我们更深度地参与，让政府和企

---

① 《环保设施向公众开放：垃圾焚烧发电厂变身“环保课堂”》，2021 年 4 月 7 日，https://baijiahao.baidu.com/s?id=1696377909389409191&wfr=spider&for=pc，2022 年 2 月 11 日。

业都能觉得环保组织是可以借用的重要的力量。”“我们希望可以切实关注到企业的废物处理方面，比如公众监督员的模式；环保组织参与生态环境部门对于企业的检查；企业邀请环保组织来提建议等。”（社会组织访谈记录，20200904）

第六，能力需求的张力：“能力期待”遇上“能力不足”。现阶段参与到设施开放工作中的社会组织是多种多样的，根据与涉及议题的紧密性，可以分为特定议题的环保组织、环保组织、社工或其他类组织三个圈层。这三类组织在污染防治专业能力、社会动员能力、与政府和企业的沟通能力等方面各具优势也各有短板，有时候会在某个侧面表现出能力缺乏，不能很好地满足环境治理的需求。

（三）政社协同的难点

基于上述对四个本质和六对张力的分析，可以将当前宣教过程中政社协同的难点归纳为三个方面。

1. 从制度安排来看，环保设施开放还不够彻底。这种不彻底体现在两方面：首先，开放的强制性不够。目前环保设施向公众开放工作是以正面鼓励为主，并没有强制性的规定，设施开放单位与主管部门相当于订立了一个行政契约。环保组织参与设施开放工作，并没有特别的制度安排，其只能根据实际情况各显神通，这也导致全国各地情况差别很大。其次，参观的深度有限。《中国环境报》记者在对环保设施开放项目进行观察后指出：目前大部分设施开放工作处于简单和浅表层面，应该通过培养公众参观目的性、进行参观后效果评估、建立由参观向参与转型的常态化机制等路径，提升环保设施开放和环境宣教的效能。① 如何真正实现“扒开围墙邀公众监督”？这既需要政府在企业环境社会责任履行中提出更加全面的要求，也需要政府与社会组织携手实现。如前文提到环保组织 W 社会组织所编制的“生活垃圾焚烧厂参观指南折页”和“垃圾焚烧厂公众参与指导手册”均有助于推动“参观”到“参访”再到“参与”的转型。前者详细列举了参观焚烧厂的五大关注点及三项拓展关注内容，如看环境防护距离、观察飞灰仓库密闭性、申请查看手工监测数

① 吴静：《环保设施能否从参观走向参访参与?》，2020 年 7 月 14 日，https：//www. ce-news. com. cn/public/ydal/202007/t20200714_ 949962. html，2022 年 2 月 10 日。

据、观察药剂使用台账信息等。后者是一份 30 页的文本，包括垃圾焚烧行业基本情况、焚烧厂运行前公众参与、焚烧厂运行阶段公众参与和参与手法介绍 5 个部分，为公众了解焚烧知识、理性进行焚烧设施监督提供了可参照的准则。但目前，这些成果尚未得到政府认可，也未能使用到大规模的公众宣教和行为倡导中。

2. 从外部环境来看，政府对环保组织的认识还不够深刻。一些政府部门存在“怕添乱、怕麻烦”等思想观念，不鼓励环保社会组织过于积极的参与。一些环保设施单位觉得环保组织是做负面监督的，有着不法私利，是个“麻烦”，有意回避环保社会组织。[①] 在此基础上，环保组织在获取经费资助的时候也面临一些门槛，比如上文提到的“环保设施向公众开放 NGO 基金”对申报主体的资格要求中包括如下两条：一是各省级生态环境宣传教育部门推荐的社会组织或“美丽中国，我是行动者”环保社会组织联盟成员，且优先资助获得省、市生态环境部门配套资金的环保社会组织；二是鼓励社会组织与各地生态环境宣传教育部门联合申报。设置这两条标准可以达到筛选优质社会组织和可靠社会组织的目的，但也无形中给始终致力于环保科普宣教但规模不大、与政府关系不甚紧密的社会组织树立了一道屏障。身处安徽省芜湖市的 W 社会组织，是一家十余年专注于垃圾焚烧设施监督和公众环保动员的环保组织，也曾多次基于公众需求自行组织前往参观。但由于其既不是联盟成员，也尚未打通与相关政府部门的良好关系，所以在申请资助时遇到了障碍：“我们根据这些年积累的经验做了一个‘垃圾焚烧厂公众参与指导手册’和一份‘生活垃圾焚烧厂参观指南’折页，但申请基金的时候需要生态环境厅盖一个推荐章，但我们没有这个渠道，最后没有拿到这个章，也就没能申请。”（访谈记录，20200904）可见，《关于推进环保设施和城市污水垃圾处理设施向公众开放的指导意见》等政策文本只是给环保组织参与环境宣教提供了“法律合法性”，却不能直接赋予所有社会组织“政治合法性”，也即政府和公众对社会组织的信任、认可与需求。这导致部分社会组织虽然有非常高涨的热情参与该项工作，却只能从社会组织的

① 虞伟、章松来：《环保设施向公众开放，环保 NGO 能做什么》，《中华环境》2020 年第 5 期。

其他项目中“自掏腰包”，不利于政社合作的持续性。

3. 从组织内部来看，社会组织自身能力仍有不足之处。首先，人力资源从数量到质量均有短缺。大部分 NGO 都是由个别专职人员、数名兼职工作者和临时志愿者组合而成。他们专业各异，不一定具备环境宣教所需的环保、传播等知识，对环保设施的开放要求、技术工艺等理解不深，无法为公众提供深度讲解或答疑。其次，经费不足。由于部分环保组织规模和专业化程度有限，在组织筹资上缺少有效的方法和路径。环保设施向公众开放的小额资助分摊到每个省份只是杯水车薪，如果环保组织完全依赖政府支持而不能自行募资，将影响其参与环保宣传的效力。如上两方面短板会进一步影响组织的社会形象和公信力，导致政府、企业和公众不愿与之合作，进入各方“渐行渐远”的恶性循环。

四　结论与反思

“环保设施向公众开放”是垃圾治理议题中环境宣教政社合作的典型案例。它代表了以政府为主导，社会组织积极提供服务的合作类型。在这样的场景中二者目标基本一致，政府为社会组织参与提供了法律上的合法身份以及一定的经费资助，而社会组织则补充了政府人力、时间、精力有限以及行动创新性不足的短板。虽然具体执行层面双方偶有分歧，但社会组织通常会尽可能做出自身调整，确保合作顺利推进。

概括而言，该项目覆盖地域广、受益人数多、实施效果明显，政社双方建构了“政府搭台，社会组织唱戏”的典型互补关系，是宣教场域中较为成功的合作样本。但在调研中，笔者还接触到了许多以社会组织为主导方、争取政府支持但效果不佳的科普项目，比如前文所提到的自然之友“废弃物与生命教师共修营”。与诸多“大而广”的项目不同，共修营最大的特点在于“小而精”，也即对教师的培训人数设限、内容丰富、历时较长，且要进行受训者后续开课效果的评估检测，确保每一颗宣教“种子”的散播都能真正开出花朵。这一特色仿佛一把双刃剑，一方面提升了宣教效果，避免形式主义，更符合社会组织的工作作风。但另一方面也因其受众有限、成本较高、见效缓慢而不容易得到政府部门的认可。除了项目最初得到小额资助外，近些年一直依靠企业基金会的支持。于是，到底应该把宣教这块蛋糕“做大还是做精”，成为许多社会组织战略规划中的两难抉择。

除此之外，伴随着垃圾焚烧设施反建事件的多点爆发，宣教场域中还出现了一种新的现象：政府或专家作为宣教主体的地位受到挑战，曾经被认可的官方、权威信息和知识遭到质疑。在环境风险沟通中逐渐涌现出一些来自民间的声音，他们针对“宣教的目的是什么”“什么知识是对的”等“元议题”进行反思，并采用各种传播策略争夺属于自身的受众。这种转变使得政府和社会组织合作最顺畅也最为平静的宣教场域掀起新的波澜。下一小节将聚焦于此，从传播学视角入手，阐释环境信息传播和环境公共领域建构中社会组织“表达”功能的实现及其与政府关系的特征。

第二节　表达与差异：话语视角下社会组织与主流媒体的垃圾议题传播*

正如前文所述，关于“垃圾围城如何解局”这一问题，很长一段时间内官方与民间都是各执一词，僵持不下。前者推行“分类＋焚烧”的组合战略，后者则以“零废弃”为核心理念，对焚烧表现出忧虑之感。在这场拉锯战中，媒体是双方进行风险宣教和理念交锋的主要阵地。受到政府与市场的双重压力，主流媒体在新闻报道时，更多扮演权力结构的“保卫者”，为官方政策、专家观点等背书，而较少关注普通公众的焚烧风险焦虑与焚烧邻避情节。不满该状况的民间环保组织，利用微信、微博、博客等社会化媒体打造属于自身的话语空间，展现被传统媒体排拒的观点，尝试唤醒公众环境意识、凝聚环保行动力量、推广异于官方的垃圾治理策略。①

西方学者普遍认为，社会组织的自媒体“所拥有的资源和权力虽不能与大众媒体相比，却是其有力补充”，可“透过阅听人自己的创造、生

---

* 本章部分内容摘自作者于2017年发表在《中国地质大学学报》（社科版）第4期的论文《“绿色话语”生产与“绿色公共领域”建构：另类媒体的环境传播实践——基于“垃圾议题”微信公众号L的个案研究》，收录本书时做了进一步的改动。

① 陈楚洁：《公民媒体的构建与使用：传播赋权与公民行动——以台湾PeoPo公民新闻平台为例》，《公共管理学报》2010年第4期。

产和传布，促进更广泛的社会参与”。① 具体到环保领域，社会组织的自媒体从社会正义、社群经济、可持续性、基层民主等角度入手，以生态价值观为报道指向，是环境多元治理机制建立的重要支持。② 但在中国政治社会背景下，社会组织经营的自媒体是否拥有足够的生存空间？能否成为民间“绿色话语”的宣传渠道？能否与官方声音形成协同之势，推动“绿色公共领域”建构，催生更多的公众环保行动？本小节以垃圾议题“零废弃联盟”经营的自媒体 L 为观察样本，并将其与官方主流媒体 H 的传播内容进行对比，进而回答上述问题。这一方面可以提供一扇视窗，以透析我国垃圾治理背后政府与社会组织间的角力，从话语维度理解政社关系；另一方面也有助于理解我国环境风险沟通的现实挑战，为优化沟通策略奠定基础。

自媒体 L 创办于 2015 年 2 月，是专注于垃圾议题的微信公众号，也是垃圾治理领域联盟型社会组织“零废弃联盟”的主要传播平台。L 的成立目的有二：其一，连接 L 内部的社会组织和个人成员，宣传“零废弃”事迹；其二，配合“零废弃联盟”的工作战略，利用新媒体推动政府、企业、学者、公众及公益组织等社会各界在垃圾管理过程中的对话与合作。经过三年运营，L 已经具备了组织化媒体的一些特征，如拥有相对固定的成员（2 名专职，2 名兼职）负责日常运营；每月召开一次例会进行工作总结与布置；有规律性的报道频率与主题；有辨识度的“专业、客观、朴实”的语言风格等。但与环保部门设置的，以政策传播、知识科普、案例报道等为目的的微信公众号不同，L 扎根基层，多以“社会组织环保力量”与“民间环境专家”观点为信源，与官方倡导的垃圾治理战略存在差异。

具体研究时，本书首先采用“内容分析法”，对公众号两年间的 250 篇报道及后台数据进行系统、客观、量化梳理，用以剖析其议题设置、内容特征、传播模式等。该方法能清楚地展示公众号 L 的明示意涵，却无法检视内容背后的传播理念、对抗策略、社会联结等要素。因此，笔

---

① 葛思贤：《关于中国环境的“另”一种声音》，硕士学位论文，暨南大学，2015 年。

② 罗慧：《当前西方另类媒体研究的兴起与走向》，《厦门大学学报》（哲学社会科学版）2011 年第 5 期，第 17—25 页。

者进一步采用“民族志”方法作为补充：首先，课题组成员以志愿者身份进入社会组织“零废弃联盟”，担任L的兼职员工近半年时间，负责采访、撰稿和编辑等工作，并参与定期例会、线下活动等，近距离观察其内容的生产过程。其次，通过对L的负责人、工作人员、用户等的一对一半结构化访谈，笔者深入了解到L的发展目标、技术支持、资金来源、线上线下互动策略、发展动力与阻碍等。

一 社会组织如何进行垃圾议题传播

（一）纵览：L垃圾议题传播的历时变迁

公众号L从创始至今经历了自身定位与传播特征的三次转变（见表7.1）。

表7.1 L自身定位与传播特征的历时变迁（2015—2017）

阶段	时间	公众号定位	传播特征
初创期	2015年2月至2016年7月	“零废弃联盟”成员的“沟通者”	报道数量较少，议题分散，频率较低
发展期	2016年8月至2016年12月	“零废弃联盟”的“发声者”； 垃圾治理知识的“传播者”； 公众环保行动的“倡导者”	报道数量增加，建立“专题板块”，议题逐渐集中，频率不固定
成熟期	2017年1月至今	政府垃圾治理行动的“监督者”； 垃圾治理政策的“建言者”； 政府与公众的“联结者”	报道数量稳定，议题集中，频率固定，特设“政策倡导板块”

第一阶段：初创期（2015年2月至2016年7月）。公众号L的设立源于“零废弃联盟”工作所需，其角色是作为“零废弃联盟”全国各地成员的“沟通者”，让信息在组织内部无障碍流动。但对于应该以何种形象“示众”，即面向外部进行绿色话语传播，L并不明确。这直接制约了其新闻生产动力，导致在较长一段时间，报道数量较少、议题分散、频率较低。

第二阶段：发展期（2016年8月至2016年12月）。第一年的运营并没有为L吸引足够“粉丝”，这迫使其反思自身定位，并通过增加报道数量、建立“专题板块”、提升推文频率等举措，将受众拓宽至更多熟悉关心垃圾治理的公众、专家等，希望成为“零废弃联盟”的“发声者”、垃圾治理知识的“传播者”以及公众环保行动的“倡导者”，为垃圾治理的民间力量提供更丰富的知识、更成熟的路径、更充沛的热情。

第三阶段：成熟期（2017 年 1 月至今）。2016 年年末至 2017 年年初，国家重启“垃圾分类”战略，同时继续推广“垃圾焚烧项目”，意欲提高垃圾处理效率，这对 L 一直倡导的“反建”“反烧”“零废弃”等理念形成直接挑战。如何“营造舆论导向，在民间建构‘零废弃阵营’，并形成智囊团以推动政策建言”（L 负责人访谈记录，20180214）成为 L 未来发展的重要课题。为此，L 再次优化传播模式（见表 7.2）：在保证新闻数量的同时，设计具有传播效力的主题与频率，并特地开辟“政策倡导板块”，专门回应官方话语、表达民意诉求。同时，在作者选取方面，L 特别注重“草根性”与“专业性”的整合。报道中既有工作人员的原创，也邀请相关专家针对专业问题撰稿；既有对国外科学文献的译介，也开辟专栏给普通公众分享垃圾分类经验……这些转变帮助 L 调整自身定位，向政府垃圾治理行动的“监督者”、垃圾治理政策的“建言者”以及政府与公众的“联结者”迈进。

表 7.2　　L 成熟期的栏目板块、推送频率与作者类型

栏目板块	推送时间	作者类型
政策	周二	L 工作人员，专家
塑料	周三	环保 NGO
案例	周五	普通公众，环保志愿者，环保 NGO
译文	不定	国外文献

历时分析显示：L 一直试图建构属于自己的绿色话语体系，尤其当受到国家焚烧政策的压力后，更坚定了其使命：做民间力量的“扩音器”，表达被压制的环保话语，探索可持续垃圾治理之路，“成为有‘观点’的公众号”（L 工作人员访谈记录，20180427）。L 的内容生产并非对已有资料的搬运，工作人员也不仅仅报道“硬新闻”，而是将自己视为“专业媒

体人”和“行动主义者”的综合，立于辩论一方[①]，与官方垃圾治理理念形成对抗。

（二）深剖：L垃圾议题传播的主题分布

为了更深入了解L的传播策略，笔者将250篇报道进一步划分为六个典型议题（见表7.3），分析每类议题的呈现模式与功能发挥。

表7.3　L报道内容的议题分布

主题	篇数	占比（%）	报道标题举例
动起来	129	51.6	《我用零废弃的方式表达爱，这场约会你值得赴》 《3位环保大咖与你相约，谈谈他们和垃圾的故事》
回音壁	41	16.4	《环保社会组织关于垃圾管理“十三五”规划的总体建议》 《关于〈江苏省城乡生活垃圾处理条例（草案）〉的意见》
好榜样	29	11.6	《农村垃圾分不好？看看金华!》 《“小手笔，大智慧”：四川珙县孝儿镇垃圾分类探索之路》
技术控	20	8.0	《“可降解塑料袋”真的环保吗?》 《八个问题问出垃圾焚烧厂真实状况》
看世界	16	6.4	《历史性突破：意大利议员推动欧洲走向循环经济》 《欧洲正在切断对焚烧的支持》
抗争者	15	6.0	《他们的童年，谁来守护?》 《我所参加的垃圾焚烧项目环境许可听证会》

其一，动起来，即发布关于垃圾治理的活动信息，进行环保行动倡导。该主题在所有内容中占比过半（51.6%），应和了L的目标：通过呼吁、集合、互动等方式唤醒公众对垃圾问题的关注。为适应不同受众群，L发布的活动信息有两大特征：第一，活动形式多元化。包括“线下”和“线上”两类，前者涉及以垃圾为主题的课程、沙龙、讲座等，后者则可以通过拍照上传、在线联署、文末留言等便捷方式参与，保证受众能根据喜好灵活选择，且不被地域、时间等因素限制。第二，活动题目具有冲击性。如《这个十一假期，爱芬约你捡！垃！圾!》《请肆意地发

① 张岩松：《网络另类媒体的本土传播实践：〈女声〉个案研究》，中华新闻传播学术联盟第六届研究生学术研讨会，中国传媒大学，2014年。

送你手机里的“垃圾山”照片吧，柠檬君全收!》《生活不止眼前的便利，还有健康与环保!》等，均采用时尚且富有煽动力的表达方式，以提升阅读量、增强动员力。

其二，回音壁，即对国家垃圾政策的传播与回应。区别于主流媒体，L将自己定位为“审视者与建言者”（L工作人员访谈记录，20180427），而非国家政策的“传声筒”。因此，41篇推文中，只有9篇直接转发了政策，余下32篇（78%）均理性表达了批判性意见：如《“十三五”环保规划：调低焚烧比例，分类更有可能》对规划中较高的垃圾焚烧比例提出质疑；《历史的车轮在“垃圾道路”上退行碾压?》从环保理念、权利分布、职能履行等方面指出发改委、住建部联合出台的《“十三五”全国城镇生活垃圾无害化处理设施建设规划》中的诸多不当，凸显了L作为社会组织自媒体与官方言论的交锋。

其三，好榜样，即分享基层垃圾治理的先进经验，打造可供效仿或移植的案例。创立至今，L先后报道了“上海樱花苑”“广州黄埔区联合街”“浙江金华”“四川珙县孝儿镇”等社区的垃圾分类新做法，也采写了校园、企业、市集等的垃圾减量实践。“这些都是民间的零废弃榜样。但主流媒体并没有给予足够关注，所以，我们觉得自己有责任让它们得到推广和学习。这其实也是在协助国家推进垃圾分类工作。”（L专家顾问访谈记录，20180729）

其四，技术控，即通过对垃圾治理技术的科普，帮公众建立专业认知。在该板块内容中，“垃圾焚烧”主题多次出现，是L与政府分歧最显著之处。一方面，垃圾焚烧厂虽然在多地遭到抵制，却并未减缓其建设速度，主流媒体频频发文佐证焚烧技术的优越性，以平复公众邻避情绪；另一方面，部分环保专家与环境NGO强烈反对焚烧，L自然成为其重要发声地。通过《八个问题问出垃圾焚烧厂真实状况》《走出垃圾焚烧的泥潭》《零废弃是归路》等文章，他们从多角度论证焚烧危害，希望扭转“焚烧最优论”，并敦促人们转向以垃圾分类减量为核心的源头治理，以建立可持续的循环社会。

其五，看世界，即对国外垃圾治理研究文献的译介。主流媒体曾经援引日本、美国、欧洲等地垃圾焚烧项目的选址、立项、运营经验，作为我国引入焚烧技术的支持性论据。为了与之对话，L则译介《欧洲零废弃：垃圾管理不能止步于循环利用》《欧洲正在切断对焚烧的支持》《夏威夷叫停垃圾焚烧项目》等文章，播报各国垃圾治理新进展，尤其是“零废弃”“反焚烧”“循环经济”等方面的观点，展示与官方话语中截然相反的垃圾世界。

其六，抗争者。与大部分垃圾议题社会组织一样，“零废弃联盟”也是在我国反焚运动愈演愈烈的背景下创建并成长起来的，故追踪垃圾污染引发的环境冲突一直被 L 视为不可推卸的责任。其不仅扮演维权者的“代言人”，同时也作为一个独立的“抗争者”，向不达标的技术、不合规的企业、不适宜的制度发起挑战。比如，在《他们的童年，谁来守护?》中，工作人员采写了 J 县垃圾焚烧厂周边居民真实而窘迫的生活经历，让一个个鲜活的故事与冰冷的专业数字形成交锋，更全面地展示焚烧风险。在《我所参加的焚烧项目环境许可听证会》中，L 又将居民艰辛的反建之路描绘出来，呼吁建立健全环境保护公众参与机制。但在所有文章中，此类文章仅占 6%，可见相较于以抗争为初衷或由抗争者自行创立的“反焚烧”公众号，L 的形象更温和、中立。

（三）对比：L 与主流媒体 H 的垃圾议题传播差异

该部分，笔者特选取主流媒体 H 作为参照，以更全面地展示 L 作为社会组织代言者的话语特征。H 关注环卫领域尤其是垃圾处理，是广受欢迎、颇具影响力的环卫行业新媒体，稿件主要来自全国数十地市（县）环卫政府部门的投稿，受众则包括各地环卫领域政府、企事业单位工作者，可以在较大程度上代表官方声音，反映政府的垃圾治理理念。H 对于垃圾治理的报道分为三大板块：

其一，垃圾分类宣教。作为环卫行业的代表性发言人，H 紧紧围绕党中央国务院的精神，通过《徒步考察日本东京都的垃圾分类搜集》《普通市民能够为垃圾处置做些什么》《加快建立垃圾分类处理系统》等报道进行垃圾分类的宣传教育，这与 L 的环境传播理念基本吻合。

其二，焚烧技术正名。焚烧究竟可行否？这是 L 与 H，也是垃圾领域社会组织自媒体与主流媒体的核心分歧所在。前者指责政府与企业刻意隐瞒焚烧风险，误导公众认知；后者则诟病普通大众缺乏科学素养，高估焚烧的环境影响。作为官方声音集聚地，H 在《垃圾焚烧如何与垃圾分类和谐相处》《垃圾焚烧的成本究竟该如何算》《焚烧厂可否“近零排放"》等文章中，分别对"焚烧与分类自相矛盾""焚烧消耗社会成本""焚烧排放大量污染物"等"反烧派"观点进行回击，试图扭转正在社会中弥漫的"焚烧焦虑"。

其三，反焚冲突化解。"反焚烧"是主流媒体与社会组织自媒体共同关注的新闻"爆点"，二者的着力点却截然不同。H 在《垃圾焚烧争议：被忽视的两大因素》《垃圾焚烧的新闻报道需要专业精神》《家门口要建垃圾焚烧厂，居民们为何同意了》中详尽分析了公众的非理性、媒体的非专业、既存的好范例等，指出通过合理补偿、有效监管、积极沟通等方式便可防控冲突。但在这些描述中，焚烧厂周边公众的声音被淹没，其遭受的身体伤害也只字未提，这恰为 L 提供了"补缺"的空间。

通过纵览、深剖与对比，笔者发现：社会组织自媒体 L 的报道议题中，既有批判也有建言，既有认可也有反对。通过介于激进与温和、理性与感性之间的传播模式，L 围绕"垃圾治理"发出了与官方不尽相同的声音：焚烧只是"经济社会"向"生态社会"过渡阶段的选择之一，绝非最优选择，更不应成为最终选择。从根源扭转垃圾围城现状，关键在于社会网络上的各个结点合力建构一个富有远见的联盟，共同开启"迈向零废弃"的转型之门。此外，因传播过程中受到部分主流媒体的挑战，如何拓展自身影响力、与之进行话语争夺，始终是 L 生存与发展的重心。

二 社会组织垃圾议题的宣传效果："绿色公共领域"构建

上述分析表明，L 通过持续生产丰富多元的"绿色话语"，已建立起较为独立的话语模式，与官方垃圾治理理念形成博弈。其另一目标，便是以自身为媒介，为公众、专家、企业、媒体等多方利益相关者搭建宽广、稳定的"绿色公共领域"，敦促各方在其中通过论辩寻求环境共识、展开环保行动。"绿色公共领域"具有三个特征：第一，公开开放性，即面向所有人开放，尤其接纳来自环境弱势群体的观点。第二，理性批判性，即不被政治权威所绑架，也不被"乌合之众"所操控。第三，公共利益性，即追求环境公益而非私利。该领域的存在对于公众全局、理性、科学的环境价值观和环境知识体系塑成至关重要。本部分将从"线上"与"线下"两方面来考察 L 针对该目标采取的策略及其效果。

（一）线上公共领域

正如学者所说："迅速发展的网络平台为公共领域提供了新载体，在一定程度上拓展了个人权利，为理性或非理性批判提供了表达场所，塑造更为开放、更加自由、更能呈现真实意见的批判机制。"① 通过 L 的传播，"绿色公共领域" 首先在互联网空间中初见雏形。

最显著的表现在于提升了公众对垃圾议题的关注。读者将 L 的"留言区" 作为公共领域"第一会场"，对其报道进行评价，并通过个人转发将探讨延伸到微信群中。如 2016 年 12 月 21 日，习近平总书记在中央财经领导小组第十四次会议中提出"普遍推行垃圾分类制度"，L 随即撰文《刷爆朋友圈的习大大"普遍推行垃圾分类制度" 你怎么看?》，分享循环经济专家、环保 NGO 顾问、资源回收企业经理等行业人士的深度解析。读者在文后展开讨论，或指出这是一剂垃圾治理转型的强心针，或为贯彻落实分类制度出谋划策，或担心路径方向没找对会导致新一轮的地方财政浪费……由此掀起一场激辩。又如《他们的未来，谁在守护》展现了 J 垃圾焚烧发电厂周边居民在污染中生存的窘迫，将"反建" 的个人抗争转化为"反焚" 的公共议题。该文不仅成为当事人的情绪出口，且获取较高的转发与留言量，引发社会关注。此外，L 还会不定期邀请公众针对"召开环评听证会""加强焚烧厂监管" 等议题进行线上联署，给管理者施加压力。

但经过对 L 受众群体的分析，笔者发现上述行动的覆盖范围却并不宽广。首先，从数量上看，经过两年的运营，L 累积粉丝数只有 2580 位，且分布不均：北京、广东、上海三地人数占比 39.6%，青海、宁夏、西藏等欠发达地区仅达个位数（见图 7.1）。对此，工作人员设计了三条解决路径：或是将 L 的链接发送到以垃圾治理为主题的微信群中号召大家扩散，或是通过其他环保 NGO 公众号的转发扩大知名度，或是通过线下活动进行宣传与推广。

其次，L 的受众类型比较单一。一部分是环保组织"零废弃联盟" 本身的成员，一部分是被焚烧厂修建所困扰的反建居民，剩余则由环保

---

① 陶钰环：《网络社区的公共领域研究——基于哈贝马斯公共领域视角》，《青年与社会：上》2015 年第 9 期。

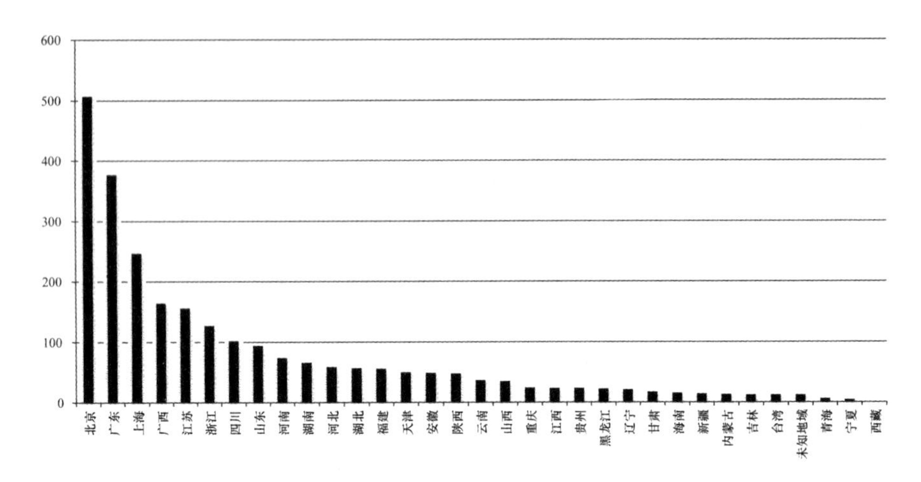

图7.1 公众号L的受众分布

志愿者、环境NGO工作者、学界专家和少部分普通公众组成。L希望达成对话的“权力—技术共同体”[①] 并不愿进入这一空间。虽然L辟出专版对现有政策提出质疑、批评与建议，但面对这些声音，“权力—技术共同体”只是偶有回应或辩驳，大部分时间抱持“冷处理”态度不予理睬，对话空间难以建立。专注于“官方事实”的主流媒体对L的态度则模棱两可：一方面，对于抗争色彩浓重的文章，其采取“不关注、不评论、不转发”策略；另一方面，因受到公众敦促与压力，对于中立性的文章，部分主媒会效仿或跟进，形成与L同样的报道框架。总体而言，在以L为“召集人”的“绿色公共领域”中，主流媒体的角色也是疏离的。

最后，受众关注点与L的传播初衷也存在偏差。统计L阅读量最高的10篇报道后发现，有两类文章容易吸引读者：一类关于“反焚烧”，这与邻避运动此起彼伏所导致的环境焦虑有关，如《我所参加的焚烧项目听证会》《与监管部门一起生产的焚烧厂》《光大，这样烧垃圾》等阅读量均超过6000人次；另一类与个人生活质量密切相关，如《星级酒店

① “权力—技术共同体”指支持垃圾焚烧的政府、企业、专家组成的联盟，其与反焚烧的专家、公众、社会组织等建构的“权利—民主共同体”形成对峙，二者在垃圾治理理念上存在较大分歧。

的一次性用品安全吗?》《你的洗护用品里有塑料微粒吗?》等。而《历史的车轮在“垃圾道路”上退行碾压?》《寻找“绿衣服”的包裹证件照》等公共行动倡导类文章的阅读量却均未过百。这在一定程度上说明，L的引导虽然培育了公众对垃圾污染的敏感性，但大部分人的焦点仍停留于自身环境安全，尚未从“私人领域”迈入“公共领域”。

（二）线下绿色公共领域

如何将线上绿色公共领域迁移到线下？举办丰富的环保活动是L的主要策略。其“行动倡导”议题中近三分之一是对线下活动的宣传，包括知识普及型的“讲座”、始于足下型的“行动”、信息共享型的“分享会”以及头脑风暴型的“讨论会”四种类型（见表7.4）。

表7.4　L线下活动信息举例

活动类型	活动名称举例
讲座	《垃圾强制分类时代来临 Ready？Go!》 《迈向零废弃——欧洲和东南亚垃圾管理的新趋势》
行动	《这个十一假期，约你捡！垃！圾!》 《2015年武汉锅顶山垃圾焚烧环境观察团招募》
讨论会	《你来为“十三五”生活垃圾无害化处理规划提点建议》 《〈垃圾强制分类制度方案（征求意见稿）〉研讨会》
分享会	《3位环保大咖和你相约，谈谈他们和垃圾的故事》 《班加罗尔，东方硅谷的堆肥创业》

活动过程中，工作人员通过多种方式加强参与者间的联系，以巩固民间垃圾治理网络。如现场推广公众号L，将线下资源转化为线上受众；填写通讯录，获取志同道合者的联系方式，增强对方的组织认同感与归属感；发掘有独特“垃圾故事”或丰富“垃圾知识”的积极分子、环境难民、专家学者等，与之建立合作关系，共同进行民间垃圾治理理念的传播等。

对于不含对抗性质的线下活动，L还会邀请长期合作的媒体参与并撰写报道，增强影响力。但因长期以来的疏离与脱嵌，L并不期望“权力—技术共同体”出席，后者自然也不会主动前往。因此，线下活动未能在拓展“绿色公共领域”的“广度”方面有所贡献，但不可否认，其大大提升了公众互动的“深度”：首先，面对面交流有助于将虚无的线上联系变得实在而坚固，促成人们逐渐深入的“阶梯式参与”。[①] 其次，真实空间中的讨论比线上交流更务实、有效。各类会议中，公众对官方理念提出质疑、制定民间垃圾治理方案、推广鲜为人知的垃圾分类经验等，俨然成为政府职能的补位者。最后，如“捡垃圾”“参观焚烧厂”等活动直接将环保观念转化为环保行为，实现了环境传播的终极目的。

综上，L 通过“报道推送”与“活动举办”两条路径，搭建了“线上”与“线下”两类“绿色公共领域”，并试图以之为起点打造一张“民间垃圾网”，与官方进行话语争夺，进而扭转当下的垃圾治理战略。这一策略类似于曾繁旭所提出的“互激模式”（co-empowerment model）[②]，即媒体与公民行动相互促进，推动政府回应，形成公共协商。但又与之有所差异：受制于社会组织自媒体的性质与影响力，L 仅在一定范围内促进了公民行动，未能给“权力—技术共同体”施加足够外压。有关部门或是根本无法听到 L 的声音，或是对其质疑“不予理睬”，导致“互激链条”中断，L 的努力很多时候“未能如期望般促进‘国家’与‘民意’的互动”。（L 受众访谈记录，20180521）

三　社会组织进行环境宣传的动力与障碍

L 的传播实践展示了社会组织所运营的社会组织自媒体正尝试通过“绿色话语”生产和“绿色公共领域”构建为环境保护振臂高呼，达到宣传教育的目的。这是否意味着社会组织自媒体已获得充足“话语权”？是否意味着社会组织已经可以发出和政府同等的“音量”？在中国的政治社会背景下，社会组织自媒体又是否拥有足够的生存空间，能在未来呈现“星火燎原”之势？探讨 L 存续面临的结构性动力与障碍，或能给出答案。

---

① David Karpf, “Online Political Mobilization from the Advocacy Group's Perspective: Looking Beyond Clicktivism”, *Policy & Internet*, Vol. 2, No. 4, 2010, pp. 87 – 93.

② 曾繁旭：《媒体作为调停人：公民行动与公共协商》，上海三联书店 2015 年版，第 63—65 页。

（一）结构性动力

从外部环境来看，当前中国对自媒体相对宽松的管制策略是社会组织自媒体创设与生存的基本条件。一方面，自媒体无须审批，使众多微信公众号、微博、新闻客户端等免除了传统媒体所受的限制，纷纷涌现；另一方面，自媒体的低门槛和低成本也为缺乏足够财政支持的少数个体、组织提供了开展媒介行动的资本。[①] 上述利好机会打破了传统媒体风险传播的利益框架，使“零废弃联盟”这样怀揣“环境正义”的社会组织能够在互联网空间中获得存续条件，也使得被大众媒体筛选、过滤乃至扭曲的传播情境得到一定程度的扭转。[②]

公众及环保行业人士的支持，是社会组织确认自我价值并坚持新闻生产的另一外因。“他们的关注与阅读让我们找到了自己存在的理由——上到政策，下到公众，成为零废弃‘百科’。”（L 工作人员访谈记录，20180427）随着 L 传播模式的成熟，“绿色话语生产—绿色公共领域建构—绿色行动”三者逐渐形成良性闭环，越来越多与 L 理念吻合的民间环保大 V 被“收编入库”，越来越多普通公众的环保意识和批判意识被唤醒，其又反之为 L 的话语生产提供强劲动力。

此外，社会组织自媒体存续的更重要动力来自其内部结构和运转模式。相较于由公民自行组建、形态松散的草根媒体，L 具有“社会组织”与“社会组织自媒体”整合所得的组织优势。首先，以实体化的社会组织作为依托，确保了 L 的资金与成员相对稳定，不会因资源短缺而难以为继。其次，与所有社会组织自媒体一样，L 具有“结构扁平”“集体运作”“自我管理”“双向交流”等特征，能迅速对官方主流媒体的话语空缺和话语挑战做出补充及回应，增强传播效果和受众黏性。最后，L 扎根于以“共同志愿”所凝结的“社区”，工作者不是单纯的“媒体人”，而是对垃圾治理抱有共识与热情的“环保志愿者”，这使其生命力更加旺盛。

---

① 李艳红：《培育劳工立场的在线“抗争性公共领域”——对一个关注劳工议题之新媒体的个案研究》，《武汉大学学报》（人文科学版）2016 年第 6 期。

② 徐迎春：《绿色关系网：环境传播和中国绿色公共领域》，中国社会科学出版社 2014 年版，第 16 页。

（二）结构性障碍

由于与官方声音的差异以及非商业化的自我定位，社会组织创办的媒体虽然呈现“哪里都有我们”的态势，其发展壮大却面临诸多结构性障碍。

其一，国家政治制度安排。媒介变革得到新媒体技术的支撑，却亦框限于一个国家的政治制度安排。[①] 我国近些年的传媒空间拓展可解读为政府策略性管制的结果，其意在将传媒作为社会安全阀，增强体制韧性。可以推测，L 的未来发展将取决于其行动模式以及对垃圾治理的贡献：当 L 保持现状，政府也将维持当前的“冷漠”态度，不干涉、不支持；当 L 营造的“绿色话语”和“绿色公共领域”能与国家环保政策契合时，则可能获取有利的发展条件；但若 L “走得太远”，抗争声音太过激烈，则随时可能遭到干预。

其二，社会组织自媒体的性质特征。社会组织自媒体分为“倡导性”和“草根性”两类。[②] 前者的宗旨在于“通过论述吸引读者，向全社会提倡、宣扬某些目标”，后者则由受到某些负面影响的群体自己制作经营，目的在于“为改变自身处境而召唤有同样遭遇者的集体认同”。L 作为社会组织的宣教平台，显然倾向于前者。虽然也关切被垃圾污染尤其焚烧风险所困的环境难民，但并不仅仅扎根于这一群体，而是更注重从宏观层面推动我国垃圾治理战略转型，致力于将“环境私利”转化为“环境公益”。这一方面增强了 L 的行为合法性，拓展了传播议题和受众范围，但与此同时也导致其在报道主题、遣词造句和情绪倾向等方面，与民众尤其是环境弱势群体产生一定距离，削弱动员力。

其三，社会组织自媒体的结构形态。相较于分散公民自发成立的社会组织自媒体，依托环保组织“零废弃联盟”这一特征为 L 的存续带来了优势。但在参与观察的过程中，笔者依然感受到其生存的艰辛：

---

① Stockman D., *Media Commercialization and Authoritarian Rule in China*, UK: Cambridge University Press, 2012, p. 121.

② 成露茜：《全球资本主义下的另类媒体——理论与实践》，《第二届亚洲传媒论坛——新闻学与传播学全球化的研究、教育与实践》，中国传媒大学亚洲传媒研究中心，2004 年。

“零废弃联盟”一直在努力注册成为合法 NGO，但因多方原因掣肘，至今未能实现。这限制了其在筹款、招聘、与主流媒体互动等各方面的能力，自然也限制了公众号 L 的发展潜力与影响力。“毕竟我们还不成熟，也没有（合法）身份，资源有限，所以招人的时候缺乏竞争力，留住人才也不容易……现在的工作人员可以完成线上报道的产出，但要在线下公众动员方面做更多工作就比较难。”（L 负责人访谈记录，20180214）可见，L 的规模、运营经费、成员等虽然得到基本满足，却存在后劲不足的问题。

四 结论与反思

本节从表征、互动、结构维度对依托环保组织成立的社会组织自媒体 L 进行考察，并通过与官方媒体 H 的对比，分析其进行环境宣教的策略和效果。所得结论回应了本节开头提出的一系列疑问：首先，在新媒体所提供的生存空间中，L 运用多种传播策略，建构了一个以“零废弃”为核心的民间垃圾治理“广播室”，与秉持“焚烧”理念的官方垃圾治理话语体系形成博弈。其次，通过“报道推送”与“活动举办”两条路径，L 实现了“线上”与“线下”绿色公共领域的初步建构。前者专注于制造舆论、拓展受众、传播理念，仅限于话语斗争；后者覆盖面有限，却在增强受众黏性、促进行动实施方面具有较大优势。但因公共领域中政府、企业、专家、媒体等重要利益相关者缺席，导致 L 未能在“权力—技术共同体”与“权利—民主共同体”之间架起稳固的沟通桥梁。最后，L 的存续面临来自外因和内因的促进与制约，其未来发展趋势如何，能否在垃圾治理行动中做出更多贡献，还有待时间予以检验。

L 虽是个案，却并非孤例。还有很多与之相似的社会组织及其运营的社会组织自媒体努力地传播环境知识、讲述社会组织环保故事，或是为弱势群体的环境权益而申诉，或是为矫正不合理的环境政策而发声，或是为推动更广泛的环保行动而鼓劲。正是其以“生态价值观”及“环境正义观”为指向的报道，开辟了反思中国环境风险治理的新视角，推动了整个社会的环境民主与环保行动，也为政府优化环境治理效果提供了有益建议。他们的勇敢发声，尤其是与主流媒体的分庭抗礼必须得到关注，因为这意味着“环保”虽已成为我国自上而下的一套战略，但“如何环保”的答案却并不一致，官方与民间的“绿色宣教体系”尚未并轨，这或将引发我国环境治理的新冲突。如何通过社会组织自媒体的推拉将多元利益相关者引入“绿色公共领域”，并将其由对抗、漠视导向有效协同，是破解环境困局的关键。

上述发现从两方面印证并回应了学者早年间在该领域的研究结论[①②]：其一，在建构主义的意义上，社会组织自媒体根植于社会化的宏观实践而非微观个体偏好，消除了“网络极化”的负面影响，重建了网络舆论的公共性与有效性。它通过独特的修辞、叙述和话语，不仅表达了某一具体环境问题的现实状况，更为重要的是展露出问题背后潜藏的社会权力关系与政治文化意涵，论证了在“容纳多元力量”的前提下开展环境治理之必然。其二，在实用主义的意义上，社会组织自媒体源自草根、生于草根，这决定了其更有热情、更有能力走回草根、联结草根，促成公民与政府、公民与媒体、公民与公民之间的协商与对话，进而提升环境风险、环境保护、合作共治等理念的传播与实践效能，有助于化解“高高在上”的官方媒体长期面临的难题。此外，L 的环境传播实践还延伸出几个值得反思的议题：

首先，社会组织自媒体与主流话语，或者说其背后的社会组织与政府之理想关系应是“嵌入”还是“脱嵌”？学界观点可划分为两类：一类是“对抗论”，即社会组织自媒体的本质在于其目的、运作、组织等方面与主流媒体所奠基的价值观相左[③]；另一类是“替补论”，即强调社会组织自媒体“作为主流传播传统的补充而建立”[④]，其与主流语汇并存而非对峙。对于 L 而言，其性质与策略很难用单纯的“对抗”或“补充”来概括，更多时候是在二者之间寻求平衡，甚至在必要时“借用”官方话语来表达“对抗情绪”。比如在“反焚烧”主题报道中大量引用习近平总书记对“普遍推行垃圾分类”的论述，指出“提升焚烧

---

① Cox R.，“Nature's “Crisis Disciplines”：Does Environmental Communication Have an Ethical Duty?” *Environmental Communication*，Vol. 1，No. 1，2007，pp. 5 – 20.

② 曾繁旭、戴佳：《风险传播：通往社会信任之路》，清华大学出版社 2015 年版，第 56 页。

③ 成露茜、罗晓南：《批判的媒体识读》，台北：正中书局 2013 年版，第 75—77 页。

④ 卜卫、张琪编：《消除家庭暴力与媒介倡导：研究、见证与实践》，中国社会科学出版社 2011 年版，第 43 页。

比例就是与高层战略对着干”“不听习大大的指挥就是懒政”等。一方面，表明政治立场正确，为自身存续开辟空间；另一方面，用党中央的“最高指示”来抵抗政府部门出台的“不合理”政策，增强对公共决策的压力和对民间行动的动员效果。此种策略性的传播路径效果如何？是否可持续？作为社会组织自媒体应该通过对主流的“适当嵌入”来获取“合法性”，还是坚持与之“脱嵌”以保持“对抗性”？这些都是值得探究的问题。

其次，如何使社会组织及其自媒体“走得更远”？L为环境传播开辟了一条新途径，也为公民参与提供了一个制度化的公共空间。但其与主流媒体极为明显的“观点二分性”，导致民众接受迥异的信息后宛如雾里看花、疑窦丛生，反而加剧了对焚烧技术与焚烧厂安全的担忧。如何推动意见相左的两大阵营实现良性沟通，使各利益相关者在辩论中达成共识、收获真理？对此有必要继续关注与探索。

最后，如何推动社会组织自媒体的成长成熟？自媒体作为社会组织向外发声的载体，彰显着社会组织进行宣教和倡导的努力，对于传播公地和社会建设具有重要意义。政府应如何立足中国政治社会背景，为社会组织自媒体的存续创造条件，并尽可能发挥其在环境宣教中的能动作用，是推动政社合作治理时的重要切入点。

本章小结

本章综合公共管理学和传播学视角，从行动和话语两个维度探讨了在垃圾议题宣传教育中，社会组织的行动策略及其与政府关系的建构。所选取的故事分别呈现了双方“合作—博弈”的关系连续统，论证了宣教场域中政社关系的多元形态。虽然合作依然是其中的主旋律，尤其涉及社会组织服务功能时，但我们不得不关注少数社会组织在争议性环境议题中的差异性态度及其社会影响。对此，一方面，应该肯定社会组织通过资源整合和话语传播所生成的常民知识，正确认识其在缓和“技治主义”风险性上的贡献，重新界定政府和公众角色，将环境宣教和公共治理模式由自上而下的科层式转变为取长补短的协作式；另一方面，也要客观认识社会组织在环境宣教中的局限性。由于社会组织在自我学习与赋能的过程中，有可能因辨识力缺乏而难以实现对环境问题的全面理解，加之强烈的信念与情感驱动，容易通过较为极端的话语和情感建构知识，导致知识价值与质量降低。但无论如何，即便政府与社会组织的步调尚未完全一致，但不同的声音、相互的尊重和理性的辩论，恰恰是推进未来合作的起点。

第八章

缺席式共治:冲突化解场域中的政社关系

邻避设施兴建、公众权利意识觉醒及政治开放性增强，带来了一场“不要在我家后院”的区域环境抗争。[①] 在各类环境污染型邻避冲突中，围绕垃圾焚烧厂修建展开的维权抗争数量最多。据统计，以2006年“北京六里屯”事件为滥觞，迄今已有30多个城市发生过反焚事件。[②]

冲突治理作为一种特殊公共物品，存在显著的“政府失灵”和“市场失灵”，故作为第三部门的环境NGO在其中扮演何种角色始终备受关注。发达国家环保组织经过多年实践探索，已找到有效的参与策略，即作为地方抗争团体的“支持者”，帮助居民解决土地使用纷争，[③④⑤] 并有组织地将事件所暴露出来的环境风险推向国家政策议程。[⑥⑦] 以之为参照，国内学者从规范视角展开探讨，一致认为，社会组织具有介入邻避事件

---

① 谭成华、郝宏桂：《邻避运动中我国环保民间组织与政府的互动》，《人民论坛》2014年第11期。

② 高芳芳：《环境传播：媒介公众与社会》，浙江大学出版社2016年版，第48页。

③ Diani M. & Donati P., “Organisational change in Western European Environmental Groups: A framework for analysis”, *Environmental Politics*, Vol. 8, No. 1, 1999, pp. 13 – 34.

④ Sze J., “Asian American activism for environmental justice”, *Peace Review*, Vol. 16, No. 2, 2004, pp. 149 – 156.

⑤ Joann Carmin, “Voluntary associations, professional organisations and the environmental movement in the United States”, *Environmental Politics*, Vol. 8, No. 1, 1999, pp. 101 – 121.

⑥ Hermansson H., “The Ethics of NIMBY Conflicts”, *Ethical Theory & Moral Practice*, Vol. 10, No. 1, 2007, pp. 23 – 34.

⑦ Benjamins M. P., “International actors in NIMBY controversies: Obstacle or opportunity for environmental campaigns?”, *China Information*, Vol. 28, No. 3, 2014, pp. 338 – 361.

的必要性，并使用“预警者”“代言人”“宣传者”“澄清者”等来廓清其角色。[①] 对于如何扮演好这些角色，学者通过进一步探讨政府、民众、社会组织间的博弈关系及利益平衡点，搭建了“诉求—承接”的治理模式和协商平台，[②] 建议在公共决策前建立代议机制，促使社会组织与公民之间责任一致化、统一化，以培育公民的合作与责任意识，引导其成为冲突治理中的合作者，而不是谈“邻”色变的抗争者。[③]

从理论视角来看，社会组织的确具有独特的功能与优势，可成为公民表达环境诉求的良好载体。但着眼现实，在我国反焚抗争多年的演变历程中，其在这一敏感场域中是否有足够的参与空间？是否能实现对政府职能的补位？双方能否有效合作？本章将尝试回应这些问题。具体内容包括三个部分：第一部分分析当前政府在抗争治理中的职能履行情况，并从应然角度梳理社会组织可以扮演的角色；第二部分则从实然角度分析社会组织如何在这个敏感场域中获取参与空间，助力冲突治理；第三部分通过四个案例的综合分析，阐述社会组织如何扮演“创新者”角色，推动与政府的合作，共同实现从传统的“冲突处置”向新型的“冲突转化”进阶。

第一节　反焚冲突化解中的政府职能履行及社会组织补位*

垃圾焚烧项目带来的挑战具有波及范围广、负外部性强、可治理等特征，无论从“能力”还是“意愿”角度分析，政府在该类型的邻避冲

① 谭成华、郝宏桂：《邻避运动中我国环保民间组织与政府的互动》，《人民论坛》2014 年第 11 期。

② 彭小兵：《环境群体性事件的治理——借力社会组织“诉求—承接”的视角》，《社会科学家》2016 年第 4 期。

③ 陈宝胜：《从“政府强制”走向“多元协作”：邻比冲突治理的模式转换与路径创新》，《公共管理与政策评论》2015 年第 4 期。

* 本章部分内容摘自作者发表在《甘肃行政学院学报》的论文《中国大型工程社会稳定风险治理悖论及其生成机理——基于对 B 市 A 垃圾焚烧厂反建事件的扎根分析》以及发表在《北京社会科学》的论文《环境污染型邻避冲突管理中的政府职能缺失与对策分析》，收录本书时做了进一步的改动。

突治理中都扮演着不可替代的统摄角色。根据冲突管理理论，冲突的化解不是“点状”处置，而是“线性”工作。因此，政府职能的履行也不仅仅局限于事后应急，而应贯穿于冲突的潜伏期、爆发期和善后期三个阶段。具体到邻避事件中，则要求政府要在涉环保选址修建、冲突发生、事后处理与跟踪等环节分别履行风险预防预控、利益关系调整、社会诉求回应、群体矛盾化解等责任。[①] 近几年，我国政府经由多起反焚烧厂修建冲突的处置，积累了丰富经验，在政策完善和能力提升等方面取得了不俗进展，但依然存在一些不足之处。通过梳理，一方面，可以为政府职能履行提供借鉴；另一方面，也能从中探寻社会组织可以“补位”之处。

一 反焚冲突化解中政府职能缺失的表现

（一）反焚冲突化解中政府的职能缺位

政府职能缺位是指在对焚烧项目修建引发冲突的管理中，相关部门没有充分尽职尽责，甚至在某些公共领域出现了“真空”，导致效果不佳。

1. 政策供给职能缺位。政策制定是政府职能的基本内容。只有将公共问题的解决政策化、法制化，才能有效达成公共目标，维护公共利益。我国反焚冲突中政府政策供给不足突出表现为：一方面，相关法律法规不完善，且落实不到位。现阶段，我国通过《环境保护法》《环境影响评价公众参与暂行办法》《环境保护行政许可听证暂行办法》来规范涉环保项目修建并引导公众参与。2009 年，“社会稳定风险评估”逐渐兴起，之后连续多年被明确写入党中央、国务院的重要文件。但稳评机制作为一项极具中国特色的社会治理制度创新，在没有国外直接经验可供借鉴和现实案例可以参照的情况下，只能“摸着石头过河”。现阶段，中央文件只是对稳评机制的制度设计和运行提出了指导性意见，在具体项目审批时，是否执行、如何执行，存在一定变通空间，导致其本该承担的利益表达、意见协商、风险预控等功能，受发展理念、

① 于咏华：《风险社会与政府社会风险管理能力的提升》，《决策探索》2010 年第 11 期。

行政体制、政策环境等因素影响而被削弱，[①] 甚至出现"越维稳越不稳"的悖论，[②] 为邻避冲突的最终爆发埋下隐患。此外，在长期的决策实践中，各项制度中的民主机制、维权渠道与救济途径并未真正落实，而更多地作为一种理论上的安排停留在法律文本中，致使公众参与不够深入，损害了当事人的知情权和参与权，成为其抗争行为的导火索。另一方面，对于环境污染型邻避冲突的处置，大部分地区还以"办法""制度""规定"等形式发布指导意见，尚未纳入法制化轨道，欠缺必要的法律效力和约束力。而已有规定散见于《中华人民共和国突发事件应对法》《中华人民共和国集会游行示威法》中，缺乏整合，在处理实际问题时存在衔接不畅的空白地带。

2. 冲突预防职能缺位。很长一段时间，政府对于反焚冲突的管理都重在应急处置阶段，扮演阻止者或镇压者角色。通过投入大量人力、物力与财力，虽然能平息冲突，却耗费了不少公共资源，治标不治本。近几年，随着冲突频发，政府开始逐步树立"风险预警"理念，着手建立工程项目建设和重大决策制定的社会稳定风险评估及预警机制，在焚烧设施修建前，会综合运用宣传教育、入户排查、点对点沟通、经济补偿等策略来缓解公众抵触情绪。但由于对长期"头疼医头，脚痛医脚"风险处置方式的路径依赖，我国政府在建立具体的社会稳定风险评估方式、预测模型、防控体系等方面还很不成熟，特别是对项目修建前期公众的心理、利益、权利等诉求的了解精度不够，难免错失风险化解机会。有时甚至还会因方式简单强硬引致民众与公权力对立，反而成为风险升级的导火索。

3. 冲突善后职能缺位。风险不仅会影响公众的情绪及政府公信力，需要平复和挽回，同时也会留下诸多有价值的经验教训，值得剖析与学习。因此，邻避冲突的平息并非风险管理的结束，做好善后工作才是转"危"为"机"的关键点。我国现阶段的反焚冲突尚未形成操作意义上的

---

① 张玉磊：《健全重大决策社会稳定评估机制：一项制度创新的可持续发展研究》，中国社会科学出版社 2018 年版，第 199—201 页。

② 谭爽、胡象明：《我国大型工程社会稳定风险治理悖论及其生成机理——基于对 B 市 A 垃圾焚烧厂反建事件的扎根分析》，《甘肃行政学院学报》2015 年第 6 期。

善后与学习机制，事件一旦发生，政府往往盲目采取强制措施进行压制，以项目暂停、拖延或迁址等方式画上句号，矛盾看似得到解决，但项目东山再起时，又会爆发新一轮抗议。究其原因，一方面，在于风险平息后，政府没有建立与利益相关者的事后沟通机制以进一步化解公众抵触心理，修复政府形象；另一方面，风险反思意识还有待提升。反焚冲突的原因是综合的，政府既需要有"就事论事"的精准施策，也需要立足宏观层面对问题做全面考量。但很多邻避抗争平息后，政府各部门并未联动协同地对风险前因、风险损失和风险处置做客观、全面的评估与总结，使得遇到同类状况时重蹈覆辙。

（二）反焚冲突化解中政府的职能错位

政府的职能错位是指在面对可能出现的冲突时，政府职能界定的模糊性、管理行为的重复性和部门间的不协调性，具体有"交叉"与"分散"两种表现。

1. 冲突治理职能交叉。比如在 2009 年"番禺垃圾焚烧厂事件"中，周边小区业主向环卫局局长询问该项目建设的进展情况，却被答复属于市政园林局管辖范围，并拒绝提供详细信息。而对于该项目是否继续推进，广州市政府与番禺区市政园林局的回应亦大相径庭。[①] 其他事件中暴露出同样的问题。周边居民向政府反馈垃圾堆放问题时倍感无奈：每次打电话反映情况他们都是相互推脱。就像我们讲的那个关于堆放垃圾的问题，打了无数次电话给环保局，接电话的接线员他也不给往上反应，就知道往下推，让我们找市政的那个负责垃圾的。等找到他们了，他们又说你这个属于污染问题，环保部门管，找我们干嘛呀！（焚烧厂周边居民访谈记录，20170604）

部门间的职能交叠导致"有组织的不负责任"频频出现，给本来就处于信息弱势地位的公众造成困惑，在感到自己的知情权受到侵害的同时也对项目的安全性产生怀疑，滋生抵触情绪。此类多龙治水、边界模糊的职能错位还体现在社会风险的防控过程中。因反焚冲突涉及项目行业管理部门、生态环境部门、应急管理部门等，彼此间难免职能重复。

---

① 林晓玲：《公共危机管理过程中的政府角色研究：以番禺垃圾焚烧发电厂建设项目为例》，硕士学位论文，中山大学，2010 年。

由于缺乏责任倒查机制，导致面对风险时存在相互推诿、扯皮的现象，最终反而出现空白地带，降低冲突治理效能。

2. 冲突治理职能分散。环境污染型邻避冲突的产生与扩散是非常复杂的过程，涉及预警、应急、安保、交运、医疗、宣传等不同政府部门的应急管理行为。但由于职能分散、责任划分不清且缺乏统一的指挥平台，使得社会风险应急处置效果不佳，在实践中表现出“不联不动、联而不动、联而慢动、联而乱动”等现象[①]，降低了对突发事件的反应速度，增加了不必要的损失。

（三）反焚冲突化解中政府的职能越位

政府的职能越位是指其超越自身职权范围，管了其余社会主体该管的事。越俎代庖的行为既会增加政府部门的管理负担，降低资源配置的效率，也会抑制社会活力的发挥，甚至可能成为邻避冲突的根源。

1. 立项决策中的职能越位。不可否认，对项目环境污染的担忧是导致反焚冲突的根源，但立项过程对公众参与权与决策权的忽略和代行也是重要原因。部分地方政府抱持“无知公众模型”假设，认为公众对邻避项目认知偏颇、过分敏感，信息公开与民主协商必定招其反对，便有意识通过封锁或瞒报消息、语言上打太极、形式化参与等方式阻隔公众进入决策过程。合法渠道的闭塞迫使公众不得不选择制度外途径表达诉求，导致项目陷入“计划修建—公众反对—说服恐吓—反对升级—计划撤销—宣布再建（或迁址修建）—新一轮公众反对”的恶性循环。

2. 项目评估中的职能越位。焚烧项目安全与环境影响评估是公众了解与判断是否接受该项目的重要依据，评估主体的客观性和权威性是关键。虽然目前已广泛推行第三方评估以保证利益无涉，但在部分针对垃圾焚烧厂的邻避事件中，专家成为政府发声筒的情况依然存在，成为引发民众不满的原因。由此可见，防止政府越权主导评估结果，确保专家能真正跳脱利益相关方以做出公正判断，是帮助民众树立理性认知、缓解邻避情结的必要环节。

---

① 杨波：《政府危机管理探析》，硕士学位论文，厦门大学，2006 年。

二 反焚冲突化解中政府职能缺失的原因分析

（一）对冲突的认知不科学

自上而下的干部考核任用制度、“稳定压倒一切”的刚性稳定观、“一票否决”的政绩评价体系共同形塑了各级地方政府在冲突治理上面临的压力。这导致主政者对社会失序极度敏感，抑或高估公众合理表达诉求的风险，对公众参与严加把控。正如公众所说：“政府太怕群众了，听证会场安排了好多警察”“政府总是担心人多闹事，其实大家没那么闲”；抑或认为对群体抗议的强势堵压能使其知难而退、接受项目，导致稳评出现走过场、一面倒现象。与此同时，政府对冲突的预警重视不够，不见招不拆招，缺乏冲突的事前评估与防控理念，这种侥幸心理使其丧失了诸多疏解邻避冲突的机会。

（二）冲突管理的价值取向存在偏差

有环保实践工作者指出：“在‘科学发展观’提出前，中国的环境污染大都是政府污染，即政府允许、认同、支持的污染。”[①] 由此，环境污染型邻避冲突得不到有效解决，本质上是在博弈的过程中，部分政府抱着“GDP 导向”和“项目本位”的价值观，与民众沟通的目的并非优化决策，而在于获取支持以确保项目顺利上马。实际上，根据有关政策，社会稳定风险调查重点围绕拟建项目建设实施的合法性、合理性、可行性和可控性等方面开展，力求实现民众反对最小化和满意最大化，也被称为“大稳评”。但“（政府）一直很关注我们会不会闹事，不面对它项目本身的问题”等表述在公众访谈中多次出现。可见，在焚烧厂稳评的实际操作中，政府着重关注的是民众闹事等极端行为的可能性，即“小稳评”，[②] 而项目是否合法合规、是否符合环境发展规律、是否应给予利益相关者相应救济等却被淡化。这不利于获取百姓的理解与支持，也不利于在公共事务管理中建立长效的合作机制。

（三）尚未形成冲突合作治理理念

垃圾焚烧设施的修建往往涉及社会多方利益，冲突的主体与过程也

---

① 鞠靖：《给基层环保官员更大的空间——一位资深省环保局局长的 15 年心路历程》，《南方周末》2007 年 3 月 22 日。

② 唐均：《社会稳定风险评估与管理》，北京大学出版社 2015 年版。

比较复杂，而政府的职能范围有限，信息掌握未必充分，存在力有不逮之处。故需要更多社会主体各施所长，共同进行风险防范。如大亚湾核电站在香港成立了由当地权威人士组成的“安全咨询委员会”，作为政府、企业与公众间沟通的桥梁，定期向香港居民汇报核电站的辐射状况和安全信息，打消公众对项目环境危害的疑虑。此前，六里屯、阿苏卫等多起邻避事件中均可见非政府组织、人大代表、知识精英等的影子，但由于传统大包大揽的执政误区，这种合作治理的理念并未得到很好的推广，大部分时候还是政府直接与公众接触，缺乏中间层的缓冲，彼此间的信任不足和信息不对称反倒易使冲突升级。

三 缺位下的“补位”：反焚冲突化解中社会组织的应然角色

由上文分析可见，政府作为单一主体全方位介入反焚冲突可能产生反效果，应该用开放包容的态度，吸纳社会力量参与，共建冲突预防体系。经过数起重大邻避事件的考验，我国正逐步建立健全政府信息公开制度、与社会组织定期会面制度等互动机制。比如，2018 年 6 月 22 日，生态环境部就组织召开“发挥环保社会组织建设力，破解垃圾焚烧项目邻避困境”座谈会。邀请来自中央相关部委、11 家环保社会组织、垃圾焚烧发电企业、新闻媒体代表等 50 余人参与会议。会议上，中华环保联合会、公众环境研究中心、阿拉善 SEE 基金会、自然之友、环友科技、中国零废弃联盟、芜湖生态中心、好空气保卫侠、天津绿领、广州绿网等环保组织针对垃圾焚烧项目邻避困境的产生原因及化解路径各抒己见，与政府和企业进行了深入交流。各部委参与领导表示希望与社会组织加强沟通与联系，建立共识，形成合力，专业化、法制化推进邻避危机的有效解决。广开言路、友好协商无疑是政社合作进行冲突治理的良好开端，但社会组织能够发挥的效用并不仅限于此，以“反焚事件”为例，从为政府“补位”的角度来看，其理想角色至少还包括如下几类：

1. 信息收集者。冲突化解的关键在于对风险的预警预防，而充足的信息有利于提升风险治理有效性。相较于政府部门，社会组织扎根基层、贴近弱势群体的特征，决定了其更容易获得民众信任，也更容易获知维权者的真实诉求。同时，社会组织和焚烧项目没有直接的利益关系，能够更客观地看待个中风险，可以担任谣言的辨析者和澄清者，将过滤后的信息分享给政府与公众。此外，当需要对已经发生的冲突进行调查时，政府直接借助行政手段会面临一些局限，结果也难以服众，如果社会组织参与，则更易收集真实信息，帮助政府识别冲突动因。

2. 风险沟通者。对初次接触焚烧技术和设施设备的普通公众进行风险沟通，不仅需要更接地气的知识话语，也需要具有专业度的知识信源。现阶段，政府、企业、专家往往被视作共同体，中立性受到质疑，而社会组织恰在两方面均有所长。其既能够作为第三方带领公众参观设施，进行焚烧设施的科普宣传；也可以作为中立方发起和组织研讨会，将各利益相关方汇聚一堂、决策共商；还可以作为解读者对晦涩的环评报告等进行语言简化和观点提炼，让读者更容易理解。以上方式的综合运用，有助于提升风险沟通效果，强化公众对焚烧风险的理性认知。

3. 谈判促进者。激烈对抗中，政府和公众有时很难心平气和地进行协商，即便汇聚一堂，也可能因为立场分歧而出现过激的言语或行动，阻断谈判进程。对此，社会组织是良好的协助者，可以作为中介对内容、形式、主体的策划与安排进行谈判，也可以在局面失控时进行及时调解，还可以将“建”或“不建”的单一谈判议题拓展为如何建、建后如何监督、是否有更优选择等宏观、丰富的议题，避免沟通走向死胡同。

4. 诉求代言者。邻避冲突中的社会组织有两种类型。一种是上文提及的中立第三方，致力于促进谈判、调解矛盾；另一种则是作为弱势群体的代言人，协助环境难民表达诉求。后者常被认为是不稳定因素，生存空间容易受到挤压。但实际上，已有学者研究发现，“当利益群体以公开、透明的组织化形式介入冲突时，为了推进团体本身的共同利益并与冲突方达成和解，其自身也会变得更加理性和克制”。[①] 由此可见，当社会组织成为弱势群体代言人时，一来可以汇总公众离散的利益诉求，降低政府收集信息的成本；二来可以将公众趋向激烈的制度外维权行动导向温和的制度内表意，提升沟通绩效，防止零和博弈。更重要的是，相比于分散的利益群体，社会组织隐蔽性降低，反而便于政府监督。

5. 方案建议者。反焚冲突发生的根本原因在于公众对焚烧环境风险

---

① 赵伯艳：《社会组织在公共冲突治理中的作用研究》，人民出版社 2012 年版，第 50 页。

的担忧、对环境补偿的诉求以及对参与权利的维护。因此，只有多管齐下才能从源头化解冲突。但前文已经提到过，政府管理体系中存在一定程度的碎片化现象，资源整合面临困境，并且其对于如社区营造、污染监督等冲突平息后的衍伸议题关注不够，不利于危机学习与恢复。相较而言，焚烧环境风险的深度化解、环境难民的权益保护、环境治理的公众参与等都是环保组织天然聚焦的议题，其实践经验与专业技能有助于为政府提供整体性、创新性的冲突治理方案。

上述角色是反焚冲突化解中社会组织的理想选择，各个角色的扮演不仅需要社会组织专业、中立、客观，也有赖于政府对其足够信任、充分赋权。但在实践中，已有学者指出，环保组织虽然在促进公众认知调解、理性引导公众参与、增强政府回应能力、疏导公众集体情绪方面具有功不可没的作用，但是在信息培训、沟通对话、议题拓展、助力维权方面仍呈现出不足之处，存在行为限度、议题限度、信任限度和能力限度的问题。① 此种现实与理想的差距是否也在反焚冲突场域中存在？社会组织又采取了哪些策略来拓展行动空间，推动政社合作，促进冲突化解？下一部分将基于案例分析做出回答。

第二节　缺席的在场：反焚冲突治理中的社会组织行动策略*

前文描摹了反焚冲突中社会组织“补位”的理想角色。但在实践场景中，社会组织活动的空间却并未完全与之重合，甚至曾被批评为“集体失语”②，饱受来自公众与学界的诟病。如“阿苏卫反焚事件”的主要成员曾说：“当我们在行动中最需要社会组织时，他们既没有敏感性，也

---

① 张勇杰：《邻避冲突中环保 NGO 参与作用的效果及其限度——基于国内十个典型案例的考察》，《中国行政管理》2018 年第 1 期。

* 本章部分内容摘自作者 2018 年发表在《吉首大学学报》（社会科学版）第 2 期的论文《“缺席”抑或“在场”？我国邻避抗争中的环境 NGO——以垃圾焚烧厂反建事件为切片的观察》，收录本书时做了进一步的改动。

② 何平立、沈瑞英：《资源、体制与行动：当前中国环境保护社会运动析论》，《上海大学学报》（社会科学版）2012 年第 1 期。

没有给予专业上的指导和道义上的支持。”[①] 在“厦门反 PX 项目”“江门反核燃料项目”“番禺反垃圾焚烧项目”等具有全国性影响的事件中，虽能捕捉到社会组织的身影，但其参与力度显然不够。[②] 故学者在对我国近十年环境事件的分析中指出：我国环境抗争高发于城市居委会和农村村镇一级的基层社区，底层参与明显，组织化程度很低。其中，环保 NGO 的参与非常少，只在十余起事件中有出现，不到总数的 5%。[③] 这使得本应具有紧密联系的民间组织和社区公众经常呈现出彼此分割和各自为战的尴尬状态，[④] 以至于抗争议题难以拓展，抗争动员出现无序化、自发性，[⑤] 社会秩序屡屡失控，陷入恶性循环。

但与此同时，也有学者为社会组织辩护。其或是立足现实的制度环境，指出中国环保组织因受制于注册合法性、工作敏感性，才倾向于借助“政治风险”这一盾牌将自身置于环保宣教和政策游说团体的范畴之内，“有意采取谨慎的、循序渐进的方式，侧重于倡导性而不是行动性”，[⑥] 其在邻避冲突中的保守姿态可以理解。抑或从社会组织的宗旨与愿景出发，认为其理念在于立足长远保护生态，但邻避抗争多聚焦眼前利益，二者存在短期诉求与长期目标间的矛盾，故环保组织对此类事件常常表现出旁观态度。[⑦]

可见，现阶段各方对这一议题的认知呈现矛盾图景：多数人认可发达国家社会组织对于邻避治理的积极功能，同时诟病我国社会组织的缺席；但亦有部分学者解释社会组织并无投身其中的义务，或者已在个别

---

① 刘海英：《重回垃圾议题之尴尬与期待》，2011 年 5 月 20 日，http：//www. chinadevelopmentbrief. org. cn/news－13468. html，2021 年 10 月 8 日。

② 崔晶：《中国城市化进程中的邻避抗争：公民在区域治理中的集体行动与社会学习》，《经济社会体制比较》2013 年第 3 期。

③ 张萍、杨祖婵：《近十年来我国环境群体性事件的特征简析》，《中国地质大学学报》（社会科学版）2015 年第 2 期。

④ 《中国可持续发展回顾和思考 1992—2011：民间社会的视角》，2014 年 2 月 22 日，http：//www. doc88. com/p－0008019206059. html，2021 年 10 月 8 日。

⑤ 郇庆治：《“政治机会结构”视角下的中国环境运动及其战略选择》，《南京工业大学学报》（社会科学版）2012 年第 4 期。

⑥ 霍伟亚：《环保组织的策略窘境》，《青年环境评论》2011 年第 1 期。

⑦ 冉冉：《民间组织与邻避运动》，2013 年 5 月 20 日，http：//green. sohu. com/20130520/n376487866. shtml，2021 年 10 月 8 日。

事件中发挥力所能及的作用。这种分歧该如何解释？目前学术界对此的经验观察与知识增长都很有限。其原因有二：首先，大部分研究以西方文献为蓝本，关注社会组织是否直接领导了邻避抗争，而缺乏在我国政治社会背景下的叙事，以至于该领域诸多环保团体的多元化工作方式未受关注。其次，已有结论多停留在“理论推演”或“经验判断”层面，缺乏立足实证、对社会组织行动的长期追踪与深入挖掘。有鉴于此，本节以反焚冲突背景下持续活跃却又被忽视的社会组织为考察对象，系统分析其行动起点、策略与效果，进而回答社会组织究竟“缺席”抑或“在场”及其如何“在场”等争议。在此之前，考虑到不同国家社会组织的生存环境迥异，须对“在场”这一状态进行本土化、适应性的界定。

何谓“在场”？如果仅仅将其解读为社会组织参与或动员邻避抗争，不甚合理。因为一方面，在我国当前的政治环境中，该动作很难完成；另一方面，近些年涉环保类的邻避风险治理实践也充分表明，仅仅将眼界框定于冲突本身，无益于问题解决，只有以之为抓手导向环境治理，方能带来破局的根本动力。①

基于此，本书将邻避抗争嵌入环境治理链条，将其作为环境治理效果不彰的社会反馈。在判断社会组织“在场性”时，以邻避为原点，关注各社会组织如何涉入其中并进一步跨入更广阔的环保场域。具体而言，将回答三个问题：第一，社会组织“何以在场”？即从过程—机制层面揭示邻避背景下社会组织存续的缘由、行动的挑战及其不断调整“在场”目标的过程。第二，社会组织“如何在场”？即立足全局，检视社会组织通过何种“在场”策略，对邻避冲突缓解持续施力。第三，社会组织的“在场”对我国邻避风险应对、环境困局破解等提供何种启示？

我国现阶段对反焚抗争中社会组织的功能与行动的研究并不多见。学术界的关注几乎都落笔“广东番禺事件”，叙述其如何直接催生了本土

① 谭爽、胡象明：《邻避运动与环境公民的培育——基于 A 垃圾焚烧厂反建事件的个案研究》，《中国地质大学学报》（社会科学版）2016 年第 5 期。

的环保组织“宜居广州”。[①②③] 实际上，“宜居”并非唯一。以“反焚抗争”为起点，我国逐渐萌生出大量垃圾议题社会组织，它们从各个角度发力，对抗争缓和及根治起到不可忽视的作用，成为社会组织介入邻避的成功样本。对这一现象的理论解读亦不清晰，故本书采用探索式质性研究，尝试在多案例的剖析过程中寻找规律。

案例选取时使用典型抽样法，遵循如下条件选出六个社会组织（见表8.1）作为研究对象：（1）各社会组织的业务均包含垃圾治理议题，且都位于中大型城市，所在区域均发生过反垃圾焚烧厂的邻避抗争，确保其所处政治社会背景的基本一致。（2）各社会组织的核心业务分布于垃圾治理链条的不同环节，其行动目标、理念与方式各异，具有代表性与覆盖性。（3）各社会组织所能获取的资料完善，可为研究提供详尽参考。

表8.1　　垃圾议题社会组织简介

名称	核心业务	成立时间	核心业务
Z社会组织	垃圾治理宣教	2009年	通过科普教育与行动倡导，帮助人们正确认识垃圾围城问题，引导其养成有环境责任感的行为习惯
G社会组织	环境纠纷调解	2010年	通过建立“非对抗环境社会治理模式”，协调焚烧厂等工业项目立项运营中的政府、企业和社区居民的关系
A社会组织	垃圾分类培力	2012年	扎根社区，为居民提供垃圾分类培训与咨询，推动城市垃圾分类进程
W社会组织	焚烧设施监督	2009年	通过信息公开申请与公众监督的方式，敦促全国垃圾焚烧厂的清洁运行
D社会组织	反焚抗争引导	2009年	为维权者提供专业知识及制度内行动援助
Y社会组织	垃圾政策倡导	2012年	推动政府出台并落实相关政策，助力城市完善固废管理体系

① 郭巍青、陈晓运：《风险社会的环境异议——以广州市民反对垃圾焚烧厂建设为例》，《公共行政评论》2011年第1期。

② 张劼颖：《从“生物公民”到“环保公益”：一个基于案例的环保运动轨迹分析》，《开放时代》2016年第2期。

③ Lang, Graeme & Ying Xu, “Anti-Incinerator Campaigns and the Evolution of Protest Politics in China”, *Environmental Politics*, No. 5, 2013, pp. 311-336.

一 孕育于邻避：社会组织“在场性”的获得

以2006年“北京市六里屯垃圾焚烧厂反建事件”为滥觞，我国进入“反焚”时代。此前，本土社会组织对垃圾议题并不敏感，相关社会组织屈指可数，其数量恰是伴随着反焚抗争的愈演愈烈而逐步增加的。据统计，2015年全国40家左右的垃圾议题社会组织中，有近30家成立于2006年之后，[①] 同时还有一些老牌社会组织加入该行列，组建了专门的固废团队。具体而言，其“在场性”的获得以邻避为驱动，依循三条路径。

（一）路径一：居民求助

我国邻避抗争刚刚兴起时，反建者维权经验欠缺，往往尝试向知名社会组织求助。外来需求成为部分组织直接介入邻避议题的肇始。如Z社会组织工作人员说：“最开始是接到六里屯周边居民的举报电话，说他们那要建焚烧厂，很愤怒，希望得到帮助。借这个契机我们去做了一些功课，发现垃圾焚烧是个比较复杂的问题，于是建立了固废组，从六里屯开始，展开了相关工作。”（Z社会组织访谈记录，20160120）

无独有偶，D社会组织也因在六里屯、阿苏卫等事件中为公众提供专业咨询而获得了一定“知名度”，成为全国各地反焚者持续求助的对象。这使其工作激情与使命感得以维系，坚定了“在场”的信念，逐渐蜕变为邻避维权的援助型团队。

（二）路径二：热点聚焦

随着反焚抗争此起彼伏，社会对社会组织“缺席”的诘问也越来越多。这提醒环保人士，在该议题上他们没有退路，必须采取行动。于是，其着手建立团队，从自身擅长之处发挥作用。A社会组织是一个典型的例子，其负责人坦言：“我们最初的业务并没有定位在‘垃圾’上，后来转变主要是因为反焚烧这一社会大氛围使该问题成为热点……现在回过头看，可以发现无论是垃圾议题的NGO还是一些NGO的垃圾议题，基本都是在2006—2009年之间出现的。”（A社会组织访谈记录，20160711）

W社会组织亦遵循同样路径：“当时发生了好几起影响很大的反焚冲

---

① 合一绿学院：《零废弃联盟中国民间垃圾议题环保组织发展报告》，2016年5月20日，http：//www.hyi.org.cn/news/hylupdate/2195.html，2021年10月8日。

突，这令我们开始思考如何从民间角度去监督中国现有垃圾焚烧厂的运行状况，为污染受害者提供一些帮助，所以才有了 W 社会组织的雏形。”（W 社会组织访谈记录，20170505）

（三）路径三：冲突内孕

除了间接推动社会组织聚焦垃圾议题，邻避抗争还直接孕育了利益相关者的环保行动，Y 社会组织便是焚烧厂反建人士自发组建的环保组织。

“中国是需要变化的，整个社会是需要变化的……公民并不是说一味去反对，去批判，而应该是做一系列建设性的事情……番禺事件让我觉得自己已经回不去了，所以决定做公益，和几个反建的‘战友’一起建立了 Y 社会组织。”（Y 社会组织访谈记录，20161111）从 Y 社会组织创始人的叙述中，可以捕捉到一条清晰的脉络，即以抗争为契机了解垃圾的相关知识与困境后，部分公众从 NIMBY（Not in my backyard）者转型为 NIABY（Not in anybody's backyard）者，从维护自身权益的“环境难民”蜕变为关心垃圾治理的“环境公民”，最终通过成立社会组织正式迈入环保领域。

综合对五家社会组织萌芽期的回顾不难发现，是系列反焚事件使垃圾焚烧从小众的技术问题跃升为大众的公共话题，进而为既存及新生的社会组织建构了“在场性”。这些组织在帮助反焚者的同时，也网罗并培养出一批关心垃圾治理的居民，为后续工作开展奠定了社会基础。因此“可以说，没有邻避抗争，就没有我国垃圾议题 NGO 的快速成长与发育，也不可能对垃圾问题的解决起到如此迅速的推进作用”（零废弃联盟访谈记录，20161210）。

二　脱胎于邻避：社会组织“在场性”的拓展

经过几年的运营，五家社会组织成为资金稳定、领域专精、活动丰富的组织，获得了政治合法性、社会认同与媒体关注，“在场性”基本稳定。但“源自邻避、聚焦邻避”的特征在为之赢得生存空间的同时，也对其成长造成约束：一方面，如 W 社会组织工作人员所言：“注册之后，当地政府的管理变多了”（W 社会组织访谈记录，20170421），难以再自由地为污染受害者提供援助；另一方面，NGO 也意识到仅仅着眼“反焚”，效果局限且短暂。“从理性角度来看，邻避运动就像暴风骤雨一样，不会长久。作为环保力量，必须从根源思考问题如何解决。”（A社会组织访谈记录，20170425）必须为组织寻求一条可持续的发展道路。这条道路的开掘经历了两个阶段。

（一）阶段一：定位调整

“出于组织本身‘作风温和’的定位，我们逐渐退出对邻避抗争的直接支持，而将工作重点集中在垃圾分类宣教和政策推动两方面。”（Z社会组织访谈记录，20160112）“大规模的运动出现之后，问题已经得到暴露。我们意识到自己可以接着做点事情，而且必须要回到中国的现实中寻求方案。最终，社区垃圾减量与分类成为我和我的伙伴们认可的选择。”（A社会组织访谈记录，20170718）

Z社会组织与A社会组织的声音代表了大部分垃圾议题NGO的转型初衷，它们先后从邻避运动脱胎，在不断摸索与磕磕碰碰中调整自身定位。虽然仍以反焚抗争为工作落点之一，但其业务领域不断分化，拓展到企业生产责任介入（Z社会组织）、公众援助（D社会组织）、垃圾末端监督（W社会组织）、政策倡导（Y社会组织）、社区垃圾减量（A社会组织）等多个领域，并趋于稳定。这一“多元性”特征与2006年前相比有很大变化。此前，我国社会组织对垃圾议题的着眼点比较单一，集中在宣传教育领域。如今受到反焚抗争的触动，新生组织涌现、谱系拓展，基本实现了对垃圾生命链条从“源头”至“末端”的全覆盖。

“脱胎”是为了更好地“在场”。跳出邻避抗争，不仅使社会组织赢得了更广阔的活动空间，也为邻避本身的走向提供了另一种可能，即邻避情绪理性化和问题源头化解。正如Z社会组织工作人员所说：“居民自己搞（邻避）很容易搞得特别利己和激进，他们不善于使用法律武器，也不会想到还能通过垃圾的有效减少来阻止焚烧厂建设，或者通过垃圾分类、日常监管等方法来保障焚烧厂安全。作为NGO，只要接到求助，我们都会本着全局的观点，给他们提一些更加合理的建议，既完成他们的目标，也尽量不把风险转移到别处。”（Z社会组织访谈记录，20170425）

但在这一阶段，社会组织针对垃圾治理的战略并不完善，职能存在重合，常常陷入“各自为政、被动应对”的窘境。直到2011年年末“零废弃联盟”的成立，从根本上改变了各组织的行动状态。

（二）阶段二：相互联结

社会组织数量不断增多以及各社会组织工作内容的交叉性，促使其相互间交流频繁，联系越发紧密。在此基础上，2011 年 12 月 10 日，由 Z 社会组织、D 社会组织、A 社会组织、W 社会组织、Y 社会组织共同发起的“零废弃联盟”成立，旨在将垃圾链上、中、下游的组织联结起来，共同推动中国垃圾危机的解决。在其牵头举办的多样化活动中，一个以“垃圾治理”为核心议题的环境公共领域逐渐成熟，社会组织从业者、政府部门、社区管理者、媒体、学术研究团队等在此实现对话与交流，凝聚合力达成协作，编织成一张稳定的“零废弃网络”。其效用从联盟成员的反馈中可见一斑：“做垃圾议题的组织和个人，大家可以在同一个议题上发力，相互之间会形成很重要的鼓励与支持。”（零废弃联盟访谈记录，20170523）“联盟会从更高的层次和视角去思考垃圾治理的推进问题。这样，我们每一个组织就在链条上有了定位，并实现了非常深度的合作。”（A 社会组织访谈记录，20170425）“我觉得现阶段需要更大的一个力量，代表中国民间来推动垃圾问题做整改，‘零废弃联盟’恰好承担了这样的角色。”（W 社会组织访谈记录，20170421）

萨拉蒙曾诟病，“当项目被分解为狭小碎片，则很难采用综合方法处理复杂的社会问题”①，“零废弃联盟”的存在有效克服了这一挑战。其整合力量，不仅将各个 NGO 串联起来，同时也将原本分割的垃圾链条重新拼接为一条通路，使每个社会组织都寻找到属于自身的行动场域。他们各司其职，或是在垃圾分类场域中进行行动倡导与推进，或是在设施监管场域对筹建、在建、运营阶段的垃圾焚烧设施进行实时监管与整改督促，或是在宣传教育场域摸索适合不同人群的零废弃理念与知识传播，或是在冲突化解场域为反焚者提供理性引导和法律援助，或是在政策倡导场域对国家垃圾治理规划进行追踪与反馈……在这一完整链条中，邻避抗争被视作垃圾治理策略失当的末端表现，其不仅仅是维权与维稳的问题，更是环境污染与治理的问题，必须依赖各个环节的行动完善，方能最终化解。

---

① ［美］莱斯特·萨拉蒙：《公共服务中伙伴：现代福利国家中政府与非营利组织的关系》，田凯译，商务印书馆 2008 年版，第 13 页。

三　反哺于邻避：社会组织“在场性”的展演

“孕于邻避、跳出邻避”之后，“反哺邻避”成为各垃圾议题环境NGO的宗旨之一。经历了“初步产生”“议题拓展”“凝聚合力”等阶段，各社会组织对于邻避抗争的本质、自身在其中的角色等形成了更深刻的认知。相较于最初对抗争者求助的分散式、被动式回应，如今的“反哺”呈现出非常成熟的双重策略选择。

（一）策略一：直接反哺

反焚事件此消彼长，社会组织逐渐掌握了个中规律，不再采取“临阵磨枪”的应急式处理，而将其作为常规性的工作内容。比如D社会组织正与“零废弃联盟”联合，尝试推出包括“焚烧科普”“政策法规”“律师资源”等在内的“线上工具包”，专门用于焚烧厂周边污染受害者援助，以减少“就事论事”的工作成本。但无论采用何种策略，介入邻避时，各组织都非常注意其态度与手法。

“我们确立了‘保持理性’的基本原则。会鼓励居民通过申请信息公开、公众参与、行政诉讼等手段合理表达诉求。但不会支持，也不会去主动参与到事件的组织和推动中。”（零废弃联盟访谈记录，20161210）“我们会为焚烧厂周边的污染受害者做知识科普，使之能客观认识焚烧这项技术。在这个过程中，有些居民就成为垃圾议题的研究专家。”（W社会组织访谈记录，20170505）“我们最担心‘为反对而反对’的情况。会尝试稳定公众的情绪，劝告他们不要采取过激手段。即便达不到效果，也会保持作为环保组织的立场。”（A社会组织访谈记录，20170721）

“谨慎”态度和“中立”角色的确立，一方面，源自我国社会组织管理的制度约束，使NGO最大限度避免激进行为带来的政社对抗；另一方面，也与其自身愿景有关。“一个焚烧厂的落马并不是我们的目标。借这个契机让更多人认识到焚烧背后的垃圾治理问题，或是学会有礼有节地维护自身环境权利，是我们想要做的事。”（W社会组织访谈记录，20170505）

“当抗争目标实现，一些焚烧厂改建或者缓建，居民就失去了反对的目标。怎么才能将他们对垃圾议题的热情维持下去，并进入良性发育的轨道？这是（NGO）进一步思考的问题。”（D社会组织访谈记录，20150714）

立足于此，除了对反建者的直接援助，部分社会组织还尝试通过“借势”的办法，将邻避抗争导向环境治理。显著的案例是Z社会组织在“六里屯事件”中所做的努力。“借着居民的反焚热情，我们在六里屯的几个小区做了四年的垃圾分类实验，取得一定效果，并且倒逼政府建设了厨余垃圾清运体系。这其实也是对邻避运动的一种应对，而且是更长远的、根本性的。”（Z社会组织访谈记录，20160112）

综而观之，社会组织并未完全回避对邻避抗争的直接介入，但也并非与反焚者形成同盟，为其振臂高呼。作为长期扎根于环保领域的工作者，他们明白摇旗呐喊绝非良方，只有提供理性引导，才能在政府与社会之间搭建一座可以跨越的桥梁；只有给予专业支持，才能使公众有能力与政府和企业对话；只有塑造公共领域，才能为多方协商提供一个自由、宽广的平台。在他们的不断努力下，过去以激烈对抗为主要形式的邻避抗争正逐渐被理性的、体制内的诉求所替代，公众的“维权意识”正悄然转变为公民的“参与精神”。

（二）策略二：间接反哺

除了D社会组织至今仍活跃在邻避抗争一线，更多社会组织“退居幕后”，在垃圾治理链条各场域中不懈努力，旨在立足长远，通过对垃圾危机的有效治理，间接反哺于冲突化解。

Z社会组织将目光聚焦至宣传教育，联合教师志愿者共同研发针对中小学生的“废弃物与生命”选修课，帮助学生建立正确的生态观，引导其认识、思考进而着手解决垃圾围城问题，养成有环境责任感的行为习惯。

A社会组织发挥社区工作的优势，对所在地各区、街道提供垃圾分类减量的培训、咨询和指导。经过几年摸索，打造了独树一帜的“三期十步法”，帮助近百个居民小区成功实现了垃圾减量与分类，并借此来提高焚烧技术的安全性。

W社会组织持续申请我国生活垃圾焚烧厂的污染物数据信息，并在网上搭建了“生活垃圾焚烧信息平台”，通过社会监督推动焚烧厂清洁运行，做厂区周边居民的“环境卫士”，降低公众的焚烧焦虑。

Y社会组织以帮助政府部门进行调研、宣传，提供人大、政协撰写议案过程中的咨询等方式，推动垃圾治理相关政策的出台与落实，为焚烧厂建设进行合理规划，助力完善城市固废管理体系。

而各社会组织常常在“零废弃联盟”组织下，聚集在一起，发挥合力效应。比如针对国家发布的《“十三五”全国城镇生活垃圾无害化处理设施建设计划（征求意见稿）》《生活垃圾焚烧污染控制标准》等政策法规形成民间版建议书，并递交给住建部和发改委；或是共同筹办一年一度的“全国零废弃论坛”，结合当年垃圾治理中的突出问题与社会各主体进行对话与协商；或是组建零废弃讲师团，对环保兴趣人进行赋能培训，吸引社会各界对垃圾问题的关注……上述行动并不直接用于邻避抗争场域，但诚如前文所言，反焚烧厂建设只是垃圾处置末端环节运作不良导致的社会负效应，其折射出的是整个垃圾体系的彼此割裂与管理不善。而社会组织立足反焚抗争这一关节点，把握机遇，通过自身谱系的拓展和形式多样的“间接式在场”，努力唤醒政府、企业以及每一位公众的环境责任与环保行动，对缺陷进行矫正，以正本清源。

四 缺席的在场：反焚冲突治理中社会组织“补位”的新策略

受制于国家维稳战略和社会组织管理制度约束，在反焚抗争初期，环境 NGO 未能即刻寻找到适宜的行动方式。但持续追踪则不难发现，其很快便识别到嵌入其中的政治机会结构，经过“获得—拓展—展演”三个阶段，成功实现从抗争中的“孕育”与“脱胎”，并依循“直接”和“间接”两条路径完成对冲突治理的“反哺”（见图 8.1）。

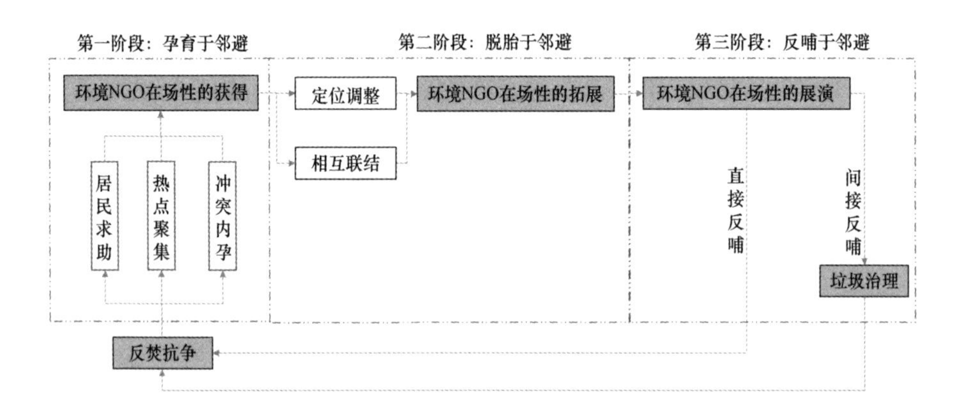

图 8.1 邻避抗争中社会组织“在场”的微观机制

笔者将这种战略命名为“缺席的在场”，即有异于西方邻避运动中环保组织“高调介入”的激进角色，在我国政治体制下，大部分社会组织的确“缺席”了对抗争的引领，尚未成为公民环境维权的动员力量，但并不能就此断言其持“观望”或“划清界限”的态度。[①②] 因为放眼邻避所依存的整个环境治理链条，社会组织已具有显著“在场性”。作为维权抗争的“承接者”，它们用“克制”的情绪和“冷静”的思维，为自己获取行动空间，并力求将一起事件从具体性的、转瞬即逝的 problem 转变为普遍性的、值得探讨的 issue，[③] 将短暂的环境冲突导向全社会对环境风险、环境伦理与环境治理的省思与行动。这是适应于我国本土特征的“在场”方式，也更具全局性、长远性及可持续性。通过社会组织的不断倡导与推动，将邻避抗争所沉淀下来的声音与公众行动相结合，有利于实现环境治理结构由政府一元向政府、市场、民间组织、公民等多元整合的转化。[④] 反焚冲突中，社会组织积极探索、主动出击的行动方略不仅为更多社会力量介入该场域树立了模板，同时也为政府的冲突治理以及政社合作提供了有价值的建议。

首先，有必要调整冲突治理理念，意识到“就邻避论邻避”之局限性。近些年，我国在环境影响评价、社会稳定风险评估、环境保护公众参与等方面出台并完善了政策法规，以确保个体环境权利的正常表达。这虽有助于暂时缓解冲突，却无法有效抑制源头污染。根据社会组织连续多年对我国已运行焚烧厂的信息公开核查，发现排放超标、低价中标、监控疏漏等诸多隐患，这是导致公众产生安全焦虑进而反焚的根本原因。因此，政府有必要树立更为全局与长远的环境风险治理理念，将维权维稳问题置换为环境治理、安全管理等议题，加强对垃圾焚烧设施规划与生产环节的监管，通过降低前端“环境风险”来削减末端“社会风险”。同时面向全社会，告知环境风险、争取同盟、共担责任，敦促公众迎接

① 卢思骋、霍伟亚：《卢思骋谈青年环境运动》，《青年环境评论》2010 年第 1 期。

② 霍伟亚：《中国将告别环保英雄时》，2012 年 9 月 5 日，http://forum.gsean.org/simple/? t55961.html，2021 年 10 月 8 日。

③ 郇庆治：《“政治机会结构”视角下的中国环境运动及其战略选择》，《南京工业大学学报》（社会科学版）2012 年第 4 期。

④ 时和兴：《复杂性时代的多元公共治》，《人民论坛·学术前沿》2012 年第 4 期。

生活方式的绿色变革，化邻避的“治理难点”为“治理拐点”。[①]

其次，应赋予社会组织介入邻避抗争的空间，建构政社合作机制。“环保组织直接塑造了垃圾管理这个公民议程，推动反焚运动朝着公共化、理性化和组织化方向转型”[②]，其灵活、多元的“在场”策略将抗争怪圈撕开一条出口，不仅将维权纳入合法轨道，而且推动议题从单纯追求利益的“环境维权”拓展为关乎全社会的“环境保护”。但从另一个角度看，环保组织在邻避抗争中的淡出与脱胎也实为“无奈之举”。因为即便垃圾议题社会组织已凝聚为具有相当力量的集群，却依然面临发声空间狭窄、沟通渠道不畅、行动受限等障碍，致使其“桥梁”功能难以有效发挥。正如学者指出，当前我国的环境抗争抑或治理陷入了无解之地，其根源不在于发展主义的幽灵而在于“社会”的缺席。[③] 这提醒未来政府在冲突治理时，不仅考虑如何尽快“止损”，还应在可控范围内给社会力量的表达和参与保留一定的时间与空间，尤其应着力建立社会组织参与邻避危机化解的长效机制。一方面，从政策层面给予其身份认同，使之能抛开顾虑，扮演好冲突中的“居间者”和绿色发展的“推进器”；另一方面，在法律层面赋予其行动保障，明确社会组织在邻避设施规划、建设、运行等各阶段中的参与路径与程序，保证社会组织和其他主体在冲突治理时进行有效协同，避免各自为战甚至零和博弈。

最后，应抓住时机，善用抗争所集聚的社会能量，促进社会组织的健康发展。正如学者所言：“公共福利状况的改善常常被情势或时间所驱动与触发。”[④] 对于我国蓬勃发展的垃圾议题社会组织而言，正是持续的反焚抗争触碰了开关，赋予其生存机遇与激情。但“催化效应”之后，各组织必须依靠“稳定剂”的支撑才能继续壮大。因此，政府可以透过本书来理解非常态下社会组织生长的微观机制，制定更加科学、完善的

---

① 谭爽：《邻避运动与环境公民社会建构——一项“后传式”的跨案例研究》，《公共管理学报》2017 年第 2 期。

② 霍伟亚：《邻避运动如何改变中国?》，2012 年 9 月 5 日，http：//news. ifeng. com/a/20140403/40000582_ 0. shtml，2021 年 10 月 8 日。

③ 包智明、陈占江：《中国经验的环境之维：向度及其限度——对中国环境社会学研究的回顾与反思》，《社会学研究》2011 年第 6 期。

④ ［英］伊恩·道格拉斯：《城市环境史》，孙民乐译，江苏教育出版社 2016 年版，第 5 页。

政策与战略，从整体上促进环境公益领域的健康发展。环保组织自身则必须不断反思其管理理念与行动模式，寻求突破，找到在邻避冲突与环境治理中贡献力量的最佳策略，稳定并优化“反哺效应”。

第三节 冲突转化：政社协作下的反焚冲突治理模式创新*

2009—2012年是我国反焚冲突的高峰阶段。初遇挑战的管理者采用环境评价、公众参与、经济补偿等“组合拳”，却依旧效果不彰，往往陷入“一建就闹，一闹就停，停后复建”之循环，这一状态被何艳玲教授描述为“中国式邻避”①。相较而言，邻避冲突在美国、日本等发达资本主义国家与地区则从轰动效应的展示变为与权力机关的建设性对话，最终敦促环境部门建立、环保法律出台、企业社会责任履行、环保组织成长等。② 不仅平息了冲突，还突破了“为反而反”的破坏性局面，激发了创造性能量。

从前文可见，我国环保组织的技巧性介入恰好提供了类似的可能性。如果说“缺席的在场”是采用整体与宏观视角来概括社会组织在反焚冲突治理中的技巧性介入和适应性策略，那么本节将对垃圾焚烧厂反建场域中的四起代表性案例进行比较，探讨社会组织如何通过技巧性的“在场”回应反焚公众求助，与政府建立联系、协同联动，共同推进重结果的“冲突处置”转向重过程和结构的“冲突转化”，实现冲突治理模式创新。

根据案例研究所遵循的“目的性抽样”原则，以四个标准选取样本：（1）案例均实现了冲突转化，但具体表现存在差异，可进行求同与存异。（2）案例具有时间上的纵深性，可清晰呈现冲突转化的过程。（3）案例

---

* 本节部分内容摘自作者于2018年发表在《中国地质大学学报》（社科版）第4期的论文《“中国式”邻避冲突如何由“破”到“立”？——基于多案例的扎根研究》，收录本书时做了进一步的改动。

① 何艳玲：《“中国式”邻避冲突：基于事件的分析》，《开放时代》2009年第12期。

② ［英］克里斯托弗·卢兹：《西方环境运动：地方、国家和全球向度》，徐凯译，山东大学出版社2012年版，第149页。

都有 NGO 参与，能观察其行动策略及政社互动。（4）案例发生地便于接近，或得到业界、学界和媒体的广泛关注，能获取丰富的一手或二手资料。据此，将所选案例的基本情况按冲突生命周期梳理如表 8. 2。

表 8. 2 邻避案例选择与简述

案例名称	抗争初始	抗争发展	抗争结果	后续影响
2006 年六里屯垃圾焚烧厂反建事件	小区业主通过请愿、上访、万人签名、与政府座谈等方式表示抗议，要求停建焚烧厂	Z 社会组织介入，与居民商议后决定通过小区垃圾分类实践来证明无须增加焚烧厂数量	项目迁址	①在四个小区进行为期两年的垃圾分类实践；②区政府为分类小区建立厨余垃圾运输专线
2009 年北京反阿苏卫垃圾焚烧场事件	小区业主反对焚烧厂修建，在寻找相关部门申诉未果后，组织两次大规模游行示威	居民撰写北京市垃圾研究报告，开启官民通话之路。2014 年，项目复建，D 社会组织介入，帮助居民申请行政复议并提起诉讼	项目暂停，于 2015 年复建	①居民个人自筹资金建立垃圾分类设施“绿房子”，短期运行；②部分反建小区成为垃圾示范小区
2009 年番禺垃圾焚烧厂反建事件	公众通过万人签名、上访、请愿、行为艺术等方式反对焚烧厂修建	民众主动出击，通过主动举办座谈会、频繁前往政府部门沟通、在社区进行垃圾分类等方式，平息冲突	项目停建	①部分反建者组建“绿色家庭”，在部分社区推进垃圾分类；②撰写提案议案等推动广州市垃圾管理工作；③创建垃圾议题 Y 社会组织
2012 年贵阳白云区垃圾焚烧场反建事件	公众前往政府上访，并计划在生态文明国际论坛期间组织群体抗议	政府购买 G 社会组织服务，进行科普、开展监督稳评工作，项目最终获得接受	项目推进	G 社会组织对焚烧项目进行持续监督，并组织周边公众建立志愿者团队

一 “冲突转化理论”的引入

自 20 世纪 90 年代开始，冲突转化理论崭露头角，逐渐取代了传统“冲突处置”与“冲突化解”理论的主导地位，成为冲突干预领域的主流。[①] 自1998年起，德国的博格霍夫建设性冲突管理研究中心（Berghof Research Center for Constructive Conflict Management）在网站上开始发表有关冲突转化的研究成果，并出版《博格霍夫冲突转化手册》（*Berghof Handbook for Conflict Transformation*），初步形成了较为系统的冲突转化理论。[②] 该路径的基本理念可概括为"理解差异，共同行动"，认为理想的冲突治理不应仅仅将"消灭冲突"作为终点，而更应该是一个转变关系、利益和情境的过程，通过合适的手段推动各方以建设性方式应对冲突。对于如何评估冲突转化的效果，学者们观点各异：R. 瓦伊里宁（Vayrynen R.）认为，应从"行动者、事项、规则和结构"四个维度入手；[③] 米埃尔（Miall H.）提出"情境、结构、行动者、争议事项和决策精英"五项内容，"转化冲突组织"则应制定"行动者、事项、情境、规则、结构"五条标准。[④] 将上述理论资源放置邻避冲突的实践背景，可得到包含五要素在内的整合式框架，并据此进行案例观察。下述每个要素的出现，都表征着在某一方面实现了邻避冲突转化。

要素一，"行动者转化（actor transformation）"，指反焚冲突各方角色转变或新行动者出现。依据学者研究，政府权力及话语垄断的"管控角色"和公众勇气与能力欠缺的"私民角色"共同导致了"中国式邻避"，[⑤] 故在该要素中，主要考量各方角色是否转化，是否呈现"治理者"和"公民"特征。

要素二，"方式转化（mode transformation）"，指改变抗争行为方式，通过制度化渠道建设性地处理冲突。现阶段，"中国式邻避"常伴随大规模集群行动甚至暴力冲突，虽然逼停项目，却影响社会秩序，且未能根除分歧。故公众行动方式从非理性向理性、制度外向制度内的转变有助于事态缓和，是冲突转化的重要表征。

---

① 常健、张晓燕：《冲突转化理论及其对公共领域冲突的适用性》，《上海行政学院学报》2013年第4期。

② 常健：《公共冲突管理评论》，南开大学出版社2014年版。

③ Vayrynen R., *New Directions in Conflict Theory*, London: Sage Publications, 1991.

④ Miall H., "Conflict Transformation: A Multi-Dimensional Task", http://www.berghof-handbook.net/documents/publications/miall_handbook, 2018.

⑤ 郎友兴、薛晓婧：《"私民社会"：解释中国式"邻避"运动的新框架》，《探索与争鸣》2015年第12期。

要素三,“事项转化(issue transformation)”,指重新定义冲突所涉及的核心事项,以便达成妥协或解决方案。“中国式邻避”愈演愈烈的原因之一在于政府与公众观点尖锐对立:前者推进建设,后者坚决反建,缺少可商榷的中间地带,也缺少对项目建设风险的深刻探讨。因此,若事件中出现对“如何建设”“建在何地”“建设风险如何防控”“是否有取代建设的更优路径”等更宽泛议题的探讨,则可视作超越了“建”与“不建”的二分对立,出现事项转化。

要素四,“结构转化(structure transformations)”,指冲突所涉及的利益相关方变得多元,各方势力由不对称变得对称,决定了利益相关者的关系能否从“对立”或“孤立”转化为“相互依赖”,进而建构更多参与机会、协商渠道、交流平台,提升合作共赢之潜能,是改变“中国式邻避”的重要面向。

以上四要素属于“内向维度”,探讨反焚冲突的自我转型。而要素五,“情境转化(context transformations)”属于“外向维度”,用于评估冲突转化带来的外溢效应(spillover effect)。其指通过改变冲突各方对邻避风险的感知与动机,孕育其对公共事务、环境困局的关注与行动等,进而促成更深远的社会环境变革,推动“中国式邻避”升级为建设性治理行动。综上,研究理论框架如图 8.2 所示。

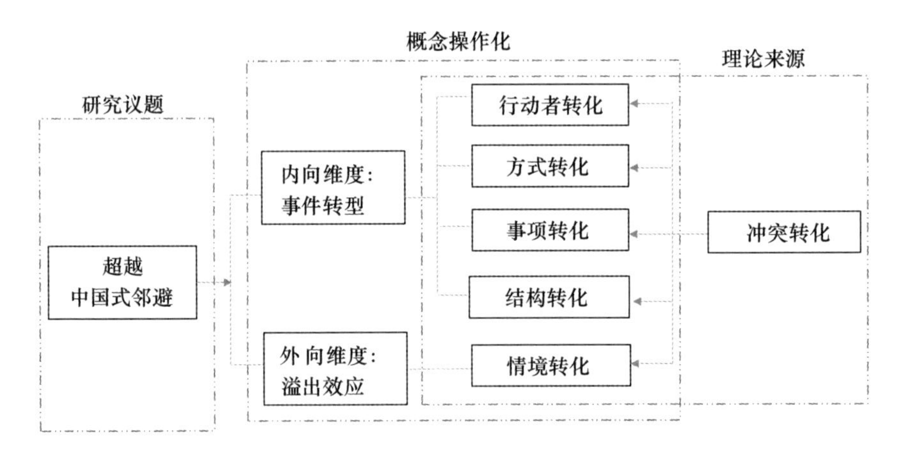

图 8.2 案例分析框架

二 “冲突转化”如何呈现：四起案例的五维剖析

（一）内向维度的事件转型

1. 行动者转化：利益相关者身份转型

反焚冲突走入“一建就闹、一闹就停”的死胡同，部分源于政府、社会组织、公众的身份认知偏差以及行为选择：政府常常自居于管控地位，通过一元化决策推动项目建设，与民众立于两端。相应地，民众习惯了“有事找政府”，却因缺乏对话意识和谈判能力，导致僵局。而社会组织顾及议题敏感性避免卷入，未能起到润滑剂的作用。而本书所选四起案例恰恰打破了这一僵局。

（1）社会组织：从“隐匿者”到“现身者”。不同于大部分邻避冲突中社会组织的有意回避，四个案例中都出现了环保组织的身影。它们通过“缺席的在场”，扮演了三种政府可以接纳的角色：其一，谈判促进者，即作为中立第三方，致力于促进谈判、调解矛盾。比如在“六里屯事件”中，Z社会组织应邀介入，但并非抱着批判的态度进入，而是“在六里屯周边地区做一些考察，也跟一些相关方，包括社区的积极分子、环卫系统的工作人员、收垃圾的人去联系，一起找到这个问题的症结”（Z社会组织访谈记录，20170112）。随后作为桥梁连接政府、公众在一起开了多轮讨论会，试图寻求共识、改变剑拔弩张的僵持局面。其二，风险沟通者。如在贵阳案例中，为了防止邻避抗争再现，市政府工程项目指挥部签订购买了贵阳市环境公众教育中心的第三方服务，委托其依法依规监督焚烧项目推进。“我们主要是配合政府进社区、企业和校园普及垃圾焚烧发电基础知识，与反对该项目的群众交朋友并吸收为志愿者。通过法律和环保知识培训、组织参观已建成的贵阳花溪垃圾焚烧厂等形式，消除意见群众的恐惧心理。我们还负责对项目属地党政机关干部进行稳评培训，制定入户广泛征求群众意见的工作制度，专家组通过实地调研并写出迁址建议被市政府采纳。”（G社会组织访谈记录，20200513）其三，诉求代言人。其关注环境难民的利益诉求，并协助其有理有据地表达，提升沟通效率，也防止出现暴力抗争。这在“阿苏卫事件”中有突出展示，当地居民不无称赞地说：“NGO是环保斗士，是眼睛，是侦察兵。他们会对事情有充分的分析，也帮我们请律师，教我们用信息公开申请、提起诉讼等合法手段来维权。没有他们，问题就得不到暴露。”（焚烧厂周边居民访谈记录，20151013）虽然不同事件中环保组织的功能不一，但总体来看，其介入首先帮助公众进一步了解焚烧项目，其次搭建了政民沟通的平台，即便是提供维权支持，也都是诉诸法律法规，预防了激烈抗争的出现。

（2）公众：从“居民”到“公民”。四起案例的当事人最初都以强硬的“反建者”“抗争者”自居，通过群体行动吸引政府关注。但随着事件推进，人们逐渐意识到在“垃圾围城”的现实挑战下，一味抗争并不是最优选择，社会组织的介入也帮他们拓展了行动思路与空间，于是新的角色渐渐浮现。如“六里屯事件”中守法、讲理、始终推动积极对话的“律师公民”；“番禺事件”中关注李坑焚烧厂、采编一体的“记者公民”；“阿苏卫事件”中对垃圾知识了解至深、能与专家娴熟辩论的“学者公民”；四起案例中通过自建回收设施或成立志愿小组以推动垃圾分类的“环境公民”……四起案例中公众角色的转变，开辟出新的对话空间，平抑了原本剑拔弩张的冲突情境。

（3）政府：从“管控者”到“治理者”。政府发生变化了吗？从G社会组织工作人员的反馈中可见一斑：“第二次反对，（六里屯）居民们计划用社区垃圾分类的策略，我们就借机举办了几次政府和公众的座谈会。最初（北京市）市政市容委的官员在会上是比较尴尬的，很拘谨。但经过多次讨论，慢慢也就放松了，可以开诚布公地聊……最后，他们表示，只要小区居民做到垃圾分类，肯定不让大家白做，后来真的给这几个小区配备了垃圾分类运输车。”（Z社会组织访谈记录，20170912）与之相似，“阿苏卫事件”与“番禺事件”中的政府也出现“角色转身”：前者表现为政民商谈渠道建立、市民受邀前往日本考察焚烧厂、听证会的召开等；后者则以“城市固体废弃物处理公众咨询监督委员会”成立，反焚代表B先生被纳入团队为标志。而在贵阳案例中，政府愿意委托社会组织进行冲突化解，本身已经是治理理念的自我突破。尽管政府心态的“开放”和身段的“软化”常常源自公众的反复争取，但不可否认的是，管理者逐渐意识到“全能政府”的命题已经不适应当今社会，进而决定改变冲突的“一元控制”路径，转向多方合作，开启和平进程。

2. 方式转化：行动策略优化升级

“中国式邻避”中大规模的集群行动甚至暴力冲突，给社会秩序造成负面影响，成为邻避者广受诟病的原因。受到政治压力与舆论指责，四地的反建者在实践过程中不断寻求突破，与社会组织通力合作，最终从两条路径优化行动策略，遏制了冲突升级。

（1）理性化路径。四起案例最初虽未能逃脱维权抗争这一结构性困境，但也都以之为转折，另谋“出路”：六里屯人在Z社会组织的支持下，“决定用社区垃圾分类的样板来证明并不需要那么多焚烧厂，从而建立公民权利的正当性”（Z社会组织访谈记录，20170112）；阿苏卫人先后通过申请听证、行政复议、环评诉讼等体制内途径维权；番禺人则意识到，“在中国要成事儿不能靠闹，还是要走合法合理的程序”（焚烧厂周边居民访谈记录，20161111），所以尝试与两会代表合作，撰写系列有关垃圾治理的议案提案，并主动邀请政府参加“民办座谈会”，打造了官民互动之典范。G社会组织负责人在与公众讨论后，一方面直接指出了大部分人不明所以就反建的非理性，建议他们用说理的方式表意；另一方面又立足实际情况撰写文本《垃圾焚烧，贵阳市准备好了吗》，将收集到的各方质疑汇总提交给政府。“我们提出来几个没准备好的条件：第一，公众教育没摊开，科普没铺开。第二，选址上有问题。第三，还有干部思想都不统一。全贵阳市都把垃圾焚烧厂视为是毒气厂，这种情况下去推行这个东西，怎么能推行成功呢？之后政府就作了批示，暂缓（焚烧厂建设），需要做进一步的研究。这样2012年的第一次（垃圾焚烧厂反建事件）就平息下去了。”（G社会组织访谈记录，20200513）这种不偏不倚的态度，不仅缓和了情绪化的社会抗议，也为项目决策赢得了再斟酌的时间。

（2）专业化路径。邻避抗争多被界定为“弱组织性的草根维权”，与西方社会运动高度组织化的特点相去甚远。[①] 但聚焦四起个案，其行动方式已具备“专业化”雏形，尤其在“组织能力”“资源动员能力”“运动

---

① 应星：《草根动员与农民群体利益的表达机制——四个个案的比较研究》，《社会学研究》2007年第2期。

企业家行动能力”等维度上表现突出，[①] 呈现出以精英为主导、以小型组织为形式、以专业技术为支撑之特征。比如“六里屯事件”中，以Z社会组织为中介，以社区积极分子为核心，形成了一支能够并且擅长与政府打交道的团队。“阿苏卫抗争”中，以H先生和W女士为代表的“运动企业家”们，以社区论坛为平台，不断吸纳社区内部成员。在其号召下，调查小组、会议筹备小组、联络小组等团体相继建立，居民们共同收集项目信息、写作申诉文本、制定维权策略，从“想维权”到“懂维权”，为理性抗争奠定了扎实的组织基础。[②]

3. 事项转化：跳出“为反而反”之旋涡

冲突事项由一元化向多元化、由竞争性向建设性的转化，是超越“‘诉求单一、难以妥协、草草收尾’之僵局”的“中国式邻避”之重要表征。四起案例在这两方面获取不同程度的成功。

（1）寻求妥协。四地的社会组织和居民都曾以行动表示退让，从激烈的冲突转向“邀请座谈”“申请听证”“撰写提案”等制度化策略，以寻找与政企利益的交汇点。上述行为有效叫停了日趋激烈的对抗，将冲突转化为博弈，如阿苏卫反建代表所说：“阿苏卫的历史意义在于它是一种双方妥协的局面，而不是一种单方的老百姓强势就停建，或者政府强势就续建。”（焚烧厂周边居民访谈记录，20160629）而该项目的第二次反建中，在与社会组织的商议下，又进一步在“目标”层面释放妥协信号：“不是绝对不让（焚烧厂）建，但如果要建，我们提了三个建议：一个是垃圾要分类，二是焚烧量要控制，三是技术要改变。”（焚烧厂周边居民访谈记录，20150113）这一诉求在环评听证会上得到公开表达，虽然未能影响最终决策，但“未必停建”的妥协观念已闪耀着十分宝贵的光芒。

（2）拓展议题。四起案例均以“项目停建”为最初诉求。但随着事件发酵和社会组织引导，公众逐渐认识到焚烧风险背后的多元致因，进

---

① McCarthy J. & Zald M.，“The Trends of Social Movements in America：Professionalization and Resource Mobilization”，*Morristown*，*PA*：*General Learning Press*，1973，pp. 76 - 77.

② 谭爽、胡象明：《邻避运动与环境公民的培育——基于A垃圾焚烧厂反建事件的个案研究》，《中国地质大学学报》（社会科学版）2016年第5期。

而实现了议题的第一次拓展：从“要结果”变为“督过程”。“阿苏卫事件”中，博弈的焦点从项目“建”或“不建”，拓展为建设过程合不合法，技术达不达标等，带来了政民的直接谈判；“番禺事件”中，所提要求不限于停止项目，还进一步声讨政府的不作为、乱作为、隐瞒信息、有失公正等。G 社会组织则向政府提出：“我们要全程监督。政府如果不守法，（建设垃圾焚烧厂的项目）好多法律手续都没完成，就开始上马了，那么群众肯定有意见。政府也要守法，群众也要守法，这样事情才好推进。”（G 社会组织访谈记录，20200513）与此同时，越来越多的人在维权过程中意识到反建只能导致污染的区域转移，而无法从根本上解决垃圾困局，这推动了议题的第二次拓展：从“反焚烧”升级为“促分类”，将“不要在我家后院”的狭隘诉求置换为“不要在任何人家后院”的宏观考量。立足于此，番禺的反建者向全国人大递送公开信，呼吁改变目前的垃圾焚烧规划；六里屯居民在 Z 社会组织的支持下，以垃圾分类项目为突破口来证明垃圾焚烧需要与分类回收密切配合；阿苏卫的反建者则自掏腰包建立垃圾分类处理平台。议题从单纯的“环境维权”拓展为局部的“环境治理”，在社会组织的承接和帮助下得以持续，既敦促政府优化决策模式，又为公众参与环保提供空间，为生态社会建立奠定基础。

4. 结构转化：“二元”迈向“多元”

环保团体对于邻避冲突的走向至关重要，是冲突场景下打破政民零和博弈、搭建沟通桥梁的媒介。各案例中环境 NGO 及其引入的专家、媒体、学者等资源，让“反焚”场域涌现出丰富多元的声音，从主体关系与力量对比方面为“中国式邻避”带来了深层次的结构转化。

（1）关系结构迈向“协同化”。2009 年“六里屯事件”中，Z 社会组织在接到居民投诉后，迅速围绕垃圾议题成立了专业团队，正式介入冲突。其多次发起讨论会，邀请政府、居民、媒体、专家等利益相关者共同探讨垃圾治理的有效路径。“在这个平台上，我们与政府实现了朝向同一个目标的、心平气和的协商”（Z 社会组织访谈记录，20170112），也是在这个过程中，各方逐渐明确了自己在冲突中的角色和理想行为模式。“阿苏卫事件”同样得益于 D 社会组织工作人员的持续关注与支持，他们帮助居民撰写法律文书、申请召开听证会等，搭建起政、企、民的理性沟通平台，促使各方关系从“对峙”逐步向“协同”过渡。

（2）力量结构趋于“均衡化”。虽然政府部门依然掌握着邻避项目修建与否的最终决策权，但随着越来越多参与者浮现，协商场域呈现“力量均衡化”趋势。如在六里屯的“垃圾分类会”和番禺的“民间座谈会”中，由社会组织与居民设计会议主题、确定会议人员、把握会议节奏，赢得话语权。贵阳G社会组织介入冲突治理时也直接向政府提出：“我们参与了就不能按你们（政府）那种惯性思维。你们（政府）不要动辄就把老百姓反对列为可怕的事情。首先要认识到（政府的）宣传是没做到位的，有很多地方根本就没宣传。所以我们要有独立的专家团队，专家团队做完现场的调研之后写出建议。政府可以采纳也可以不采纳，但我这个社会组织绝对不是政府的部门。”（G社会组织访谈记录，20200513）更值得一提的是，番禺事件代表B先生受邀加入“广州市城市废弃物处理公众咨询监督委员会”，代表Y社会组织与政府部门持续互动，推动了《广州市生活垃圾中有害垃圾分类处理办法》《广州市城市生活垃圾分类管理暂行规定》等政策相继出台。这意味着民间力量正缓慢渗入封闭型政治体系，扭转传统意向中政府高高在上的“管控形象”。

（二）外向维度的溢出效应

除各案例自身特征与趋势的转型，部分冲突还孕育了丰富的社会能量，尤其在环境维度上形成溢出效应。

1. 环境公民生产。漫长的维权过程为抗争者提供了公共参与和环境保护的训练场，与社会组织的合作促使其学会平和理性地表达意见、掌握垃圾处理与利用的知识、明确何为绿色生活方式等。比如在“六里屯事件”中，越来越多的居民意识到，“垃圾问题每个人都有责任，得少用复杂包装的物品，做好垃圾分类，改变奢侈的消费观和错误的垃圾处理策略，才能从根本上解决问题”（六里屯反建居民，151012）。观念变化促使三地居民均在冲突平息后加入社区垃圾分类倡导，从自身做起，践行环境公民的责任。

2. 环保政策推动。“垃圾围城”困境下，焚烧技术虽然没有因邻避冲突而被弃用，但与此同时，涉及焚烧监管、垃圾分类的环保政策相继出台，展示了我国环保理念和工具的持续优化。政策变迁与邻避者和社会组织的努力是密不可分的，这在“阿苏卫事件”和“番禺事件”中早有体现：阿苏卫居民撰写报告《中国城市环境的生死抉择——垃圾焚烧政策与公众意愿》，直接推动了《北京市生活垃圾管理条例》出台；番禺居民先后撰写“包装法修改意见”“对《关于加强生活垃圾处理和污染综合治理工作的意见（征求意见稿）》的咨询意见”“居民生活垃圾分类推广指南及绿色家庭倡议书”等文本，并通过多种渠道直接传递至有关部门，促使《广州市生活垃圾中有害垃圾分类处理办法》成型，使广州市成为全国垃圾治理政策方面的先行者。

至此，笔者分析了“中国式”邻避冲突在五个维度上的“转化”，后文将进一步剖析促成“转化”的动力与机制。

三 “冲突转化”何以实现：政府与社会组织的合力

强力压制、经济补偿、思想工作是政府冲突管理的传统策略。但随着利益相关者格局越发多元，冲突形态也变得复杂，上述任何一种手段都很难从源头、可持续地予以化解。因此，冲突治理理念和模式的变革是必由之路。从四起案例中可以看到，社会组织的介入与推动、政府的开明与包容、两者的协同效应为这一改变赋予了可能，推动反焚冲突在各个维度达成“冲突转化”。

从政府角度来看，其主要提供了如下两类重要的政治资源：一是对话空间。无论主动或被动，各事件中的政府最终都塑造了“开明”形象，通过召开或参与讨论会、座谈会、听证会等，在感性居上的冲突情境下搭建起理性辩论与冷静反思的平台。对话时虽然还存在程序或规则上的不成熟，但作为协商治理的尝试，依然推动了政府的角色转变，也成为公民培育、议题拓展、协作结构塑造的良好平台。正如阿苏卫居民在谈及听证会时所说：“虽然最后没能达到预想的效果，但还是感谢有这样的一个过程。大家在准备的过程中，增强了对焚烧技术的了解、对环境事务的关怀，也更加熟悉参政议政的规则……至少，这是个良好的开端。”（焚烧厂周边居民访谈记录，20160629）二是后续承接。当邻避抗争内驱力激发公民环保意识和环境行动后，政府是否及时运用政治资源承接这一议题的拓展，将决定冲突是否能彻底突围。“阿苏卫事件”中，北京市政府部门的高度重视和政策系统的开放则成功将“公民知识”纳入体制，以民间报告《中国城市环境的生死抉择——垃圾焚烧政策与公众意愿》为基础，推动了《北京市生活垃圾管理条例》的顺利出台。Z社会组织工作人员在分析六里屯垃圾分类失败的原因时提到，“在反建社区培养居民的环保行动是比较容易介入的，因为他们有直接感受，但我们在那连续工作了3—4年，最后还是退出了，其中一个原因是政府没有及时给予反馈和支持，仅靠NGO来做，资源太有限”（Z社会组织访谈记录，20170112）。相较而言，“（番禺）政府对垃圾分类每一步都有回应，每一个（社区居民）提出的困难尝试去解决……并且还为Y社会组织的成立拨付了30万元资金”（焚烧厂周边居民访谈记录，20120324），这大大提升了环保志愿者的“自我效能感”，也成为环保NGO运转的重要支撑。

从社会组织角度来看，四起案例中的社会组织都拥有勇敢、坚韧、专业、智慧等共性。在敏感情境中，它们不退缩，也不激进，既不完全服从于政府，也不盲目支持公众。在守法、理性、中立的位置上，有效扮演了政府与公众间的桥梁和润滑剂角色。以G社会组织为例，一方面，其在与政府协作时敢于指出焚烧厂规划和稳评的问题：“我们请了环保部工会所原所长、清华大学环资学院专家、上海环卫设计院院长等来共同评估这个项目，后来得出结论是要‘迁址’，因为那个地方不应该建垃圾焚烧厂。一是那本来有个垃圾填埋场，再建一个焚烧厂，从规划上很容易和市区连在一片。不要（垃圾焚烧厂）运行一两年之后，周边的楼盘一起来，就出现真正的问题了。二是选址地的地质情况不稳定，飞灰填埋了以后，有污染的风险。而且群众的很多诉求也是合理的，比如他们种植的猕猴桃如果受到了污染谁来赔付？那么能不能政府出面先做土壤监测，之后每年做一次，看看到底有没有问题。对于这些建议，政府都采纳了。”（G社会组织访谈记录，20200513）另一方面，在面对公众时，G社会组织也不是一味支持。对于无理无据的反对意见和出于冲动的游行计划，其会直接反驳：“开会的时候，我说就像政府一个部门、一个工作人员不能随便代表政府一样，今天的许多市民没有获取委托书、授权书，也不能信口开河说我就代表群众……你们在电脑上学到的（关于垃圾焚烧）支离破碎的零散知识，怎么能够真正用来判断它能不能建？”（G社会组织访谈记录，20200513）专业的手法和不偏不倚的态度，不仅获得了政府信任和公众理解，同时也实现了冲突状态的降级。与之类似，

“阿苏卫事件”得到D社会组织的持续关注与支持，对于其由制度外抗争走向制度内诉讼有非同一般的意义，正如反建居民所说：“环保组织教我们申请政府信息公开，帮我们找律师，对于之后的维权方式产生了比较大的影响，不再像以前一样主要靠游行散步。”（焚烧厂周边居民访谈记录，20150113）“六里屯事件”中政府与公众的“和平会谈”及“垃圾分类实验”同样有赖于Z社会组织的资源支持和专业指导。番禺人则是在中后期获得“阿拉善生态协会”等提供的资金与经验，推动Y社会组织成立。可见，社会组织介入既能整合环保律师、媒体、志愿者等分散的“环境人”，引导抗争理性、有效进行，也有助于将议题从私人领域的“环境维权”拓展为关乎全社会福祉的“环境保护”。

总之，我国反垃圾焚烧的邻避冲突治理正处于一个十字路口：一边是以“秩序性”为核心的“冲突处置”与“冲突转化”路径。在这条路上，各方将冲突视为一只讨厌的苍蝇，尽可能用任何方式追求自身利益或平抑争端，虽然使矛盾暂时消解，却无法根治“多输”局面。另一边是以“建设性”为目标的“冲突转化”路径，这条路将冲突视为走向合作的重要契机和催化剂，抓住该契机的方式，则是以本节的四个案例为样本，通过“主体转化”增进政府、社会组织、公众间的相互理解与沟通，通过“方式转化”形成各方共同接受的行为标准和处置程序，通过“事项转化”跳出就事论事的漩涡，通过“结构转化”使社会组织能介入冲突、协同行动，通过“情境转化”在宏观层面达成对政治社会环境的修复与优化。

本章小结

当前，中国正身处转型社会、风险社会、网络社会等多元背景之中，环境冲突的增长与复杂化是不争的事实。但正如前人所言，冲突是一把双刃剑，在挑战社会秩序的同时，也能发挥“安全阀”效用，疏解社会矛盾、促进社会发展、带动社会整合，个中关键就在于如何借助冲突治理的契机，将事件内蕴的能量导向建设性方向。本章从应然与实然两个层面论证了同一个假设：公共部门在冲突治理过程中面临自上而下的结构性压力、科层制的体制性迟钝、冲突治理权责混沌、中立性不足、被动的事后监管模式等困境。[①] 相较而言，社会组织具有接近公众、利益中立、灵活善变等特征，能够在邻避冲突治理中扮演信息收集者、风险沟通者、谈判促进者、诉求代言人、方案建议者等角色，有效弥补"政府失灵"的困境。因此，将政府权威式管理转变为政府引导式协作，向社会组织适当放权，形成冲突治理网络，有助于提升治理效能。

但现阶段，在大部分实践案例中，冲在最前面的始终是政府，难以看到社会组织活跃的身影。[②] 本书能列举出直接介入反焚冲突的社会组织同样数量鲜少。其原因在于，政府会习惯性地将社会组织放置于与当事人同样的辩护型位置上，进而产生警惕和排斥。因此，社会组织的"补位"空间往往是依赖其勇气和智慧为自身开拓出来的。他们以维权引领角色的"缺席"换取冲突共治角色的"在场"，暂时明确了"缺席式共治"的行动逻辑。但这种逻辑不稳定也不可持续，未来依然需要双方实现信任强化、理念趋同和策略共商，才能将越来越多的冲突由"处置"推向"转化"，在"主体角色""目标议题""行动方式""关系结构""社会影响"等多维度上得以转型，不仅推动抗争迈向理性化、制度化，同时也产生外溢效应，助力环境治理、民主政治、公民培育等议题实现，最终超越"中国式邻避"。

---

① 汪大海、柳亦博：《社会冲突的消解与释放：基于冲突治理结构的分析》，《华东经济管理》2014 年第 10 期。

② 彭小兵：《环境群体性事件的治理——借力社会组织"诉求—承接"的视角》，《社会科学家》2016 年第 4 期。

第九章

选择性聆听:政策倡导场域中的政社关系[*]

“公共服务”与“政策倡导”是社会组织的两项基本职能，后者能最大限度地体现社会组织的资源动员能力和政社关系的疏密。一直以来，针对公共服务的行动经验丰富多元，研究成果亦是汗牛充栋。相较而言，倡导维度下的实践与理论增长则较为缓慢。其原因或与可供观察的案例不足有关，如有学者指出，在国家主导的治理框架下，社会组织表现出“依附式自主”的特征,[①] 一些组织为规避风险而选择“去政治化”的策略，进而导致“重服务、轻倡导”的现象。[②] 但近些年，政策参与空间逐渐拓展，政府持续释放对于社会组织参与决策制定的信号。基于此，部分社会组织呈现由“服务提供者”向“建议倡导者”的角色延伸，它们积极发挥组织性、专业性、亲民性等优势，将离散、无序的公众舆论整合起来，推动民意进入政府视野，在政策民主化与科学化中发挥着不可替代的作用。这在垃圾治理场域中表现十分显著，无论是大众瞩目的垃圾分类、废弃物循环再生，还是较为敏感的焚烧污染监督或反焚维权抗

---

* 本章部分内容摘自作者 2019 年发表在《公共管理学报》第 2 期的论文《草根 NGO 如何成为政策企业家？——垃圾治理场域中的历时观察》以及《南京工业大学学报》(社会科学版)第 6 期的论文《环境 NGO 的政策倡导实践——基于“倡议联盟框架”的分析》,收录本书时做了进一步的改动。

① 王诗宗、宋程成：《独立抑或自主：中国社会组织特征问题重思》，《中国社会科学》2013 年第 5 期。

② 邓亦林、郭文亮：《中国特色社会组织政治参与的现实困境与图景表达》，《求实》2016 年第 7 期。

争，各类议题中都能见到相关社会组织振臂高呼的身影。

本章将基于“政策倡议联盟”框架理论，梳理社会组织在垃圾风险治理中的政策倡导策略及其与政府关系的建构。“倡议联盟”指具有相同信念体系的政策子系统行动者，是“来自各个公共及私营组织的、积极关注某一政策问题的参与者”①，包含政府部门、政府官员、社会组织、专家学者等。政策制定过程被视为倡议联盟通过一致的政策倡导行动，与竞争联盟彼此互动、博弈甚至妥协，以影响政策决策，促进政策变迁。倡议联盟框架下的政策变迁基于三个过程的互动：第一，政策子系统内部各倡议联盟的博弈；第二，政策子系统外部的变动的政治经济社会等宏观变量的影响；第三，社会结构、宪法原则等稳定系统要素的约束。②基于此，组织或个人意欲通过政策倡导的方式影响政策变迁，其首要步骤便是“进入政策子系统”，保证在众多倡导主体间具有可见性，为与其他倡导主体间博弈赢得条件。在政策子系统外部，“政策资源”“政策场地”③ 以及“政策学习”④ 等皆是倡导主体顺利推进倡导行动的核心要素。前者是倡导主体在政策倡导中得以存活的首要支柱，中者是倡导主体广开言路的有效场域，后者是倡导主体调和信念体系并推进政策变迁的重要路径。可见，倡议联盟框架理论提供了描绘社会主体政策倡导行动的基本概念和思路。但当前学者在使用这一框架时，大多以政策过程为研究对象，鲜少聚焦到倡导主体，尤其缺乏对联盟中具体成员的深度关注。鉴于此，本章将依托该框架展开，解读社会组织的政策倡导实践。

具体而言，第一部分评估“零废弃联盟”政策倡导的现状和效果；第二部分剖析“零废弃联盟”政策倡导的困境及其原因；第三部分依托“个案拓展法”，跳出对案例本身的关注，从宏观结构视角凝练理论命题，

---

① ［美］保罗·A. 萨巴蒂尔、汉克·C. 詹金斯—史密斯：《政策变迁与学习——一种倡导联盟途径》，邓征译，北京大学出版社 2011 年版，第 16—37 页。

② 李金龙、乔建伟：《改革开放以来出租车行业政府规制政策变迁及其启示——以倡议联盟框架为视角》，《中国行政管理》2019 年第 12 期。

③ 张继颖：《倡议联盟框架下我国大气污染防治政策变迁分析》，《现代管理科学》2020 年第 1 期。

④ Xueyong Zhan, Shui-Yan Tang, “Political Opportunities, Resource Constraints, and Policy Advocacy of Environmental NGOs in China”, *Public Administration*, Vol. 91, No. 2, 2013, pp. 381 – 399.

对政策倡导场域中社会组织的行动技巧及政社关系进行总结。

第一节 社会组织垃圾治理政策倡导的实践与成效

近年来，社会组织发展空间拓展，尤其在环境领域的活跃度不断提升，政策倡导成为其精心经营的业务板块。在我国垃圾治理战略尚未明朗的情境下，积极尝试、主动发声，成为政策完善进程中的“先行者”。然而，其倡导道路并非一帆风顺，而是与大部分社会组织一样面临诸多“绊脚石”。本节将以几个垃圾议题社会组织为样本，梳理其政策倡导历程，理解政策倡导场域中的政社关系。

一 社会组织进行垃圾治理政策倡导的实践

（一）趁势而上，进入政策子系统

1. 借助焦点事件：反焚冲突

以2006年“六里屯事件”为起点，我国进入漫长的“反焚时代”。此起彼伏的公众维权行动引发社会广泛关注，也带动了垃圾议题社会组织的成长。比如老牌Z社会组织的固废组，便是在六里屯居民的求助过程中组建的。D社会组织、Y社会组织、W社会组织等也是在邻避抗争的推动和环保理念的牵引下，分别于北京、广州、安徽等地崭露头角。2009年，因焚烧设施修建导致的公民聚众抗议增多，环境社会风险凸显。行走于环境保护一线的社会组织对此格外敏感，作为“邻避运动的预警者、公众权益的代言者、国家政策的宣传者、环境误区的澄清者”[①]，其意识到垃圾问题的系统性与复杂性，力求探索一条垃圾治理新出路。

“仅仅反对建设是没有用的，因为反建后垃圾也没有出路，只有推进垃圾前端分类的力度，才能减轻后端焚烧的危害。”（零废弃联盟访谈记录，20170324）“大规模的运动已经使垃圾问题得到暴露，我们（NGO）应该接着做点事情，而且必须回到中国的现实中寻求方案。”（A社会组

---

① 谭成华、郝宏桂：《邻避运动中我国环保民间组织与政府的互动》，《人民论坛》2014年第11期。

织访谈记录，20160718）

经过深思熟虑，几家社会组织决定从两个方面展开政策倡导工作。

首先，敏锐感知，借力打力。反焚冲突在引发社会秩序危机的同时，也带来了转机。无论维权者还是管理者，都意识到“就邻避论邻避”之局限性，开始深省垃圾困局，并将焦点指向管理政策的优化。环保组织敏锐感知到这一国民情绪，趁势而上，开辟了政策倡导的第一条途径，即隐匿于邻避事件之后，为维权者在地方政策创新中的行动提供支持，试图依托焦点事件冲开政策之窗。比如在北京，Z 机构虽不直接介入抗争，但借助六里屯居民的反焚热情，在周边几个小区做了多年的垃圾分类实验，倒逼管理部门重新思考垃圾管理策略，同时针对《北京市生活垃圾管理条例（草案）》发表意见，推动公众智慧进入政策方案。又如在广州，Z 社会组织、W 社会组织在番禺事件后，协助反焚者撰写《关于加强生活垃圾处理和污染综合治理工作的意见（征求意见稿）》《居民生活垃圾分类推广指南及绿色家庭倡议书》等文本，并筹办“垃圾管理现状与政策”交流会，邀请全国的官员、专家、环保组织、抗议业主汇聚一堂、交换观点。

其次，识别现状，廓清问题。“我们发现国家越来越依赖焚烧，但从老百姓的反应和环境影响来看，这并不是最佳手段，也不能从根本解决问题。所以当时最急迫的是让政府明白垃圾管理的症结到底在哪里，是不是可以有比烧更好的方法。”（零废弃联盟访谈记录，20180605）正如“零废弃联盟”政策官员回顾，在这个“混沌”阶段，社会组织政策倡导的首要任务是“界定问题”，从而将反焚冲突从局部的、具体性的、转瞬即逝的 Problem 转变为宏观的、普遍性的、值得探讨的 issue。[①] 立足于此，Z 社会组织和几家组织经过大量调研和对他山之石的梳理，发布了《2011 北京市生活垃圾真实履历报告》《中国餐厨垃圾处理现状调研报告》《中国城市生活垃圾管理：问题与建议》《台湾垃圾全记录报告》等系列报告，并委托两会代表提交《关于严格控制生活垃圾焚烧厂建设、大力推进城市垃圾综合利用处置的议案》《关于切实推动城市生活垃圾源

---

① Zhan X.，Tang S. Y.，“Political opportunities，resource constraints and policy advocacy of environmental ngos in china”，*Public Administration*，Vol. 91，No. 2，2013，pp. 381 – 399.

头分类减量的提案》等文本，向政府、企业、媒体等利益相关者阐明破解垃圾围城的两大关键：第一，前端发力，即大力推进垃圾源头减量分类，尤其关注具有“中国特色”的餐厨垃圾。第二，末端审慎，即严格控制并监管垃圾焚烧等末端处置设施的修建与运营，以防二次污染。

2. 组建政策倡议联盟

从焚烧之争到围城之困，再到对分类减量的急切呼唤和探索，垃圾治理已经成为生态文明战略中的核心部分，这敦促社会组织开始思考如何将政策倡导作为一项可持续的工作来开展。为达此目的，其在组织形态和倡导策略上做出了调整。

2011 年 12 月 10 日，多家社会组织及部分城市的“反焚明星”“反烧专家”共同发起“中国零废弃联盟”，试图将垃圾链上、中、下游的组织联结起来，推动中国垃圾危机的解决。在成立筹备会中，“政策倡导”被列为“零废弃联盟”的核心业务之一，旨在“立足可持续垃圾管理原则，推动中国垃圾管理法律体系建设”。三年间，“零废弃联盟”规模持续增长，且局部网络趋于稳定。Z 社会组织、D 社会组织、W 社会组织等经过几年磨合，默契渐增，携手打造了如“垃圾分类与减量”“焚烧设施信息公开与清洁运行”等品牌项目，形成“零废弃联盟”旗下两大代表性的“倡导群落”。前者坚持温和、务实的态度，通过总结经验、撰写报告等方式输送《加强厨余垃圾分类管理建议》《关于制定国家垃圾减量目标以及实施计划》等方案。后者则专注申请信息公开、传播焚烧风险。如公开发布《生活垃圾焚烧厂污染物信息公开报告》、举办“新标准下的垃圾焚烧信息公开与监管”交流会、协助撰写《关于将生活垃圾焚烧厂列为国家重点监控企业的建议》《关于要求环保部门彻查全国生活垃圾焚烧厂违法排放情况的提案》等，坚定但克制地向建设与监管部门施压，由运动式抗争向理性化表意转型。

截至 2017 年，“零废弃联盟”成员已经由最初的 20 余位增长到近 80 位，其中 50 余家为 NGO。为更好地开展活动，“零废弃联盟”在广州以公司性质注册，实现了联盟组织化以及秘书处人员专职化，并通过完善准入制度、社会组织拜访、项目申请、定期培训等方式加强成员管理，提升联盟紧密度。同时，设立专门的政策官员，负责制订倡导计划、筹集倡导资金、跟踪政策动态、收集公众意见等，确保倡导的专业性与连贯性。随着“零废弃联盟”内部黏合度和社会影响力的提升，与外界的合作亦越发多元：首先，在前端筹资方面进展不俗，如“垃圾焚烧信息公开”团队曾获得 SEE 基金会的“蔚蓝侠”资助，壹基金、万科基金会、沃启基金会等则针对社区垃圾分类的经验累积与政策产出给予支撑；其次，通过“壹起分”等技能培训项目吸引了很多非零废弃联盟成员的社区 NGO 参与垃圾分类，使行动伙伴突破了联盟边界。

基于已有的“垃圾分类”与“垃圾焚烧”两个倡导群落，“零废弃联盟”围绕国家所关注的垃圾议题，进一步将成员伙伴整合入“失控垃圾”“塑料垃圾”等六个议题小组。两年间，议题小组各司其职，在细分领域形成更具针对性的政策呼吁：“垃圾分类小组”进行社区垃圾分类实践与培训，协助两会代表提交《推动城市湿垃圾资源化利用，促进绿色发展的建议》等提案；“垃圾焚烧小组”向 26 个省、市、自治区环境保护厅寄出建议信，敦促其依法将垃圾焚烧厂列为国家重点监控企业，同时向生态环境部提交《2017 全国生活垃圾焚烧厂环境空气和土壤二噁英排放监督性监测报告》信息公开申请书；“失控垃圾小组”发起“垃圾山排查”活动，将公众收集的图片发送给政府部门，推动“垃圾山”整治工作；“酒店一次性小组”撰写《酒店一次性用品整体使用现状报告》，并协助人大代表提交《尽快出台宾馆业禁止提供一次性用品的提案》；“快递垃圾小组”举办快递包装立法公众研讨会，针对正在制定的《快递暂行条例》提出意见，征集联署后反馈给国务院法制办；“塑料垃圾小组”在全国各地发起“十年限塑令”系列减塑活动，并向发改委提交《关于塑料垃圾污染防治战略的建议》《禁止个人护理及化妆品中微塑料的建议》《取消塑料垃圾焚烧的可再生能源补贴》《谨慎发展可降解塑料的建议》等多份政策建议。

总而观之，经过多年摸索，社会组织政策倡导的组织格局从“散点式”转变为“联盟式”，并正朝“链条式”发展。链条上游是基金会等支持型组织，帮助 NGO 突破资金短缺困难；链条中端是“零废弃联盟”秘书处，负责政策倡导的方向把握、文本撰写及渠道开拓；链条下游则是分布于各个城市、活跃于各个议题的运作型组织，无论其是否成为“零废弃联盟”成员，都可以用实践经验为联盟的政策产出运送“养料”，确保其扎根现实，血肉丰满。对此零废弃联盟政策专员非常骄傲地说：

"我们的伙伴，最初进行政策倡导行动的只有几位，现在大概有三分之一了，有些伙伴在地方的政策倡导行动都是很成功、很厉害的。"（零废弃联盟访谈记录，20180920）

3. 识别既有政策倡议联盟并进行政策软化

"知己知彼，百战不殆。"在政策倡导时，社会组织投入许多精力来识别、理解既有政策联盟，并试图通过多种方式与之交流。他们发现，由政府、企业、部分专家学者所组成的"垃圾焚烧联盟"一直占据着我国垃圾治理政策子系统的核心位置。其中，政府部门认为焚烧能够快速有效化解"垃圾围城"困扰；相关企业认为焚烧能增进经济效益、推动企业发展；部分专家学者认为焚烧技术达标，是兼具安全性和环保性的选择。在识别该联盟的主体和理念后，社会组织开始有的放矢地制定策略，探索一条"前端减量分类优先于末端处置"的差异化治理之路。比如，其经常举行各种规模的垃圾治理论坛，邀请社会组织从业者、政府管理部门、企业、街道、社区管理者、媒体、大学研究团队等主体参加，不仅深入探讨我国垃圾管理思路，也借机拉近与政、企、民、媒的关系，为政策倡导积累资源。不断扩大的论坛规模还持续传递着"垃圾分类刻不容缓"的环保理念，通过"润物细无声"的方式使与会者逐渐认可相应策略建议，达到"政策软化"的目的。其政策主张虽有很多石沉大海甚至遭到驳斥，但工作人员仍乐观地将倡导视为"沟通感情的机会"，具有"目的"与"工具"的双重功能。"通过反复表达观点，一是让对方了解我们在做什么，提倡什么，让做垃圾的组织被人知道。再来也是借机建立联系，相互熟悉，或许下次就能通过这个渠道把建议提上去，说不定还能有别的合作。"（零废弃联盟访谈记录，20180605）

（二）多管齐下，获取政策倡导资源

1. 获取权威资源：找寻"两会"委员

由于公共政策的制定最终还是依托政府部门，因此社会组织在倡导过程中不断寻求与政府有关联的权威人士支持，以获取权威资源、扫除行动障碍。具体而言包括两种方式：其一，积极联络"两会"代表。社会组织注重建立与人大代表、政协委员的联系，通过有影响力的渠道传递政策理念、寻求立法支持。最初，议案的提出者局限于其内部理事中。如社会组织荣誉理事、全国人大代表敬一丹曾于2009年向两会提交《关于严格控制生活垃圾焚烧厂建设、大力推进城市垃圾综合利用处置的建议》，指出“建议慎建并逐步停建垃圾焚烧厂”“建议大力推进垃圾分类和综合利用工作”。这份提案经媒体及网络的多次报道与传播，在一定程度上激发社会对于焚烧风险的警惕。随着社会组织发展壮大、知名度提升，政策倡导的渠道也更加多元。只要对垃圾议题感兴趣的人大代表或政协委员，其都会积极接触、深入交流，寻找政策倡导契合点，促成双方合作。其二，“两会”代表主动交流。社会组织在垃圾分类领域的经验积累对“两会”代表也产生着“逆向吸引”效应。2013 年年底，一位政协委员委托朋友牵线搭桥与之联系，表达了希望能助推垃圾分类的诉求。对此，该社会组织工作者表示：“我们天天跟垃圾打交道，积累了许多一线的数据和经验，这对于他们议案提案的充实度和可信度是有帮助的。双方合作，效果就更好了。”（D 社会组织访谈记录，20140415）最终，D 社会组织负责人撰写了初稿，经由政协委员核实、修改，予以提交。

2. 获取信息资源：利用新闻媒体

干得好，也要讲得好。让信息有效流通，才能更好地把共识凝聚起来、士气鼓舞起来。因此，社会组织特别注重媒体平台建设，不仅让政府及时了解其为推动垃圾分类所做的努力，同时也吸引更多公众关注，为政策倡导营造有利的社会氛围。对此，社会组织采取两方面努力：第一，搭建与知名媒体的沟通桥梁。多家环保组织将微信群作为分享政策研讨活动的“前线”，活动主题、内容等皆会发至群中，邀请兴趣媒体加入、协助传播，引导舆论。搜狐网、《中国商报》、北极星环保网等知名媒体都曾对社会组织的政策倡导活动进行过报道，宣传其垃圾治理理念。第二，维护自媒体传播平台。几乎每个社会组织都设立有微信公众号，内容涉及垃圾分类政策、知识普及、活动宣传等。通过在平台上转发政府政策意见征集稿、邀请公众进行政策联署、发布政策意见书等来实现政策倡导。以“零废弃联盟”为例，其公众号四年内发文一千余篇，解读垃圾治理中央政策文本、跟进地方政策落实情况、推进自身政策建议的文本约占 30%。通过自媒体与主流媒体相结合的宣传方式，社会组织打通了政策倡导的传播“经络”。

3. 获取人力资源：发动社会公众

一则政策建议，有了公众的支持便会更有底气、更有力量，也更具合法性与合理性。因此，在做政策倡导的同时，社会组织也在进行公众倡导，让二者协同增效：首先，邀请公众联署。自开展政策倡导业务以来，以“零废弃联盟”为代表的环保 NGO 发起过诸多政策建议联署。例如，2017 年国家发改委、住建部联合发布《生活垃圾分类制度实施方案》，多家社会组织认为此《方案》对于强制性垃圾分类主体的设定范围过小，应扩大至社区居民以及农村地区。其将建议整理成公众号文章发布，邀请全社会公众联署并提交。其次，呼吁公众发表政策建言。为了提升政策科学性，政府通常会先发布征求意见稿，社会组织则会抓住这一窗口期，在微信公众号上快速转发，形成传播矩阵，并广泛收集、整理公众意见，发送至政府部门。最后，邀请公众参与政策研讨会。社会组织举办的研讨会几乎都以公开形式进行，号召社会各界人士参与深度讨论。例如 2017 年 1 月，以 Z 社会组织、“零废弃联盟”为代表的环保 NGO 在京召开《“十三五”全国城乡生活垃圾管理发展规划（民间意见稿）》发布会。激烈的讨论现场中，公众表示：“住建部‘十三五’规划不断增加填埋、焚烧比例，不可持续。而民间规划提出减量化具体指标，十分可贵。”“民间规划专门提出农村垃圾分类问题，可谓切中要害。”（参会公众发言记录，20170105）

通过线下交流，社会组织不仅能传播政策理念，更能够实现近距离识别和吸纳伙伴，拓展政策倡导队伍。

（三）深思熟虑，择取政策场地

如何选择政策场地，选择哪些政策场地，是社会组织多年来深入探索的问题。一方面，垃圾分类事关公民的环境福祉，故具有权威性的政策场地更能提升政策倡导的强度；另一方面，政策倡导难以在短期获取成功，故具有稳定性的政策场地更能体现倡导的力度。

1. 全国与地方“两会”

“两会”是直接反映民意合法且重要的场所。“零废弃联盟”多次围绕当年最为热议的垃圾分类问题与代表委员合作撰写议案提案，从国家战略层面献计献策。如 2017 年，其针对“强制垃圾分类”在提案中指出：“政府部门要为强制分类立法立规；企业要履行强制回收义务；公共社会组织、社区和居民要对产生的垃圾不分类不收集，或不分类多缴费，或不分类承担法律责任。”同时，部分扎根地方的环保组织则利用自身与地方政府的紧密联系向地方两会递交建议文本。如上海的 A 社会组织一直在持续总结垃圾分类实践经验，积极向市政府献计献策。“上海市的政府官员很务实，也比较开放。我们已经进行了很久的合作，大家彼此互相信任。所以提出的垃圾分类政策提案，他们也会积极采纳。”（A 社会组织访谈记录，20170425）

2. 政府网络意见征集平台

“网络理政是网络空间下公共需求与政府能力碰撞的产物，是政府不断满足公共需求、提升治理能力的结果。”① 近年来，政府部门在门户网站广发政策意见征集函，为社会组织拓宽了政策倡导的信息渠道。其经常在微信公众号上发布政府政策意见征集的推文，并采用伙伴联动策略来提升倡导效果。例如，2016 年 6 月 20 日，国家发改委发布《垃圾强制分类制度方案（征求意见稿)》，提出“到 2020 年年底，实施生活垃圾强制分类的重点城市，生活垃圾收集覆盖率达到 90% 以上”以及“将公共社会组织和相关企业列为强制性执行主体”等具体内容。《方案》一经出台，北京、上海、广州、成都四地多家社会组织展开了激烈讨论，并从不同角度提出意见建议：Z 社会组织建议减少垃圾焚烧与垃圾填埋量，并将其视为垃圾分类之根本性目标；A 社会组织建议就垃圾治理的“无害化、减量化、资源化”进行更加明晰的定义；Y 社会组织指出应在《方案》中加入全局性垃圾分类制度设计……6 月 30 日前，各环保 NGO 联合将政策倡导文本递交至国家发改委。又如，2016 年 9 月 22 日，国家发改委、住建部联合发布《“十三五”全国城镇生活垃圾无害化处理设施建设规划（征求意见稿)》。作为回应，40 余家环保 NGO 对其中内容仔细推敲，共同制定《“十三五”全国城乡生活垃圾管理发展规划（民间建议稿)》。建议稿指出了“十三五”规划中存在的问题，并提出六点具体改进建议，于 10 月 25 日递交给发改委、住建部。

（四）主动出击，联同竞争性联盟进行政策学习

倡议联盟框架下的政策学习包含了由经验所引发的、思想和行为取

① 王瑾：《政府网络理政能力建设研究——基于对政策意见征集的观察分析》，《领导科学》2019 年第 16 期。

向方面相对持久的转变，[①] 旨在加强联盟间沟通理解，促进妥协退让，是软化竞争性联盟间政策价值观、推动政策变迁的有效方式。以社会组织为主体的“垃圾分类联盟”曾采用多种方式积极推动与“垃圾焚烧联盟”间的政策学习，试图弥合分歧，达成合作。

1. 筹办全国性论坛

2013 年，“零废弃联盟”作为主办单位举办了社会组织在垃圾治理领域的首次开放性论坛——零废弃论坛，邀请了包括政府部门官员、专家学者、媒体以及公众等主体参与。迄今，论坛已经连续举办九届，每一届社会组织均会分享自身的垃圾治理理念、经验和建议，与“垃圾焚烧联盟”共同进行政策学习。政府部门代表也会分析各地垃圾分类现状，听取社会组织对于垃圾分类的政策诉求。从表 9.1 可见，论坛的主办方从社会组织一家拓展为与政府部门、研究机构等的多元合作，形成联动态势。研讨主题和内容也越发深入、细致，政策学习已达成了初步效果。

表 9.1　　2013—2021 年零废弃论坛情况

时间	地点	主办方	参会主体	主题	政策学习内容
2013 年 12 月 8—9 日	上海	零废弃联盟	政府部门、NGO、街道、社区、媒体、专家学者等 100 余人	社区之路——中国垃圾分类与减量	环保 NGO、专家学者等向政府部门及其他主体介绍社区垃圾分类减量经验，倡导政府部门加大对垃圾分类的关注与投入
2014 年 12 月 4—5 日	上海	零废弃联盟、同济大学	上海市政府相关部门领导、环保 NGO、专家学者、企业、社区、志愿者等 200 余人	零废弃与低碳发展	环保 NGO、专家学者等分享其零废弃理念和经验，倡导政府加快垃圾分类政策制定

① ［美］保罗·A. 萨巴蒂尔：《政策过程理论》，彭宗超、钟开斌等译，生活·读书·新知三联书店 2004 年版，第 256 页。

续表

时间	地点	主办方	参会主体	主题	政策学习内容
2015年12月18—19日	南京	零废弃联盟、南京市栖霞区尧化门街道	南京市政府相关部门领导、环保NGO、企业、专家学者、社区以及公众等200余人	零废弃的中国实践——2015垃圾减量与分类	环保NGO介绍各自在垃圾分类领域的工作成果与经验，展示地方垃圾分类治理新思路，与政府部门探讨改善垃圾分类治理困境的方法
2016年12月16—17日	成都	成都市管委会、成都市商委会、成都市环保局	成都市政府相关部门领导、环保NGO、中外各地的专家学者、企业、公众等200余人	垃圾分类与资源回收发展	各参会主体探讨垃圾分类的成功经验，助力“十三五”期间的垃圾减量与垃圾分类，呼吁政府完善垃圾分类政策法律法规
2017年12月7—8日	福州	零废弃联盟、福建省环保志愿者协会、福建师范大学环境科学与工程学院	福建省、市级有关领导、环保NGO、全国各地垃圾分类减量实践者、媒体等500余人	众心细分类，资源再循环	环保NGO、专家学者等从政策解读、生态建设需要、实践案例等方面就垃圾分类议题进行解析，倡导地方政府加大对垃圾减量分类的推动与支持
2018年12月7—9日	深圳	深圳市龙华区城管局、民政局、教育局、环保局和水务局、万科基金会	深圳市政府相关部门领导、环保NGO、专家学者、企业、媒体、公众等300余人	新形势下垃圾分类减量的实践、探索与突破	环保NGO、专家学者在强制垃圾分类的政策背景下，就国内外垃圾分类经验与案例、农村垃圾分类等议题与政府、企业等主体进行分享探讨

续表

时间	地点	主办方	参会主体	主题	政策学习内容
2019 年 12 月 5—8 日	西安	自然之友	西安市政府相关部门领导、环保 NGO、专家学者、企业、媒体、公众等 300 余人	强制时代下的垃圾分类减量实践与探索	环保 NGO、专家学者等解析国内垃圾分类的最新政策动态，并从立法和执行等角度分享城乡垃圾分类经验与模式。与政府、企业等利益相关方共同探讨各自在垃圾分类中的角色
2020 年 12 月 17—18 日	佛山	广东省绿盟公益基金会	佛山市政府相关部门领导、环保 NGO、专家学者、企业、媒体、公众等 100 余人	生活垃圾分类城乡一体化体系建设	环保 NGO、专家学者等解析国内垃圾分类的最新政策动态，探讨垃圾分类现状、经验及可持续管理模式
2021 年 10 月 20 日	北京	天津市西青区零萌公益发展中心、阿拉善 SEE 华北项目中心	北京市政府相关部门领导、环保 NGO、专家学者、企业、媒体、公众等 100 余人	多元共治助力北京垃圾分类	环保 NGO、专家学者等解析国内垃圾分类的最新政策动态，探讨多元共治助力北京垃圾分类、垃圾管理优先次序等话题

2. 举行并参与研讨会

除了年度论坛，社会组织还时常围绕具体议题举行研讨会，邀请政府工作人员、企业、专家学者和公众参会，在观点的直接碰撞中传递自身政策理念和具体建议。例如，2015 年 5 月，D 社会组织垃圾学院聚合国际顶尖垃圾议题专家召开研讨会，分享别国垃圾治理的先进经验以及“先分类，后焚烧”之必要性。代表“垃圾焚烧联盟”的政府工作人员应邀参会，并在会中表示，深知垃圾分类的优势，但是由于国情不同，相关政策在我国的推行难度巨大，现阶段仍会以焚烧为主导性垃圾治理方式。2016 年 6 月，C 社会组织邀请地方政府部门、民主党派、研究学者等各界人士参与《垃圾强制分类制度方案（征求意见稿）》研讨会。会议中，两个联盟虽有争议，但都深化了对中央强制性垃圾分类政策的理解。与此同时，社会组织也积极参与政府部门或人大、政协等社会组织召开的相关会议，抓住机会表达诉求。如 2017 年，在上海市生态文化协会、市政协人资环建委共同主办的“生活垃圾分类专题研讨会”上，A 社会组织的项目总监指出社会组织“支持社区”和“专业指导”的两大功能优势，呼吁建立政、企、社、民联动的“垃圾多元治理体系”，提升垃圾分类工作实效。这一倡议也得到了市绿化局和市容局的积极回应，表示未来将通过政府购买服务、特许经营等方式，积极引导社会力量参与其中，缓解基层人力资源不足的问题。①

二 社会组织进行垃圾治理政策倡导的效果

（一）展现核心价值

传统公共议题的设置和运作主要基于知识精英和技术官僚的认知，但在北京、广州等地区，社会组织借助反焚冲突所释放的公民力量，与管理者建立了一种博弈、协商的互动关系，使行政主导的封闭型政策制定模式在一定程度上向政民合作的开放网络转变。虽然并非社会组织的每次倡议都带来了实质性结果，但这个过程闪烁着民主、参与、合作等价值的微光，展示了民间智慧嵌入公共决策框架的可能性。

（二）影响政策议程

首先，推动中央调整政策方向。2015 年 9 月，中共中央、国务院在《生态文明体制改革总体方案》中，首次提出“建立垃圾强制分类制度”。2016 年 6 月，国家发改委会同城乡住建部共同起草《垃圾强制分类制度方案（征求意见稿）》并面向社会征集意见。2016 年 12 月，习近平总书记在中央财经领导小组第十四次会议中提出“普遍推行垃圾分类制度”。如上种种，表明中央已经下决心修正以末端处置为主的垃圾管理方式，

① 刘子烨：《垃圾分类，无人是“看客”》，2017 年 6 月 7 日，http：//www. shszx. gov. cn/node2/node5368/node5380/node5395/u1ai99243. html，2021 年 10 月 10 日。

向前端治理转型。虽然无法度量新政策与社会组织倡导的直接关联，但如同“零废弃联盟”顾问所说：“从时间角度观察，会发现其中还是有个顺序。我们提了建议，然后过了一段时间，政府也这么做了，这就证明我们方向是正确的，是符合环境保护理念的，我们的想法和体制内领导专家、社会大众是吻合的。”（零废弃联盟访谈记录，20180426）恰是这种“不谋而合”以及社会组织的“坚持不懈”与“主动出击”推动垃圾分类上升为国策。

（三）推动地方政策优化

在垃圾分类领域，不仅国家正式出台了《生活垃圾分类制度实施方案》，各个城市也先后行动，制定本土化的操作细则。成都 G 社会组织的“湿垃圾资源化利用”、上海 A 社会组织的“三期十步法”等宝贵经验则通过直接或间接渠道传递给有关部门，成为其政策制定的重要素材，个别提案还被列为省政协重点督办案件。在垃圾焚烧领域，环境保护部于 2017 年印发《关于生活垃圾焚烧厂安装污染物排放自动监控设备和联网有关事项的通知》，要求垃圾焚烧企业在规定时间内完成“装、树、联”三项任务，监控并公开污染排放信息，接受群众监督；2018 年通过《生活垃圾焚烧发电行业达标排放专项整治行动方案》，并针对“飞灰”等污染物进行技术标准研讨修订。

第二节　社会组织垃圾治理政策倡导的困境及原因

一　社会组织垃圾治理政策倡导的困境

在获取成绩的同时，社会职责政策倡导面临的挑战也是显而易见的，具体体现在如下几方面：

（一）难于扩展以自身为中心的倡议联盟

社会组织借助“反焚冲突”作为焦点事件，唤醒垃圾治理责任意识；再借关键人物之口发声，展现垃圾分类政策关怀；又通过建立“垃圾分类联盟”等方式汇集资源、建构组织。目前，虽然其已经成为垃圾治理政策子系统的一分子，但在扩展以自身为中心的“垃圾分类联盟”方面依然存在困难。

“大部分会议我们都会邀请政府的人。但结果不是特别理想，他们可能考虑得比较多，觉得有的会议不适合参加。”（W 社会组织访谈记录，20200324）“很多时候，我们会邀请各界人士参与政策倡导活动。比如在政府政策意见征集前，我们会征求公众建议，但最后回复的主要还是NGO 这个圈子里的人。”（零废弃联盟访谈记录，20180424）“主管垃圾分类的住建部态度一直较为保守，我们之间也没有太多制度内的交流。曾致电过住建部，追问他们对于垃圾回收利用率的一些情况，但没有得到明确答复。我们很想倡导他们多关注分类，但不是很通畅。”（零废弃联盟访谈记录，20180426）

可见，社会组织非常渴望获得专家学者、社会公众的支持，无论是链接普通公众，还是邀请政府官员，得到的回应都不甚理想。这在一定程度上削弱了倡议联盟的规模和影响力。

（二）政策倡导资源获取难度较大

1. 权威社会组织合作困难

“环境治理过程中，环保组织和政府的利益诉求存在差异性，导致两者在环境治理方面存在着博弈和冲突。”[①] 在政策倡导之路上，社会组织与政府等权威社会组织合作的难度最大。一方面，政府更倾向于与智库或行业专家研讨，对环保组织多持谨慎态度，有时甚至将其视作“麻烦制造者”。此种境况虽然逐渐得到化解，部分城市中政府与社会组织的关系正在趋于融洽，但地域差异依然存在：“东部城市的情况可能好一些，政府比较开明，在各个领域都愿意听民间的意见。但在西部和一些偏远地区，与政府合作还是存在较大障碍。”（W 社会组织访谈记录，20170505）另一方面，政府对于社会组织提出的政策变革理念存在顾虑、缺乏信心。“和住建、城管这些部门交流的时候，我们发现他们其实都很想把垃圾分类做好，也的确有来自上级的压力，但共同的难点就是没有方法，没有信心。”（C 社会组织访谈记录，20180627）决策者的悲观与风险规避情绪不利于地方政策出台与执行。

2. 媒体助力有限

“如果一个 NGO 组织更加了解中国的媒体格局，并以专业的方式操

---

① 董佩兰：《环保社会组织与政府互动关系的文献分析》，《国际公关》2020 年第 1 期。

作议题过程，媒体将可能成为它重要的政治资源，从而增强它的合法性并扩展它的运作空间。”① 因此，社会组织一直在努力经营其媒体资源，但依然面临挑战：其一，媒体资源分布不均。Z 社会组织是成立最早的民间环保组织，多年来坚持投身环境公益，依托两会代表建言献策，用实际行动争取到了媒体的广泛关注。但还有很多处于成长期的社会组织由于知名度低、倡导议题敏感、传播策略不成熟等原因，难以与媒体建立持续的合作。其二，自媒体宣传效果有限。虽然自媒体传播具有灵活性强、速度快的特点，但其受众面却并不广泛。虽然部分政策推文实现了“破圈效应”，得到腾讯新闻、环卫科技网等门户网站和行业媒体转载，但仍有不少信息依然停留在环保组织网络内部，关注度有限。

3. 社会组织内部协作不畅

垃圾分类倡议联盟虽然向所有社会组织抛出橄榄枝，但并非所有社会组织都有能力或有意愿参与其中。在“零废弃联盟”的 90 余位伙伴成员中，关注政策倡导的约 30 家，近三分之二的伙伴并不热衷于此，他们拥有各自的核心业务，会将大部分精力投入垃圾分类实践、环境宣教等方面。此外，还有部分有资源、有能力的社会组织习惯于“独行”，不常参与合作。如“零废弃联盟”的政策顾问就曾提道：“F 协会对当地的垃圾分类政策具有一定影响，也有一套自己的政策倡导网络，但是我们不太了解，他们都是自己独立在开展政策活动。”（零废弃联盟访谈记录，20180426）可见，即使在垃圾分类倡议联盟内部，社会组织之间也尚未形成成熟的协作网络，资源聚集有限。

4. 公众动员乏力

“大多数公民是在从众心理的支配下消极进行政策参与，而不是把公民参与当作自己应有的政治权利来对待。”② 因此，要将普通公众纳入倡议联盟，面临的挑战非常艰巨。这种挑战来自两方面，一是常年的“前端分类，后端混运”消磨了公众对垃圾分类的信心，认为政府在做“假

---

① 曾繁旭：《NGO 媒体策略与空间拓展——以绿色和平建构“金光集团云南毁林”议题为个案》，《开放时代》2006 年第 6 期。

② 陈建伟：《我国公共政策制定中公民消极参与的问题探究》，《法制与社会》2008 年第 36 期。

把式”，自然也就不愿意付出精力参与政策意见；二是社会组织的动员策略还不完善，呈现业务之间的碎片化。如“零废弃联盟”的成员坦言：“社会组织内部成员还是交流不够。其实我们的社区垃圾分类活动能够接触到很多公众，政策倡导也可以借由这个平台来推动，但这两个业务是不同的人负责，没有对接到一起，所以也错失了一些机会。”（零废弃联盟访谈记录，20180424）

（三）政策场地作用有限

1.“两会”提案难以转化落地

“两会”是环保 NGO 递交政策建议的固定性政策场地，部分社会组织每年会递交多个议案提案。据统计，2007 年至 2019 年，Z 社会组织递交文本 50 余份，其中“走得最远”的一份是 2011 年委托全国政协委员所提的《关于切实推动城市生活垃圾源头分类减量的提案》，该提案引发众多委员的回应，并被列为“年度重点推荐办理提案”。但并非所有的建议都有这样的好运气，尤其在与养老、助残、教育等众多关系国计民生的议案提案同台竞争代表们的注意力时，垃圾分类这个话题就显得不那么重要，最终被搁置。

2. 政策建议较少被采纳

虽然中央政府时常向社会征集政策意见，环保 NGO 也主动转发征集推文、号召公众参与、整理凝练意见，但很多倡导实践终成“竹篮打水”。如 2016 年 9 月，国家发改委、住建部联合出台《“十三五”全国城镇生活垃圾无害化处理设施建设规划（征求意见稿）》后，40 余家环保 NGO 于 10 月 25 日将《“十三五”全国城乡生活垃圾管理发展规划（民间建议版）》递交至政府部门。然而，2016 年 12 月，国家发改委、住建部正式出台了《“十三五”全国城镇生活垃圾无害化处理设施建设规划》，其内容与征求意见版的差别甚微，大部分政策建议并未被采纳。此外，时间期限也是影响其倡导效果的原因：“有些（意见征集）期限很短，我们得知消息时都已经过期了。”（零废弃联盟访谈记录，20180424）在环保组织看来，有时政府部门的意见征集形式大于内容，显得缺乏诚意。

（四）政策学习效果有限

多数政府部门对于社会组织开展的政策活动不参与、不表态，个别政府部门即使与社会组织进行过政策学习，但双方因信念体系存在差异，也难以达成意见共识。例如，在2015年12月的零废弃论坛中，社会组织展示了《160座在运行生活垃圾焚烧厂污染信息申请公开报告》，并深度剖析垃圾焚烧的风险与弊端，指出严控焚烧厂建立是缓解大气污染的有效途径。其目的在于为主政者“敲警钟”，尝试扭转“垃圾焚烧联盟”以焚烧解决垃圾围城问题的观念。然而，2015年至今，垃圾焚烧厂的数量不降反增，“垃圾焚烧联盟”认为焚烧厂污染物排放技术已经过关，只要管理得当，不会对人体与环境造成危害。再如“广州番禺垃圾焚烧厂反建事件”过后，Y社会组织成员曾试图与当地政府开展政策交流。但双方却因意见不统一产生矛盾：“当时政府还是要建立垃圾焚烧厂，我们说这样不对，分类才是最基本的，应该先搞好分类，并提出了很多理据。对方说分类和焚烧两个都要做，两手都要硬，但也明确表示必须要先上焚烧厂。最后就陷入了一个僵局。”（Y社会组织访谈记录，20161111）

二 社会组织垃圾治理政策倡导的困境溯源

（一）进入政策子系统的准备不足

1. 社会组织自身发展水平有限

制约其自身发展水平的因素有三：其一，人力资源有限。根据中华环保联合会发布的《中国环保民间组织发展状况报告》显示，“仅71.1%的环保NGO有专职人员；46.5%的环保民间组织专职人员在1到5人之间”。[①] 而在垃圾议题社会组织中，专职从事政策倡导的工作者更加稀少。以“零废弃联盟”为例，其只有一位政策专员，其余均为实习生，流动性大，专业性不足。虽然社会组织常于公众号上发布招募政策专员的信息，但回应并不热烈。其二，财力资源不足。虽然2016年后，政府在垃圾分类领域的购买项目呈井喷之势，但此前无论政府、基金会还是企业，对垃圾议题社会组织的资助都不多。现有项目也多侧重于社区垃圾分类等具体行动，分配给政策倡导的比例不高，难以支撑社会组织长期、持续的政策活动，以至于有些良好的设想不得不搁置：“我们之前其实想做46个垃圾分类重点城市调研的启动会，进行政策动员，让大

---

① 中华环保联合会：《2008中国环保民间组织发展报告》，2009年5月26日，http://www.acef.com.cn/news/lhhdt/2009/0526/9394.html，2022年2月11日。

家介绍各自的实施方案，同时告诉他们在调研的时候主要跟进哪些点。但是经费不够，精力也不够，就没做。”（零废弃联盟访谈记录，20180424）其三，联盟组织水平有待提升。在初始的一段时间，以“零废弃联盟”为代表的社会组织联盟都是一种较为松散的组织形态，未设置实体秘书处，而是从几家发起单位抽调人员组成临时工作组。这意味着“零废弃联盟”的工作更像是各社会组织的一个公益项目，成员维护、资金筹措与政策倡导均缺乏系统规划与管理。正如现任秘书长回顾：“当时政策倡导虽然是核心业务，但没有专人负责，联盟成员在倡导中的资源、意愿、能力都不明确。并且受制于经费或议题，联合倡导没能带动大部分的伙伴。”（零废弃联盟访谈记录，20180828）

2. 社会组织政策倡导能力有待提高

影响其政策倡导能力的因素主要包括：第一，政策调研精力不足。很少有社会组织以政策倡导为单一业务，大部分还会聚焦于垃圾分类、宣传教育、污染监督等议题上，这自然分散了其政策调研精力。第二，社会动员能力不够。“社会动员能力指向政策决策者施加压力，动员社会成员、筹集经费、形成社会舆论的能力。”[①] 良好的社会动员能力可以提高政策参与的有效性并吸引各方资金的加入。社会组织的动员既体现在面对公众的“下向链接”，也包括面对政府或社会精英的“上向联系”。对于后者，社会组织与之尚缺乏足够了解和常态性沟通机制：“其实有些资源都没有整合起来。我们现在虽然成员有很多，他们都会有一些认识的两会委员，但是我们自己其实都不那么了解。”“对政府方面我们还是不够特别主动吧，基本上没建立起一个常规的、可以跟政府面对面沟通的制度化方式。”（零废弃联盟访谈记录，20180424）

（二）政策机会空间较为有限

1. 政府公共决策体制仍然存在封闭性

党的十九大报告提出，“要引领和推动社会力量参与社会治理，努力形成社会治理人人参与、人人尽责的良好局面”。在此背景下，中国政府不断推进公共政策变革，民间智识得到进一步关注和吸纳。但在环境领域，由于环保主义和发展主义之间天然的相互掣肘，公共决策体制的开

---

① 郑准镐：《非政府组织的政策参与及影响模式》，《中国行政管理》2004 年第 5 期。

放性存在限度。政府在政策制定的过程中处于超然的权威地位，其他政策相关者处于辅助决策地位。[①] 是否听取社会意见，听取哪些社会主体的意见，主动权依然在政府手中。而相比于社会组织，行业和科研机构的专家学者往往更受到青睐，普通公众和社会组织的意见要想切实融入政策，还有诸多挑战需要克服。

2. 环保组织生存空间相对狭窄

"利益集团对决策的影响取决于他们的经济实力、规模、团结程度、目标的单一性、组织和领导等因素。然而，利益集团总是在一定的政治和政府环境中运作的。"[②] 社会组织对决策的影响不仅依靠其自身能力，更依赖于政府部门提供的生存空间。现阶段，我国还有不少环保社会组织生存空间相对狭窄，法律地位不明确，社会地位不高，政府部门对其不了解也不够重视。受限于此，其即使拥有固定、可靠的目标政策场地，却亦难以撬动其中资源让政府部门采纳其政策建议。

（三）两大联盟信念体系不一致

倡议联盟框架中，信仰系统是政策子系统内部的稳定参数，不同联盟信仰系统的弥合是推动政策变迁的关键环节。政策信念体系的趋同对于倡导效果和政策变迁影响最显著。但由前文可见，两大联盟由于信念体系上存在差异，导致政策学习效果不佳，政策僵局始终存在。

1. 宏观认知信念有所差别

宏观认知信念是"根本的、规范的原则理念"[③]，是"最具有决定性力量的信仰"和"分化联盟的关键标志"[④]，也是最难以调和的部分。由于社会角色差异，社会组织所在的"垃圾焚烧联盟"与政府主导的"垃圾分类联盟"在生态环境观上自然存在差异。政府部门虽然对环境越来越重视，但其必须平衡经济发展、社会稳定与环境保护的关系，难免导

---

① 郭涛、杨莹：《封闭性与开放性公共政策制定——两种公共政策制定模式的比较》，《社会科学论坛》2005 年第 2 期。

② 刘国深：《利益集团在政治过程中的角色与功能》，《学术月刊》2000 年第 5 期。

③ ［美］保罗·A. 萨巴蒂尔：《政策过程理论》，彭宗超、钟开斌等译，生活·读书·新知三联书店 2004 年版，第 149 页。

④ Kim Y. & Roh C. , "Beyond the Advocacy Coalition Framework in Policy Process", *International Journal of Public Administration*, No. 6, 2008, p. 668.

致一些污染问题被忽视，或者采用“运动式治理”来替代可持续路径。相较而言，环保组织一直以环境保护为愿景和要务，批判发展主义对人类社会的危害。深层信念差异致使二者在政策学习时难以完全理解对方，环保组织的政策意见有时也显得“不合时宜”。

2. 中观政策信念存在分化

中观政策信念是“以在政策领域或政策子系统中实现根本核心理念为目标的接近政策核心的基本策略和政策定位”①，即某一政策子系统中竞争联盟各自的政策偏好。“垃圾焚烧联盟”中的政府和企业认为，垃圾焚烧是处理垃圾问题之最快捷、污染最少的方式，主张兴建焚烧设施、提升焚烧技术，制定了《关于进一步加强城市生活垃圾焚烧处理工作的意见》《“十二五”全国城镇生活垃圾无害化处理设施建设规划》等政策文本；“垃圾分类联盟”中的环保组织和环境专家则强调减量分类优先，指出发展焚烧不仅会削弱人们的分类积极性，同时还会造成新的环境污染。近年来，各级政府虽然也认识到垃圾分类的优势，积极促成相关政策出台，但“垃圾焚烧联盟”的价值取向与之更为吻合。因此，虽然社会组织不断尝试推进与政府部门的政策学习，但很多时候双方依然坚持己见，互不让步。

3. 微观问题信念存在差异

微观问题信念由“各种必要的工具性的决定和信息搜索构成，其目标是实现具体政策领域的政策核心价值”②。两个联盟对于垃圾分类的实践主体、实施范围、政策工具等具体政策内容亦存在不同看法。2016 年 12 月，习近平总书记在中央财经领导小组第十四次会议上，首次提出应该普遍推行垃圾分类制度。随后几年，中央政府陆续出台《垃圾强制分类制度方案》《关于加快推进部分重点城市生活垃圾分类工作的通知》《城市生活垃圾分类工作考核暂行办法》《关于在全国地级及以上城市全面开展生活垃圾分类工作的通知》等多部垃圾分类政策文件，肯定了垃

---

① ［美］保罗·A. 萨巴蒂尔：《政策过程理论》，彭宗超、钟开斌等译，生活·读书·新知三联书店 2004 年版，第 149 页。

② ［美］保罗·A. 萨巴蒂尔：《政策过程理论》，彭宗超、钟开斌等译，生活·读书·新知三联书店 2004 年版，第 149 页。

圾分类的必要性，对垃圾分类的目标、任务、强制性执行主体等内容做出明确规定。对此，环保 NGO 认为，垃圾分类政策目标应更高，任务应更明确，强制性执行主体范围应更广泛，与垃圾焚烧之间的互斥关系应该更凸显。这些诉求显然和政府的工作规划存在分歧，致使环保 NGO 的政策倡导时常碰壁。

第三节 选择性聆听：政策倡导中政社关系的进一步解释

上文立足“过程视角”对社会组织行动进行梳理，本节将引入“结构视角”，将案例放置于我国制度环境中做进一步剖析，把局限在田野中的研究发现“拓展出去”,[①] 延伸至广泛的历史模式与宏观结构，解读社会组织如何在“曲折前行”中确立倡导原则、调整组织形态、优化行动策略，进而适应中国的政治社会结构；而政府又如何在多元公共价值中艰难求取平衡，用“选择性聆听”的态度接纳社会组织的政策建言。

一 机遇与挑战并存：社会组织开展政策倡导的制度环境

“随着改革开放的深入和市场经济体制的完善，政府单靠自身资源，在政策推行、公共服务供给等方面均力不从心，不得不谋求其他力量的支持”[②]，这提升了政府对社会的需求与包容。垃圾议题 NGO 踏入政策场域的历程，正得益于这种需求与包容所创造的政治机会结构。2012 年前后“社会组织直接登记”的政策松动为 NGO 获得合法身份推平障碍；党的十八届三中全会提出“拓宽国家政权机关、政协组织、党派团体、基层组织、社会组织的协商渠道”，正式确立了社会组织的政策倡导功能；《关于加强社会主义协商民主建设的意见》《环境保护法》《慈善法》《环境保护公众参与办法》等的制定与完善标志着立法、司法、行政领域的

---

① Benjamin V. R. , “The People vs. Pollution: understanding citizen action against pollution in China”, *Journal of Contemporary China*, Vol. 19, No. 63, 2010, pp. 55 – 77.

② Zhan X. , Tang S. , “Political Opportunities, Resource Constraints and Policy Advocacy of Environmental NGOs in China”, *Public Administration*, Vol. 91, No. 2, 2013, pp. 381 – 399.

社会协同越发规范、成熟；政府对社会组织公共服务购买的日益兴盛为良好实践汇入政策方案提供了可能性；“生态文明建设”理念的提出和《“十三五”生态环境保护规划》等政策对“垃圾治理”的高度关注则为倡导行动明确了方向。各社会组织正是把握住上述宏观与微观场域中的“机会窗口”，在获得合法身份后，一方面借助政策出台前的意见征集环节向有关部门表达诉求，另一方面则利用政府购买的契机与基层管理部门紧密合作，将项目执行过程中的成功案例直接呈递给职能部门，实现政策备选方案的上传。由此，得到第一个推断：

命题1　开放的政治社会环境、包容的政府执政理念、完善的公民参与机制和特定领域的政策关切是社会组织进行政策倡导的重要保障，其应在机会之窗打开时顺势而为、应时而谋。

二　选择性聆听：政府对社会组织政策倡导的基本态度

乐观场景下也潜藏挑战。由于我国“正从革命性政权向执政性政权转型，新常态并未消除原有法权制度的惰性与迟钝，公共政策的制定与执行不可避免仍然带有传统革命政权与利益集团的痕迹”[①]，这在一定程度上压抑了社会组织为弱势群体发声的愿望，禁锢了其政策倡导功能的发挥。与此同时，西方NGO惯用且效果显著的运动式倡导在我国“刚性维稳”的政治环境下仍然难以推行，虽有少数社会组织用“借势策略”将社会抗争的能量导向政策优化，但其力度明显削弱，收效亦不确定。鉴于此，部分组织将政策参与重心转移至体制内，在两会期间向相关代表、委员推荐提案。然而提案转化为政府决策需要经历漫长的博弈与竞争，社会组织又无法如官僚系统内的政策企业家一般随时跟进并游说，导致部分倡导无疾而终。因此，正如“零废弃联盟”政策官员在自我评估时所说：“有的时候，我们只能发挥很微弱的作用，有的甚至连水花都没有溅起来。”（零废弃联盟访谈记录，20180920）

由此可见，社会组织的政策建言长期处在一种被“拣选”的状态。从过程上看，在政治系统中有“代言人”的社会组织，其建议更有可能被选入议程、获得关注；从结果上看，其建议则扮演着国家行动合法化

① 王向民：《公众人物如何影响中国政策变迁》，《探索与争鸣》2015年第12期。

的“注脚”。也即当个中观点恰好与国家战略方向吻合时，政府会将其作为提升政策民主性的“锦上添花”之存在；但若是与政策理念相悖，政府则不闻不问或坚持己见。社会组织想要扮演“雪中送炭”的角色，还具有很大难度。

为何在这种情况下社会组织依然要努力突进政策场域？答案是：“某些政策中，隐含着一些不公平的认识和判断，这必须要有人指出来，至少应该拿来讨论。我们承担的就是这样的角色，我们认为这是社会良心和追求真理的体现。”（零废弃联盟访谈记录，20180426）

综上，在“强政府—弱社会”这一宏观背景下，社会组织政策企业家身份的实现，不仅具有推动政策完善的“工具性功能”，同时亦内蕴了重要的“规范性价值”，即改变政府与公众传统的制度认知，使之意识到公民有序参与的必要性和可行性，为社会的生产及良性政社关系构建积累经验，也为维护社会公平正义搭建平台。[①] 这赋予了社会组织政策倡导角色新的评价标准：

命题 2 对于社会组织的倡导行动，政府采取了一种“选择性聆听”的姿态。在这样的背景下，对社会组织政策倡导进行评估时，不仅要考虑“工具性功能”，更应关注其在政府与社会关系优化调适中所呈现的“规范性价值”。

三 刚柔并济：社会组织进行政策倡导的本土原则

回望垃圾议题社会组织十余年的倡导历程不难发现，其理念与态度在不断变化。从问题初现时的激进反对，到多轮交锋时的绵里藏针，再到深刻反思中的逐渐平和，最终确立了“刚柔并济”的双重原则。这一双面性既蕴含着“公民的勇气”，也渗透了“专业的理性”，是社会组织政策倡导时的可借鉴之选。

“刚”一方面展示了社会组织推动政策完善的无畏热情。案例中各社会组织正是以水滴石穿的耐力十年如一日地瞻望着“零废弃”这一愿景，

---

① Boris E. , Mosher-Williams R. , “Nonprofit Advocacy Organizations: Assessing the Definitions, Classifications, and Data”, *Nonprofit & Voluntary Sector Quarterly*, Vol. 27, No. 4, 1998, pp. 488 – 506.

持续投入精力、寻找问题、总结方法、奔走呼吁，最终推动国家对垃圾问题的高度关注，迎来垃圾分类的黄金期；另一方面，“刚”还代表与争议性政策对立的果决。如针对垃圾焚烧等环境污染尚不明确的技术，社会组织一直保持谨慎。虽然政策规划已明确提出大力推进焚烧，部分组织也曾在论辩中处于下风，但并未阻止其运用理性手段持续向政府施压。即便最终未能撼动焚烧的主流地位，但环保部对焚烧设施加强监管的举措无疑是其坚持不懈的最佳注脚。

“柔”首先体现为倡导态度的温和。近些年，中国社会组织已经逐渐开始用与国际话语一致的方式进行倡导。但与西方社会相比，国内环境仍是较为狭小、更需忍耐的，所以要想有效突进政策体系，柔化姿态是必要之选。正如“零废弃联盟”负责人多次提到：“想要别人听到你的声音，反而要小声说话。”（零废弃联盟访谈记录，20161210）

“要始终站在政府对面，而非对立面。”[①] 其次，“柔”也涵盖了积极正面的情绪，旨在展示一种建设性、主动承担责任的价值观，表明社会组织的开放与友好。基于此，社会组织从对政府的单纯的批评转向与之共同努力，挖掘成功案例来论证政策推行的可能性和有效性，争取当局的信任与共鸣。再次，“柔”还潜藏着能屈能伸之意。不同于西方 NGO 的游说和直接交流，国内社会组织没有太多机会与政府面对面，也不同于西方的 NGO 联盟可以利用社群成员规模效应获得更多政府认可。[②] 中国的联盟型组织在全国层面难以登记为社会团体，故多采用企业身份注册或未注册，这反致其倡导合法性受到质疑。因此，为了确保倡导效果，作为联盟的“零废弃联盟”更倾向于将自己隐藏在政治官僚、“两会”代表、社会精英的身后，为其撰写议案提案等供应素材。正如工作人员所说：“我们不在乎自己是不是留下姓名，只要对这件事有好处，谁想要使用我们的资料都可以拿去。”（零废弃联盟访谈记录，20180920）

“名人效应”并无益于社会组织成为政策企业家，为了社会良善发

---

① 曹海林、王园妮：《“闹大”与“柔化”：民间环保组织的行动策略——以绿色潇湘为例》，《河海大学学报》（哲学社会科学版）2018 年第 3 期。

② Eleanor B., Dennis R., “The Changing Identity of Federated Community Service Organizations”, *Administration in Social Work*, Vol. 28, No. 3 - 4, 2004, pp. 23 - 46.

展，低调隐匿更能施展抱负。由此，得到第三个命题：

命题3 面对政府进行政策倡导时，社会组织既需要勇气、热情、果决构成的“刚”，也需要温和、积极、弹性组成的“柔”。刚柔相济，克得其和。

四 众人拾柴火焰高：社会组织进行政策倡导的结构选择

在中国，社会组织的力量是弱小的。志同道合者结成联盟，共同进行地方及国家层面的政策呼吁，不仅是垃圾议题社会组织的选择，也是河流、教育、空气、养老等诸多领域社会组织的尝试，并被证明能有效实现聚合效应，扩大倡导音量。[①] 具体而言，结盟的优势有二：

第一，资源互借与整合。正如案例所示，最初仅有以Z社会组织为圆心的少数几家NGO关注垃圾政策，议题单一、力量分散。当“零废弃联盟”建立并催生“倡导生态链”后，成员角色更加明晰，潜藏的倡导资源也明显增加。虽然“零废弃联盟”在全国层面的政治机会结构并不理想，但成员资源的“借用”却可以帮助其在地方开拓倡导渠道，再通过“迂回战术”推动建议逐步进入中央视野。然而，联盟带来优势的同时，也暴露出防艾、教育、救灾等领域都曾面临过的认同缺乏、资源争夺、搭便车等“集体行动之困境”。[②] 这在本书的案例中体现为“卷入度不足”：由于各社会组织都有自己的固定业务，尤其运作型组织面临严峻的绩效压力，故从理性角度考虑，部分成员会压缩在倡导上的投入。“零废弃联盟”政策官员就曾无奈地说：“我们曾经想向国家提一项建议，需要收集大量地方数据作为基础。当时就出现了动员上的困难。因为大部分组织是在一线做垃圾分类的，对于倡导关注和参与都少，人员、经费也都很紧张，很难投入太多来协助调研。”（零废弃联盟访谈记录，20180920）

由此可见，结盟虽然带来了资源的客观增加，但若不能巧妙化解内

① 童志锋：《动员结构与自然保育运动的发展——以怒江反坝运动为例》，《开放时代》2009年第9期。

② 赵小平、赵荣、卢玮静：《非政府组织联合体建设中的集体行动难题分析——以中国FA草根联盟为例》，《中国非营利评论》2012年第1期。

部的协同惰性，便无法有效盘活这些资源，更遑论提升政策影响力。① 故必须在联盟内部建立共识及合作机制，并向组织成员赋能，使倡导生态链的“下游”更加稳固，打造能“集中力量干大事”的集体型政策企业家。据此，得到如下命题：

命题 4　社会组织可通过“结盟策略”优化政策倡导绩效，获得政府接纳。个中关键在于提升成员倡导意愿与倡导能力，并建立内部合作机制以克服集体行动困境。

其二，多元角色战略配合。“单靠合作不足以克服许多潜在的或实际的障碍，为了支持目标实现，协作必须具有战略性。”② 在政策倡导中，这种战略性突出表现为联盟成员通过多元角色配合所展现的“一体多面”。联盟成立之前，各组织只能展示契合于某一倡导议题的一种“相貌”。结盟后，数十名成员既共同享有联盟这张名片，对外呈现“专业、温和、中立”的形象以获得政府接纳与信任，规避政治风险。同时，联盟也拥有了数十张面孔，可以通过识别、培育、孵化成员组织，以涉足更丰富的、甚至某些激进的政策议题。以“零废弃联盟”为例，其内部正涌现出四类倡导角色，针对不同性质的垃圾政策振臂呼吁：其一，冲锋兵。此类组织面向垃圾焚烧等争议性政策，往往直接介入抗争，以协助维权的方式发起倡导，依托焦点事件推动政策议程。其二，弹药库。此类组织对焚烧等政策持反对态度，但行动低调，往往采用收集资料、撰写科普文章的方式揭示、传播政策短板，通过建构社会舆论的方式向政府施压，并为有政治资源者提供倡导“弹药”。其三，布道者。此类组织通常与政府有良好关系，会避免介入分歧性议题。擅长实地调研、科学分析，通过撰写报告、举办论坛等方式为分类、减塑等无争议政策提供建议、“软化”公众，使之习惯于新思想、新举措。其四，先行军。此类组织以一线实践见长，善于利用 NGO 行动力强、体量小、试错成本低的特征，先在局部地区展开垃圾分类试验，并适时将成功经验传递政府

① 杨柯：《社会组织间自合作成功的关键因素探讨——以“5·12”汶川地震陕西 NGO 赈灾联盟为例》，《中国行政管理》2015 年第 8 期。

② Mintrom M., Thomas M., “Policy Entrepreneurs and Collaborative Action: Pursuit of the Sustainable Development Goals”, *International Journal of Entrepreneurial Venturing*, Vol. 10, No. 2, 2018, pp. 153 – 171.

内部，是政策备选方案的供应者。上述四种角色既可独自行动，也可结成生态群落相互配合。如“弹药库”可为“冲锋兵”的行动提供理论支撑，保证其“理性抗争”；“布道者”则可利用自身研究能力和政治资源将“先行军”的实践经验汇总并呈递政府。类似策略在赈灾、教育等领域中均已得到验证，[①②③] 故也可尝试移植到其他联盟，其成员既可以在“政策包”中选择擅长的议题与行动方式，单点出击；也可以相互借力，在已有资源的互换下生成新资源，实现“1 +1 大于 2”的效果。综上，可得到推断：

命题 5 社会组织联盟有必要推动成员社会组织搭建生态群落，实现战略性协作，针对性地发展与政府的多元关系，进而优化倡导效果。

五 基于行动做倡导：社会组织政策倡导的优势策略

大部分社会组织影响政策的主要途径是以焦点事件为突破口，强化决策者、专家、公众对焦点事件的关注，以获得政策议程设定的话语权。[④] 但焦点事件本身在政策问题认定过程中只是一种预警，其能否上升为公共政策取决于问题的深度、影响的广度以及可能解决的程度。[⑤] 垃圾议题社会组织正是运用三类行动策略回应了上述“三度”，从而跳出短暂、空泛、激进的政策辩论误区，成功扮演政策企业家角色：其一，议题转换行动。根据政治气候和社会关切进行倡导议题调整，是政策企业家的常用策略。案例中，社会组织及时承接了反焚抗争这一热点，并审时度势，首先将其从维权维稳问题置换为“安全焚烧”和“源头减量”等环境保护问题，回应“生态文明建设”的大政方针；而后再将“社区垃圾分类”从单纯的环保议题升级为“基层社区能力建设”课题，契合

---

① 童志锋：《动员结构与自然保育运动的发展——以怒江反坝运动为例》，《开放时代》2009 年第 9 期。

② 赵小平、赵荣、卢玮静：《非政府组织联合体建设中的集体行动难题分析——以中国 FA 草根联盟为例》，《中国非营利评论》2012 年第 1 期。

③ 杨柯：《社会组织间自合作成功的关键因素探讨——以“5 · 12”汶川地震陕西 NGO 赈灾联盟为例》，《中国行政管理》2015 年第 8 期。

④ 吴湘玲、王志华：《我国环保 NGO 政策议程参与机制分析——基于多源流分析框架的视角》，《中南大学学报》（社会科学版）2011 年第 5 期。

⑤ 陈建国：《金登：“多源流分析框架”述评》，《理论探讨》2008 年第 1 期。

“社会治理创新”的国家发展战略。两个转换不仅实现了议题“脱敏”，也为其政策建议注入了更有价值的内涵，提升了倡导合法性与政府接受度。其二，数据反馈行动。社会组织发挥其专业能力，通过对城市社区、垃圾行业等的资料收集与分析，将垃圾危机以清晰的数据呈现在政府面前，促使垃圾管理问题再度进入政策议程。其三，局部实践行动。“不仅指点江山激扬文字，更要身体力行敢为人先”是社会组织政策倡导的核心理念。立足于此，“零废弃联盟”从2017年开始开启了“零废弃参访”“社区垃圾分类培训”“北京垃圾分类市民论坛”等一线实践活动，旨在对接垃圾减量、分类、循环利用过程中政府、企业、社会组织各方所需资源，提升社会组织在社区垃圾分类中的操作能力。这些社会组织不仅在强制垃圾分类政策出台前“先吃螃蟹”，探索实操经验，塑造成功试点，提供可行方案；也在政策出台之后，运用社会组织与公众的紧密联系，引导、带动社区居民践行政策，增强执行效果，反馈政策不足，提振社会信心。

综而观之，社会组织在政策倡导中虽然具有明显的短板，却因其敢于行动、善于行动，成为政策创新过程中不可小觑的一股力量。通过将焦点事件转变为可操作议题，并辅以扎根一线的实践，社会组织既能为政策制定提供方案，也能推动政策执行并检验效果，从而打通整个政策闭环。由此，得到如下推断：

命题6　“基于行动做倡导”的独特策略可以弥补社会组织的政治资源短板，打消政府政策创新的担忧和乏力，助推其成为政策智囊队伍中不可小觑的力量。

本章小结

近些年，政策参与空间逐渐拓展，政府持续释放对于NGO政策倡导的接纳与鼓励态度。2017年5月4日《关于社会智库健康发展的若干意见》正式对外公布。《意见》指出要引导以社会团体、社会服务机构、基金会等组织形式注册的社会智库健康发展，并提出了拓展社会智库参与决策咨询服务的四条有效途径。在此种背景下，如何推动社会组织顺势而为，抓住机遇，在政策倡导场域有效发挥作用，与政府成为互补协作的亲密战友，是值得深入探讨的议题。本章以倡议联盟框架为依托，对社会组织垃圾治理政策倡导实践和挑战进行分析，进而拓展出理解社会组织政策倡导及背后政社关系形态的六个命题。

这一方面描述了政策倡导领域中社会组织的角色变化，也即实现了从“政策接收者”到“政策倡导者”的身份转型。其通过“进入政策子系统—组建政策倡议联盟—获取政策倡导资源—择取政策场地—开展政策学习”这一动态过程，努力将自身的政策信念、政策规划、政策路径传递给政府部门。但纵使环保社会组织政策参与的主观能动性日益提升，却因受制于内外多方因素掣肘，其倡导之路依然曲折。这种曲折的根源在于以之为主体的“垃圾分类联盟”和政府、企业等主体建构的“垃圾焚烧联盟”之间存在着从宏观到微观层面的信念体系差异。这种差异使得政府与社会组织在政策制定过程中形成了一种“选择性聆听”的关系。即当后者的政策建议恰好与国家战略方向吻合时，政府则表现出积极姿态，借助社会组织的实践力和沟通力，完善并推行政策；但当后者的政策建议或会触动政策体系的根本理念时，政府则可能采用“不闻不问”或“坚持己见”的策略，坚持推进既有决定。从整体视角来看，政府将社会组织的部分意见拒之门外，并非绝对的不理性行动。相反，在社会治理体系中面临的问题是多样化的，政府必须在其中求取平衡。一项政策会影响的社会主体也是多元化的，政府必须考虑到部分人的政策接受度和执行力，确保政策能够切实推进。这也是为何“渐进式决策”始终是我国公共决策过程中的重要方式。在政策倡导领域，社会组织宛如政策天平上的一块砝码，政府还需要添加其他利益主体的意见建议，以使天平获得最终的平衡。面对这架晃晃悠悠的天平，社会组织只有不断提升自身话语权和政策建议质量，才能够将有价值的砝码置于其上，使政府减少对其的担忧、质疑、不信任。

另一方面则管中窥豹，透视政府与社会关系之演变，即随着经济社会发展，政府开始倾听社会组织的声音并乐于做出回应甚至改变，[①] 这意味着政社协同治理模式正在兴起并规模渐增。但必须承认，这一改变依

---

① Andrew M.，““Fragmented Authoritarianism 2.0”：Political Pluralization in the Chinese Policy Process”，*China Quarterly*，Vol. 200，No. 12，2009，pp. 995 – 1012.

然存在限度。比如在确立社会参与机制时，国家保留了很大的自主性，通过网络意见征集、两会提案、座谈会等制度内渠道来“挤出”公开听证、法律诉讼、游行示威等风险较高的工具。这在一定程度上抑制了社会力量的生产，使大部分社会组织不得不用严格的自我审查，确保自身处于“非对抗”状态，最终导致某些敏感却重要的议题被“刻意忽略”。① 受制于上述环境，我国倡导型组织数量始终比较有限，大部分社会组织倾向于倡导与服务并行。这可以理解为一种“防御机制”，也即当制度不甚理想时，其还能将业务收缩至单纯的公共服务，确保“进可攻、退可守”。由此亦可预测，政策倡导在短期内并不会成为广大社会组织的必由之路，而只是少数社会组织的“锦上添花”之选。

① Zhan X., Tang S. Y., “Political Opportunities, Resource Constraints and Policy Advocacy of Environmental NGOs in China”, *Public Administration*, Vol. 91, No. 2, 2013, pp. 381 - 399.

第十章

分类合作：城市垃圾风险治理中的政社关系进阶

十余年来，国家层面的治道变革和社会层面的积极参与两相契合，有力地推进了政社结构关系的协同演进，最终落脚于将“党委领导、政府负责”与“社会协同”结合起来，实现双方的“利益一致、功能耦合与沟通顺畅”。[1] 城市垃圾风险治理是否也呈现同样的趋势？前文基于对公共政策的文本梳理、问卷数据的概览分析、五大场域的深入观察，阐述了社会组织的行动策略及政社关系，本章将做总结提炼，并以垃圾议题作为视窗，分析在更广泛的环境治理中，如何推动政社关系升级进阶，获取合作优势。

具体内容由两部分构成：第一节立足“实然”，基于“结构—功能—关系”三重视窗梳理总结垃圾风险五个治理场域中政社关系的变迁与现状。第二节立足“应然”，将五个场域进一步概括为社会组织的“服务型功能”“表达型功能”及“复合型功能”，基于“分类合作”理念剖析宏观环境风险治理中政社合作的挑战与对策。

第一节　三重视窗：城市垃圾风险治理中的政社关系总结

垃圾治理曾经是政府环卫工作的重要组成部分，其真正沉入社会，与每个人的生活相关联，可以以2000年八个垃圾分类试点城市的确立为

① 苏曦凌、杜富海：《走向协同：社会管理中政府与社会组织关系形态的理性建构》，《广西师范大学学报》（哲学社会科学版）2015年第4期。

肇始。20多年过去，伴随着政府放权与社会增权，政社关系也在实践中持续变化，并在现阶段形成了较为稳定的现代化结构。本节从动态与静态、纵向与横向维度对五个场域中的政社关系进行概括。在追溯变化的同时，关照现阶段政府和社会组织在垃圾治理多元场景中的角色、职责及互动形态。

本书开篇提到，以社会组织的功能为标准，城市垃圾围城治理五个场域所发挥的功能可以划分为三种类型：一类为“服务型功能”，如垃圾分类、回收循环，社会组织在其中提供一切可以直接增进公共服务力的实践行为。另一类是“表达型功能”，如冲突化解、政策倡导，社会组织在其中提供公共言论和知识生产，既可以为某些社会群体进行利益代言，也可以就某些公共议题发表自身看法。还有一类介于二者之间，属于“复合型功能”，如宣传教育和设施监管，社会组织集“服务”与“表达”于一身，博弈与合作为一体。面向不同场域与功能，政府对于社会组织的态度和互动策略具有显著差异。[①] 进一步做历时性回溯，则不难发现，垃圾治理中的场域、社会组织功能以及政府和社会互动形态并非全然不变，而是跟随社会形态和环境战略的调整而不断调整。这为我们提供了理解垃圾治理中政社关系的“三重视窗”：第一重视窗是立足“结构”，从治理场域的数量和结构变化透视政府与社会组织在环境治理链条中的偶遇与彼此接纳；第二重视窗关注“功能”，从社会组织的功能演进来解读政社力量对比的变化；第三重视窗直接聚焦“关系”，从各场域中政社互动的微观形态来追踪双方关系调整。

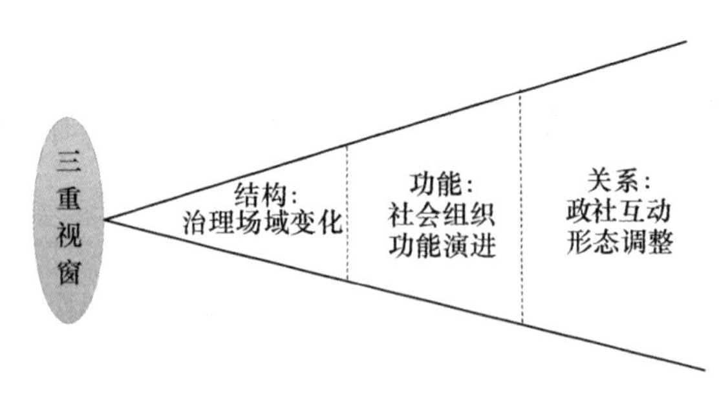

图10.1 理解垃圾治理政社关系变迁的三重视窗

---

① 唐文玉：《社会组织公共性和政府角色》，社会科学文献出版社2017年版，第34页。

一 第一重视窗：从无到有的垃圾治理场域

（一）1996—2008 年：社会力量薄弱，治理场域覆盖有限

“拾垃圾”被称为中国民间环保组织的“老三样”之一。早在 1996 年，廖晓义创办的“北京地球村”就通过撰写《致居民的一封信》等宣传教育、建立试点的方式协助北京市西城区大乘巷的居民进行垃圾分类，并向各级政府送交垃圾分类提案。2000 年，在广西壮族自治区横县，国际乡村改造学院的中国项目组通过与地方环保局、教育局合作，建立起垃圾分类处理系统。同年，首批垃圾分类试点城市确立，各地开始实践探索。但总体而言，该阶段“垃圾围城”尚未被建构为一项紧迫的环境问题，政府的解决方案也是典型的“技术导向”，社会参与未受重视。少数社会组织的关注点则多集中在宣传、倡导方面，并未沉入社区做实实在在的垃圾分类实践。问题界定不清晰以及政社双方的疏离导致在很长时间内，垃圾治理的重点都局限在宣传教育场域中。①

（二）2009—2016 年：社会组织涌现，治理场域持续拓展

2009 年被视作中国的垃圾危机元年。全国从北到南，垃圾焚烧发电设施引发的观点争议与维权行动此起彼伏。以政府、企业、行业专家为代表的“挺焚派”和以公众、环保组织等所构成的“反焚派”态度泾渭分明，争执不休。垃圾围城问题由此从后台走向前台，成为无法回避的环境危机。仅靠志愿者捡拾垃圾和个别社会组织的宣传教育，已然无法回应愈演愈烈的挑战。鉴于此，垃圾议题 NGO 数量渐增，工作手法转向精细化，政府与社会组织的互动场域亦随之变得多元。

首先，反焚行动的持续催生了“冲突化解场域”。从北京六里屯反焚居民给自然之友的求助电话开始，社会组织和冲突治理结下不解之缘。虽然维权抗争在中国是极为敏感的话题，也有诸多组织采取“不支持、不反对、不组织”的策略刻意与之保持距离，但“原子化”市民对社会组织的需求依然将部分社会组织推入该场域。从 2007 年至 2020 年，反焚抗争从未销声匿迹，如何在有限的行动空间中理性、有效地化解冲突，

---

① 刘海英：《重回垃圾议题之垃圾危机：NGO 吹响“集结号”》，2011 年 5 月 20 日，http://www.chinadevelopmentbrief.org.cn/news-13467.html，2020 年 10 月 8 日。

既能协助政府维护社会稳定，同时也能直抵问题本质，成为社会组织的行动目标。

其次，以反焚小区为抓手的垃圾分类实验孕育了“垃圾分类场域”。不温不火的垃圾分类在反焚运动中被重新赋予生机。以“六里屯反焚案”为样本，阿苏卫、番禺等抗争中，环保组织都主张以社区垃圾分类为切入点，打破政府和居民的对立，为维权行动争取合法性，也为根治焚烧风险寻求善解。在社会组织和社区志愿者的携手努力下，垃圾分类实验获得不同程度的成功，有效推动了地方政府对该议题的关注与认可，也吸引越来越多的社会组织介入，成为垃圾分类的有力推动者。

再次，对焚烧风险的关切推动“焚烧监督场域”诞生。反焚抗争不仅展露了前端垃圾分类的紧迫性，同时也凸显了末端污染防治的重要性。公众和环保组织对环境知情权和参与权的强烈诉求将原本由政府垄断的环境监管拓展为多元参与的环境监督，吸引了部分社会组织加入，也推动着政府环境信息公开和企业环境责任履行的不断完善。

最后，一线行动的经验助力“政策倡导场域”成熟。虽然早在20世纪90年代，北京地球村就已针对垃圾分类撰写政策提案，但彼时相关组织数量鲜少、对垃圾危机状况了解有限、垃圾分类实践经验十分匮乏，加之社会力量参与公共决策的法律法规、机制程序等均不成熟，政策倡导空间狭小、效果有限。经过十余年发展，不仅公共参与的法治化和科学化水平提升，社会组织也已围绕垃圾议题开展了大量基础调研和行动探索，形成诸多值得凝练推广的模式与建议，政策倡导场域自然成为社会组织施展能力的舞台之一。

（三）2017年至今：社会组织发展，治理场域迈向纵深

2017年，在中央政府的高度关注与大力支持下，垃圾强制分类时代开启。垃圾治理场域也从“横向拓展”转为“纵向深入”。具体体现有二：一是各场域中出现公益链条或行动网络。社会组织之间通过“合纵”策略，将资助型社会组织、枢纽型社会组织和行动型社会组织串联起来，构成“资助—联络—行动”链，形成工作手法各异、相互支持配合的NGO网络。二是各场域中政府与社会组织的互动更加深入。垃圾分类场域，社会组织与政府目标一致，双方合作从实践探索写入政策文本，在合作制度、合作方式、合作项目等方面都获得不俗进展。焚烧监督、宣

传教育等场域中，政府也越发认可社会组织在公众动员、污染调研、数据分析等方面的专业能力，二者优势互补，治理绩效得以提升。

概言之，垃圾治理场域从无到有、从点到线、从拓展到深入的变化，是政府与社会组织协同增效的结果，这一方面归功于社会组织不懈地自我成长与业务精进，另一方面则仰赖于政府对社会诉求的回应和对社会力量参与环境治理的接纳。现阶段，垃圾议题社会组织数量稳步增长、治理能力持续提升、利益表达不断成熟，与政府的互动链条延伸、互动图景清晰，正逐渐塑成“以政府为主导、以企业为主体、公民和社会组织共同参与”的“一核多元”垃圾治理体系。

二 第二重视窗：持续演进的社会组织功能

垃圾治理场域拓展为社会组织提供了更大的舞台，激发其迈向社会组织合作化、业务精细化和议题深耕化。而与之同时发生的，是其服务功能和表达功能的交织演进。在宣传教育和环境监督场域中，社会组织均发挥集表达、服务于一体的“复合型功能”，但其达成功能耦合的路径并不相同。

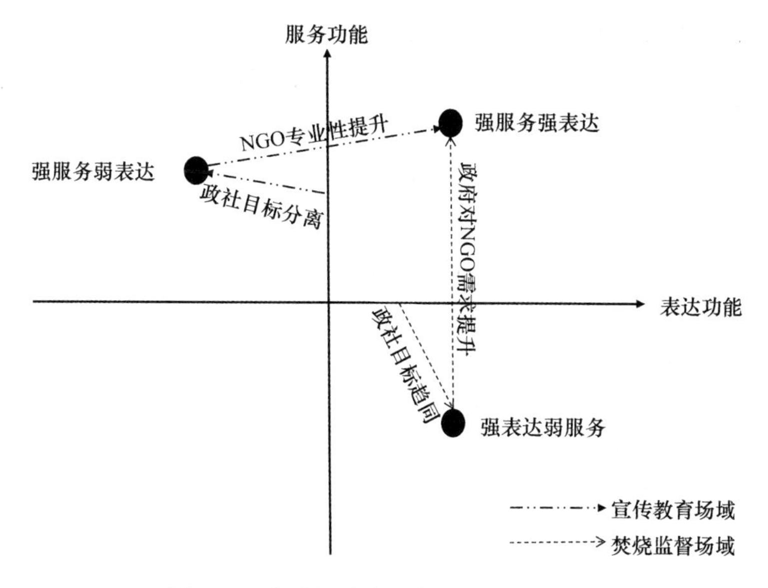

图 10.2 部分场域中社会组织的功能演进

在宣传教育场域，社会组织经历了“服务—强服务弱表达—强服务强表达”的演变。公众环境教育是社会组织与政府环保部门的共同目标，前者最初是作为后者环境宣教的触角伸向基层，在政府指导下提供更丰富、生动、有趣的公众倡导服务是很多社会组织的主要业务。但随着生态环境问题日益严峻，社会组织的专业化水平和自觉自为性不断提升，其开始反思“环境问题的本质是什么”“环境宣教的目的是什么”“公众在环境风险治理中的角色是什么”等问题。当和政府观点出现深刻分歧时，部分社会组织便不再简单扮演政府的“宣传队”和“播种机”角色，而是结合自身调研与实践，形成独立的环境沟通目标。在这个过程中，社会组织的服务功能逐渐向表达功能让渡，呈现从“强服务弱表达”向“强服务强表达”演进之势。

相反，在焚烧监督场域，社会组织则经历了“表达—强表达弱服务—强表达强服务”的转向。社会组织对垃圾焚烧的关注源自社区居民反焚烧的邻避运动。基于从根本解决问题的理念，部分社会组织对焚烧设施运行状况及周边环境影响进行了深入调查，发现企业管理和政府监管中存在诸多短板。因此，社会组织最初的工作便是立足环境公益目标，积极履行“表达功能”，勇敢提出“异议”，坚持不懈地向有关部门发出提醒，敦促其在焚烧战略规划、技术使用、设施监管等方面更加审慎。为回应社会诉求，政府提升对垃圾焚烧行业的监管，在污染监控、信息公开、环保督察、公众参与、公益诉讼等方面频出政策、持续行动，并引入社会组织力量，共同助力垃圾焚烧发电企业实现达标排放。政府理念的转变推动政社目标趋近，治理工具的丰富则为环保 NGO 拓宽参与渠道。由此，社会组织的表达功能逐渐融入服务功能，呈现“强服务弱表达”向“强服务强表达”演进之势。

有学者认为，当前“社会组织仅仅实现了相当程度服务性的‘本功能’，而表达性‘本功能’则处于深度抑制之中”。[①] 如上两个场域中社会组织的功能演进部分佐证了该判断，但也从动态视角描画了一幅新图景，有助于更全面地理解垃圾治理中的政社关系变迁。

首先，政社关系将随着对问题认识的不断深入而变化。虽然从宏观

---

① 苏曦凌：《政府与社会组织关系演进的历史逻辑》，《政治学研究》2020 年第 2 期。

视角来看，每个历史时期社会组织的功能和政社关系均呈现不同特征，但不宜一概而论。具体到中观议题和微观场域，服务功能和表达功能孰强孰弱，不仅取决于政社力量对比，也与双方对问题的认知密切关联。当社会组织足够敏感，意识到潜藏在环境问题表象下的本质时，其表达欲望便会被激发。相关社会组织会通过组织结构优化、行动策略调整、行动网络搭建等方式来突破障碍，强化自身表达功能，加强对政府的游说和倡导。相对应地，当政府具有改革内驱力或是受到足够大的舆论压力时，也会重新审视行政手段之力所不及之处，转向吸纳社会力量，与之协同治理，以提升环境治理的合法性和绩效。

其次，良性政社关系的建构需要社会组织能力提升和政府开放赋权的耦合。如上两个场域中社会组织功能拓展及政社关系优化实际上是“两条腿走路”的过程：一条腿是社会组织能力的提升。这种能力包括两方面：一是深耕某一领域所带来的话语自信；二是对体制的适应能力。前者决定了社会组织是否足够专业，能获得政府的认可和欣赏，从而摆脱依附地位。后者则决定了社会组织是否了解政府的需求和行为方式，能发挥自身优势做成体制做不到的事。另一条腿是政府的开放赋权，即在表达方面聆听社会组织的声音并主动向其咨询意见，在服务方面了解社会组织的行动与特长，找到与之相互促进之处并提供资源支持。

最后，社会组织双重功能的同步发展依赖于政社间适当妥协。“强服务强表达”是社会组织复合型功能发挥的理想状态。但实践中，强服务往往会导致社会组织进行自我审查，挤压表达空间。同样，强表达则很有可能影响政社关系而使社会组织在服务提供时受阻。因此，要使二者达成平衡，政社双方就需要适当妥协。社会组织需要将表达与服务相结合，在垃圾风险提示时，提出理性的建设性建议，并加大对公众参与垃圾治理的倡导。政府则可以对社会组织适当“松绑”，与之一起共塑风险知识、开展更透明的风险沟通，建立“容错机制”，改善“报喜不报忧”的宣教模式。

三 第三重视窗：不断调整的政社互动形态

政社关系向来众说纷纭。从政治哲学或市民社会理论出发，学者提出二者是对抗或制约关系[①]；从经济学和管理学视角，学者将其解读为竞争或互补关系[②]；更多学者认为二者之间的关系根据目标、环境等多重因素而不断变化，既有制约和对立，也存在合作、契约乃至相互嵌入的形态[③]。由于上述纷繁复杂的互动形态在科斯顿的模型中都有所涉及，故本部分以该模型作为依托来回顾垃圾治理场域中的政社关系变化（见图 10. 3）。

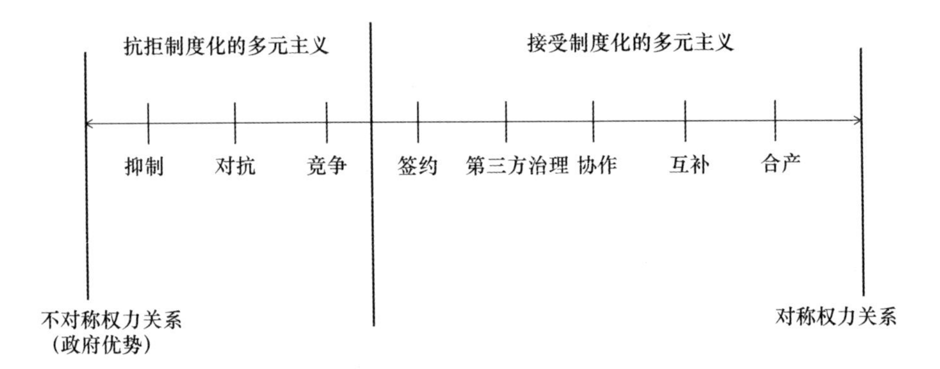

图 10. 3 科斯顿的政府与非政府组织关系模型

科斯顿（Coston）根据政府对制度多元主义的抗拒或接受程度，政府与非政府组织的联系、相对权力关系、正式化程度、政策有利性及其他特定类型特征六个变量，将政府与非政府组织间互动分为抑制、对抗、竞争、签约、第三方治理、协作、互补、合产八种可能的关系模式[④]（见图 10. 3）。在这一连续统中，竞争关系居中，根据二者的博弈与磨合，既有可能走向“冲突形态”，也有可能演化为“合作形态”。随着社会变迁，垃圾治理各场域中的政社关系也在这个连续统中变化（见表 10. 1）。

---

① 邓正来：《国家与市民社会：中国视角》，上海人民出版社 2011 年版，第 13 页。

② Bruce R. Kingma, “Public good theories of the non-profit sector: Weisbrod revisited”, *Voluntas: International Journal of Voluntary and Nonprofit Organizations*, Vol. 8, No. 2, 1997, pp. 135 – 148.

③ 马全中：《促进与合作：论非政府组织与服务型政府的相互建构》，中国社会科学出版社 2018 年版。

④ Coston J. M. A. , “Model and Typology of Government-NGO Relationships”, *Nonprofit and Voluntary Sector Quarterly*, Vol. 27, No. 3, 1998, pp. 358 – 362.

表 10.1 垃圾治理各场域中政社关系的变化趋势

社会组织功能	治理场域	第一阶段	第二阶段	第三阶段
服务型功能	垃圾分类	抑制	互补	协作
复合型功能	焚烧监督	\	对抗 + 协作	竞争 + 协作
	宣传教育	抑制	对抗 + 协作	竞争 + 协作
表达型功能	冲突化解	\	对抗	互补
	政策倡导	抑制	竞争	互补

在垃圾分类场域，在政府主导但效果不佳的情况下，社会组织开始关注并在小范围内试点，补充政府难以触及之处。获得成效后模式得以推广并推动垃圾分类成为国家战略，形成现阶段的政社协作之势。在协作中，政府主要负责制度供给，社会组织负责政策落地并持续进行分类新模式的创新和复制。

在焚烧监督场域，垃圾焚烧厂的污染问题最初并未得到足够关注，社会组织以维权群体的理性支持者和方案提供者身份入场，努力寻求与政府的协作机会，但也偶有对抗。伴随着政府环境监督力度提升，目前竞争与协作关系并存。竞争主要体现在对焚烧战略规划、技术应用、经济补贴、政府督企行为等方面的理解差异和行为竞争，协作则是双方通过实地参观、数据排名等项目合作的方式共同加强对焚烧设施信息公开、污染排放方面的监督。

在宣传教育场域，同样遵循从“政府主导”到“对抗与协作并存”再到“竞争与协作并存”关系的转变。协作发生在对公众、企业等利益相关方进行垃圾治理知识的传播和环保行为促进。竞争则集中在对垃圾焚烧风险的正向与负向传播之间。

在冲突化解场域，社会组织从缺席到短暂的对抗性入场，因受到多方掣肘后迅速调整策略，转变为与政府实施功能互补。在社会稳定风险评估、引导公众合理维权、推动冲突治理转型等方面扮演行政力量所难以扮演的角色。

在政策倡导场域，双方围绕垃圾治理政策从政府主导演进为竞争关系，再转变为互补关系。政策观点由竞争向互补的变化一方面证实了公众参与公共决策空间的拓展，另一方面也说明社会组织在倡导过程中变得富有技巧和智慧，用其“善于行动”和“长于创新”的优势弥补政策制定中的缺失。

如上五个场域政社互动形态的起点、进路和终点虽各有不同，但都呈现从“制度化的一元主义”迈向“制度化的多元主义”的走向，说明对于垃圾治理议题，政府与社会组织始终在寻求共识、积极调适，并呈现越来越显著的合作趋势。

表 10.2　　现阶段垃圾治理各场域中的政社关系及各方职责

<table>
<tr><th rowspan="2">社会组织功能</th><th rowspan="2">治理场域</th><th rowspan="2">关系</th><th colspan="2">职责</th></tr>
<tr><th>社会组织</th><th>政府</th></tr>
<tr><td>服务型功能</td><td>垃圾分类</td><td>协作</td><td>创新实践</td><td>制度供给</td></tr>
<tr><td rowspan="4">复合型功能</td><td rowspan="2">焚烧监督</td><td>竞争</td><td>监督政府</td><td>回应监督</td></tr>
<tr><td>协作</td><td>监督企业</td><td>监督企业</td></tr>
<tr><td rowspan="2">宣传教育</td><td>竞争</td><td>负向风险传播</td><td>正向环境宣传</td></tr>
<tr><td>协作</td><td>环保知识宣传和行为促进</td><td>环保知识宣传和行为促进</td></tr>
<tr><td rowspan="2">表达型功能</td><td>冲突化解</td><td>互补</td><td>理性引导、冲突转化</td><td>秩序维护、冲突处置</td></tr>
<tr><td>政策倡导</td><td>互补</td><td>经验提炼、民意反馈</td><td>倾听吸纳、政策优化</td></tr>
</table>

第二节　分类合作：环境风险治理中的政社关系进阶

康晓光等学者曾经通过考察 20 世纪 90 年代以来我国对社会组织管理的实践，提出了“分类控制体系”。在这一体系中，政府为了自身利益，根据社会组织的挑战能力和提供的公共物品，对不同的社会组织采取不同的控制策略。国家允许公民享有有限的结社自由，允许某些类型的社会组织存在，但不允许它们完全独立于国家之外，更不允许它们挑战自己的权威。同时，国家也有意识地利用各种社会组织提供公共物品的能力，使其发挥“拾遗补阙”的作用。[1] 在我国国家与社会的权力格局中，国家占据绝对主导地位，这在市场化改革初期具有很强的解释力。但近十余年，伴随着服务型政府建设不断深入、共建共治共享社会治理理念提出、社会组织迅速成长与发展，政社关系由“控制”转向“合作”也成为理想目标。在这一合作体系中，“分类”视角依然适用。与“分类控制”不同的是，“分类合作”不是以政府为主导来塑造政社关系，而是以社会组织功能为参照，以最大限度激发双方能力为目标，基于不同场域、不同功能下政社互动的实践及其短板，选择恰当路径，将其引向适应性的合作治理。这一结论虽然是以城市垃圾风险治理作为观察样本得出，但依托于对五个治理场域和三类社会组织功能的概化，本书最大限度地实现了研究发现从微观行动场景向中观垃圾议题再向宏观环境风险的拓展，对于同类环境问题的治理具有借鉴意义。

一 发展式合作：服务型功能下的政社关系进阶

（一）基于“工具理性”的协作式公共服务

社区垃圾分类是垃圾治理中社会组织服务型功能发挥的重要场景。前文研究发现，政府与社会组织可以遵循“目标契合型路径”“内力支撑型路径”“外因驱动型路径”等多条路径，建构政府支持型、政社互促型和自我发展型三类互动模式。另有学者指出，现阶段我国很多组织尚处初创期，较为明智的选择是“借助政府资源，在参与中成长”[2]，通过有策略的沟通、有智慧的妥协、有原则的坚持，逐步消解资源与权利的单向流动。这在短期内是务实、明智之选，但从长远来看，却会导致政社关系长期处于“协作”状态，并产生“工具主义”之局限。

不同于“合作”，协作建立在工具理性基础上，发生在结构化系统之中，以分工为前提，可以进行科学化、技术化建构，[3] 是当前环境公共服务领域中政社互动最常见的形式。它以政府购买为核心载体，以合同制

---

① 康晓光、韩恒：《分类控制：当前中国大陆国家与社会关系研究》，《社会学研究》2005年第6期。

② 彭少锋：《政社合作何以可能》，湖南大学出版社2016年版。

③ 张康之：《合作是一种不同于协作的共同行动模式》，《文史哲》2013年第5期。

为关系形态，有效地发挥了政府和社会组织各自优势，克服了单一主体无法超越的短板。但由于协作过程源于利益谋划而开展，一旦利益目标消失或出现分歧则无法产生。并且，基于合同的协作本质上是对契约关系中制度和规则的信任，而非对人或组织的信任，具有显著的工具性特点,[①] 无法长期稳定，会对环境可持续治理造成阻碍。现阶段，由于大部分地区的政社力量并不均衡，社会组织对政府存在明显资源依赖。在提供垃圾分类服务时，政府对社会组织呈现出一种工具性的协作关系。具体表现如下：

1. 协作动机的工具性。现阶段，政府在垃圾分类培力中引入社会组织的目的在于垃圾分类的成本削减或绩效增长。政府购买是在“环境政绩跑步机”驱使下的一笔市场交易，而非激发社会活力、培育共事“伙伴”的载体。政府会运用理性思维，在价值考量、工具选择等方面合理权衡、理智取舍。在工具性动机驱使下，除非社会组织具有极强的能力，能帮助政府快速达成上级考核目标，否则双方合作就很容易被其他形式所替代：一是政企协作。多年前，部分社会组织作为先遣队进入社区推动垃圾分类，在持续努力下取得了不俗成绩。但随着强制分类政策实施、覆盖范围迅速拓展、考核指标层层下压，社会组织“小而美”“慢工出细活”的工作手法变得不合时宜。在对几位区城管局负责人的访谈中，对方都直言不讳地说：“公益组织毕竟理念不一样，没有那么多的人力物力，没有设备、没有技术、没有产业链，工作能力有限。现在我们以购买服务的方式引进企业，用互联网 + 的积分模式。我们就按照上级的要求考核，要求你必须达到参与率、分类率的要求。专业的事情还要专业人干，入户宣传这一块社会组织也有一定的优势，但是具体工作他做不来。那社会组织能干得过企业吗？社会组织都是公益基金捐助，他不是企业行为，不可能靠这个赚钱。”（G 市 H 区城管局访谈记录，20180516）“有一个公司从五六个人一直做到五六百人，做到了从前端分类、中端转运和末端处置的全链条全包。这样的第三方能比较快捷高效地完成全部工作，NGO 是做不到的。”（S 市 J 区环卫科访谈记录，20170717）社会

① 张康之:《在历史的坐标中看信任——论信任的三种历史类型》,《社会科学研究》2005 年第 1 期。

组织所秉持的“人思想行为的长期改变”这一过程性目标与基层政府“高参与率高分类率”“全流程处理”这一结果性目标之间出现分歧，导致“政府更愿意跟企业合作，NGO 很难分到一杯羹，根本拿不到垃圾分类办的钱。有时候没办法只能把社区垃圾分类‘粉饰’成党建项目来争取其他路子的支持。”（社会组织访谈记录，200806）这实际上背离了社会组织的行动初衷，也会影响最终产出。二是“逆向替代”[①]，也即基层政府委托社会组织开展环境公共服务的时候，发现委托社会组织虽然能解决一定问题，但政府不仅要给予资金，还要为其站台，帮其动员社区资源，甚至还需承担相应风险。于是通过自身努力直接掌握专业技术，从而逆向替代社会组织的服务功能并终止合作关系。这一选择亦是从“成本—收益”的工具性动机出发，是一种“运用社会组织”的思维，也即当作为协作者的社会组织未能有效完成合同“规定动作”时，双方的联结也就失去了价值。

2. 协作结构的工具性。协作者处于一种命令服从的语境中。[②] 政府在委托社会组织提供环境公共服务时，秉持的也是一种“单中心”治理思维。后者往往被视为延长政府手臂的工具性组织而非独立平等的个体。[③] 因此，政府虽然给予相关 NGO 以资源支持，但这种支持的目的依然在于协作目标的完成而非社会组织本身的发展。由此，政府与社会组织之间也就形成了一种政府主导、社会组织辅助的“权威—依附”关系结构，其存在的主要价值是为政府“分忧解愁”，需要在政府设定的考核指标范畴内行动，而缺乏理念共塑、目标共商的空间。即便对于专业能力很强的社会组织而言，也同样存在这一障碍。某社会组织工作人员就曾无奈地表示：“有一些其他的分类方式，不那么实，但政府比较喜欢，这给我们带来了比较大的压力。按我们的理念慢慢推动是很扎实的，但政府要求今年要全区垃圾分类全覆盖，这其实是很不可思议的一个指标，但没办法，必须要提速。于是只能削减前期宣传的时间，压缩各个步骤。以

① 杨宝、杨晓云：《从政社合作到“逆向替代”：政社关系的转型及演化机制研究》，《中国行政管理》2019 年第 6 期。

② 张康之：《合作是一种不同于协作的共同行动模式》，《文史哲》2013 年第 5 期。

③ 唐文玉：《从“工具主义”到“合作治理”——政府支持社会组织发展的模式转型》，《学习与实践》2016 年第 9 期。

前五年才做掉21个社区，现在要求一年就做掉这么多。不明白为什么要这样大干快干。”（社会组织访谈记录，20170718）

3. 协作策略的工具性。这一方面体现为政府对社会组织类型的“选择性支持”。政府倾向于支持熟悉的、可控的、有助于延长自身手臂的社会组织的发展。而对于那些具有相对自主性活动领域的、对政府而言缺少工具性价值的，尤其是那些自发生成的具有较强公共言论生产功能的社会组织则存在忽视、防备甚至限制的现象。另一方面体现在双方协作的具体方式上。政府通常会使用服务购买、公益创投等方式将社会资源间接转移给社会组织，而对于较为直接的税收优惠、慈善抵扣、公共募款资格等方式控制较严。这样就形成了一种无形的“选择机制”，一些偏离政府预期目标的社会组织在选择中处于劣势，最终不得不通过目标与功能调适向政府靠拢，以换取可持续发展。① 其二体现为制度实践过程中的短期性和象征性。比如，目前政府购买的项目中，一方面是分配给人力的经费有限，另一方面则是可持续性不足，一期项目长则一年，短则几个月，导致社会组织的预期很不稳定，也会影响项目可持续性。同时，还存在“象征性协作”的现象。有社会组织就曾反馈政府在购买协议签定后就不再与之沟通，社会组织只能自己想办法联络服务对象、争取活动场地、搭建关系网络、动员志愿者资源等②，削弱了行动效果。

（二）发展式合作：超越公共服务中的工具主义

1. 明确“发展式合作”理念。协作赖以展开的保障是系统的结构和规则，特别是在生产领域中，通过雇佣的方式而把人们纳入协作体系中来，往往只关注人们的自然能力，只是到了20世纪后期，才在人力资源的概念下对人的知识才干等社会能力加以考虑。③ 与此不同，在实质性的合作关系中，能力和动机、意图等都不能单独引发合作行为，易言之，实质性合作关系是能力和动机的完整统一基础上的合作。④ 合作对人的动机有着更高的要求，即要求合作者不能把协同行动完全作为个人利益实

① 唐文玉：《社会组织公共性和政府角色》，社会科学文献出版社2017年版，第56页。

② 杨宝、杨晓云：《从政社合作到“逆向替代”：政社关系的转型及演化机制研究》，《中国行政管理》2019年第6期。

③ 张康之：《合作的社会及其治理》，上海人民出版社2014年版。

④ 张康之：《合作是一种不同于协作的共同行动模式》，《文史哲》2013年第5期。

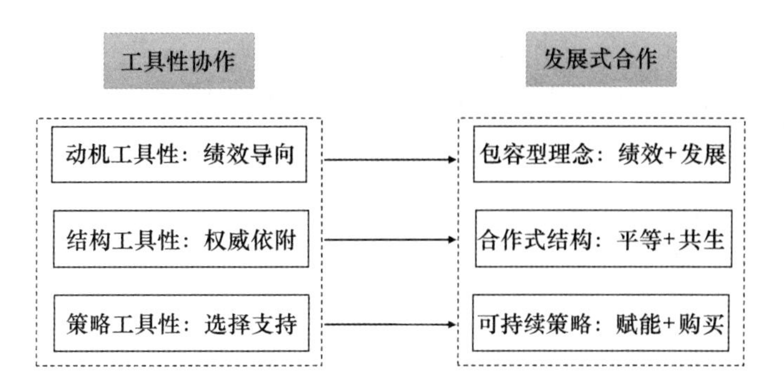

图10.4 面向“发展式合作”的政社关系优化

现的工具来看待，而是要更多地从人的共生共存的大局出发。由此，在环境公共物品提供时，要想充分发挥社会组织的服务型功能，实现政社高效合作，需要政府进行理念转型，也即在考虑服务购买的社会供给效果时，从更长远和更综合的视角来评价双方合作的社会价值。在前文的分析中不难发现，环保社会组织虽积极性高、执行力强，但其能力水平依然亟待提升，主要体现在以下几方面：一是大部分社会组织规模小、人员少、专业性不足；二是缺乏与政府、企业、公众沟通的经验，社会动员能力不足；三是对环保议题的涉及面较窄，侧重于宣传教育，在一些“硬骨头”话题上呈现回避状态。如上短板，许多都需要政府在合作中实现赋能，在“用好社会组织”的同时“为了社会组织”，用社会价值最大化的“发展式合作”理念取代简单依赖市场机制的“工具性协作”动机。这意味着政府向社会组织委托环境公共服务时，不仅追求购买资金总量、服务绩效、考核指标等目的，同时更要放眼长远，以可持续发展的思维培育一批专业、健康、高效的服务型NGO，形成社区居民、社会组织、社会服务人员的有机互动，真正起到激发社会活力的作用，[①] 最终形成“以政社分开为前提、以政府职能转变为基础、以政府购买服务为纽带”的新型政社关系，以及双方相互依赖、边界清晰的善治格局。[②]

2. 形塑“平等共生”的合作结构。这一方面需要社会组织自我增能以获得良好外界反馈，尤其要善用宣传策略打造自身品牌，提升社会影

① 彭少锋：《政社合作何以可能》，湖南大学出版社2016年版，第199页。

② 吴辉：《政社关系的探索与前瞻》，《中国党政干部论坛》2013年第5期。

响力，获得政府信任。同时开放心态，投入资源，运用多元策略维护与政府关系，淡化差异，建立共识；另一方面则需要政府转变认知，不再将政府购买视作自上而下的行政管理，而视作自下而上的“需求回应”和上下结合的“需求治理”。[①] 既不为了占据主导地位而对社会组织处处牵制，也不因为害怕麻烦签完合同后就着急“甩包袱”。社区垃圾分类是一项长期、琐碎、繁杂的工作，政府与社会组织必须在共同商议下共塑目标、构建制度，尤其在有意向同时引入企业服务的社区，更要厘清政府、社会组织、企业的各自优势和权责，并设计高效的沟通机制和系统化的评估考核体系，避免随机性、不规范的共事方式影响合作绩效。另外，随着社会治理项目制的推广，出现了社会组织主导的项目设置方式，即社会组织“先调研，不断开发模块，提出项目并给政府供给项目”[②]。该模式下，相关社会组织通过小成本、高效率的实验，已经对项目进行了检验，有利于降低推广成本，应该得到政府关注和大力支持，不仅为环境保护注入新思路，同时也促进社会组织专业化发展。

3. 建立“边赋能边购买”的合作策略。上文指出，在当前“强政府、强市场、弱社会”[③] 格局下，企业在竞争中超越社会组织，政府逆向替代社会组织的现象时有发生。虽然短期来看，某个环境项目暂时得到有效执行，但从长远计，不均衡的社会主体结构形态依然未能改变，甚至可能出现“弱者衡弱”的恶性循环。为了建立多元共治的环境治理体系，政府应该将社会组织健康发展列入战略规划，通过社会参与公共服务的效能提升来弥补政府与市场失灵。这就要求双方的合作不仅停留在“消费型购买”层面，而应进一步上升为“投资性赋能”。赋能可以从两方面入手：第一，通过系列社会政策创新，构建社会组织成长的制度支持、能力提升和功能培育环境。[④] 比如上海市于2019年出台《关于发挥

① 彭少峰、张昱：《政府购买公共服务：研究传统及新取向》，《学习与实践》2013年第6期。

② 宋道雷：《共生型国家社会关系：社会治理中的政社互动视角研究》，《马克思主义与现实》2018年第3期。

③ 李培林：《我国社会组织体制的改革和未来》，《社会》2013年第3期。

④ 李友梅：《深刻认识当前中国社会体制改革的战略意义》，《探索与争鸣》2013年第3期。

本市社区治理和社会组织作用助推生活垃圾分类工作的指导意见》，明确将从登记管理、购买服务、培育发展、行业引导等多方面为社会组织参与垃圾分类创造条件，并组织相关力量对居委会、社会组织开展多方面、多层次的业务培训，提升其参与垃圾分类的专业能力。[①] 该意见的实施不仅为垃圾议题社会组织的生长发育提供了机遇，同时也为其打造品牌项目、规范行动体系、提升服务质量创造了条件。第二，联合力量打造社会组织赋能项目，推动“输血”向“造血”的本质转变。比如2020年5月，伴随新版《北京市生活垃圾管理条例》正式实施，北京市社会组织管理中心、北京市社会组织发展服务中心作为市级社会组织支持平台，共同启动了“社会组织参与垃圾分类助力计划”，联合市区街社会组织支持平台和环保组织自然之友从三个方面为社会组织参与首都垃圾分类助力：一是开展能力建设，从政策解读、案例分享、实践技术指导等方面提供支持；二是开展研讨倡议，交流先进经验，探讨创新性的做法及应对挑战；三是开展资源配置，链接各种资源投入支持，尤其是支持面向社区开展行动的社会组织。最终，形成政府指导，基金会和企业提供资源，支持平台提供专业支持，社会组织专注提供解决方案与行动，多方参与垃圾分类的协作生态。[②] 上述实践均超越了政社间基于“服务委托”的契约关系，为发展式合作提供了新思路。

二 协商式合作：表达型功能下的政社关系进阶

如果政府的决策正确，需要达到的目标明确，社会组织只需要跟随政府目标，关注如何提供公共服务即可。但是，一旦政府对问题的认识出现了偏差，或是在利益调整中无法做出恰当决策时，来自社会一方的监督和推动就具有非常重要的意义。[③] 社会组织的“表达功能”因此而彰显其重要价值。垃圾治理场域中，社会组织的“表达”分为两类：一类

---

① 顾磊：《推进垃圾分类社会组织大有可为》，2019年6月11日，http://csgy.rmzxb.com.cn/c/2019-06-11/2360806.shtml，2020年10月8日。

② 北京市协作者社会工作发展中心：《社会组织参与垃圾分类助力计划在京启动》，2020年5月20日，http://www.chinadevelopmentbrief.org.cn/news-24214.html，2020年10月8日。

③ ［日］辻中丰编：《比较视野中的中国社会团体与地方治理》，黄媚译，社会科学文献出版社2016年版，第33页。

是代表社会整体环境利益的“整体性公益表达”，通常发生在政策倡导场域。环保 NGO 围绕垃圾减量与分类、垃圾处置污染监督、垃圾焚烧信息公开等所提出的政策建议均属于此。另一类是为环境弱势群体利益代言的“局部性公益代言”，通常发生在冲突化解场域，是对决策及其执行中不合理之处的纠偏。环保 NGO 常常使用组织座谈、听证申请、行政复议、公益诉讼等手法，引导维权者将环境诉求通过合法性渠道上传。无论哪种表达，最终目的都在于矫正决策偏差，提升决策科学性、合理性和接受度，故相较于垃圾分类这类纯粹的公共服务，政策倡导和冲突化解面临的参与壁垒更高，政社关系也常常在疏离、互补、对抗等形态之间摇摆。本部分将社会组织视作公民诉求的代言人，以公共决策中的“公众参与阶梯”理论作为依托，凝练当前社会组织表达型功能发挥时的特征和障碍。

1969 年，美国规划师 Sherry Arnstein 提出了著名的“公众参与阶梯”理论，将公众参与按照程度深浅分为三种层次、八种类型（见图 10.5）。[①] 第一层次为“非参与”，包括操纵和教导，即政府部门事先制定好方案，运用各种策略让公众直接接受方案。第二层次是“表面参与”，包括告知、征询和安抚。相较于第一层次，公众得到了更多的参与空间。

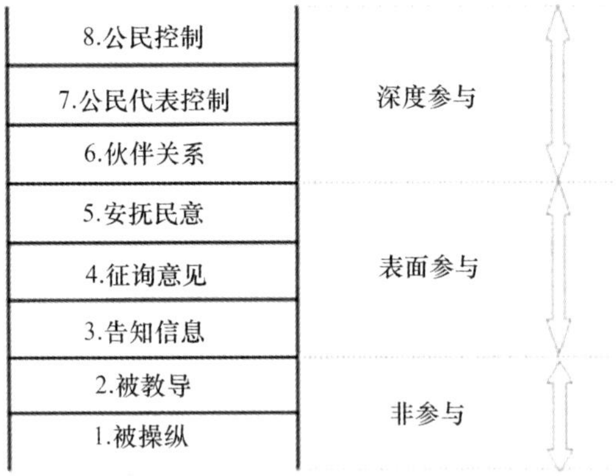

8.公民控制	深度参与
7.公民代表控制	
6.伙伴关系	
5.安抚民意	表面参与
4.征询意见	
3.告知信息	
2.被教导	非参与
1.被操纵	

图 10.5 Sherry Arnstein 的市民参与阶梯

① Sherry R. Arnstein, “A Ladder Of Citizen Participation”, *Journal of the American Planning Association*, Vol. 35, No. 4, 1969, pp. 216 - 224.

政府通过“公告、公示、通告”等形式实施信息公开，向公众披露相关方案，并在可接受的范围内做出妥协。但这种信息的流动基本上是单向的，公众缺乏反馈渠道和谈判权力。近年来，我国的公众参与渠道明显增加，但意见被接纳的概率却不甚理想。第三层次为“深度参与”，包括合作、授权、公众控制。强调公众在知情权得到保障的情况下，全程参与，共同决策。其最高形式是公众直接掌握方案的审批管理权。

由于政治社会背景差异，我们并不能把 Arnstein 的八个梯级完全照搬过来解释我国的情况，但由“低阶”迈向“高阶”，在高层次上建构决策制定执行中的政社合作，是阶梯理论和我国治理实践的契合之处。

有学者指出，无论是 Sherry Arnstein 还是西方其他参与阶梯的搭建和修建者，都是以“权力”为主线构建居民参与的阶梯模型。但仅仅盯着公民一方，很容易作为公民利益的代表者走向权力的争夺。所以，应该从政府与社会的互动关系入手进行阶梯的重构。[①] 这与本书的思路完全一致。基于对前文的梳理，可以将公共决策中的参与阶梯形态描绘如图 10.6。在两条阶梯上，政府与社会组织对表达理想状态的期待并不均衡：在政策倡导场域的“整体性公益表达”中，政府位于“告知”或“征询”阶梯，适当情况下，会开放相关平台接收社会组织意见，但小范围可独自决策。相对应地，社会组织则汇集一切可能的资源发表建言，希望登上“部分影响”阶梯，对决策优化起到实质性作用。而在冲突化解场域的“局部性公益表达”中，政府则会综合使用“操纵”“训导”“告知”等策略，争取公众基于部分知情的接受，而社会组织则位于“表达”阶梯，认为除了知情权，公民还拥有建言权、监督权、举报权等，并会自行创造各种途径代表公众或自身传递相应诉求。正是由于双方位置的不对等，才导致了政社关系时有紧张，还有可能打击社会组织的表达欲望，削弱全社会的参与热情，反而影响公共决策的合法合理性。这种不平衡性的原因何在？基于两个表达型场域做如下解释：

---

① 何雪松、侯秋宇：《城市社区的居民参与：一个本土的阶梯模型》，《华东师范大学学报》（哲学社会科学版）2019 年第 5 期。

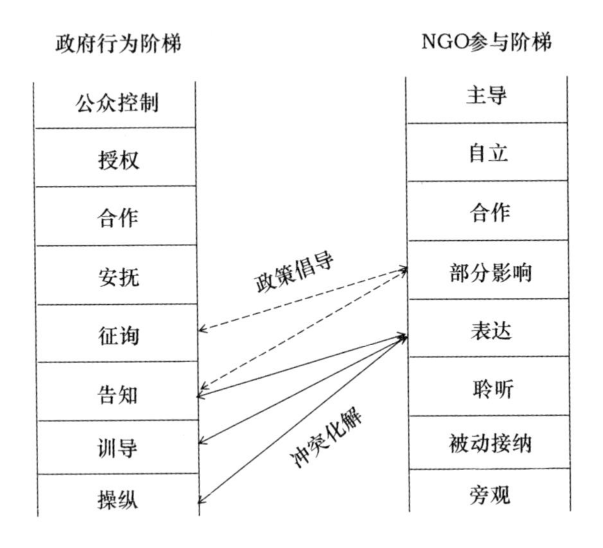

图 10.6　基于政社互动的参与阶梯

(一)"隔空打牛"与"自我设限"：环境决策体系中社会组织的低阶参与

康晓光在数年前的研究中指出："社会组织所发挥的功能主要是服务社会、服务市场和服务政府，而在反抗市场暴政、参与公共政策、制约政府权利方面发挥的功能很小。"[①] 从垃圾议题社会组织在政策倡导和冲突化解场域的努力可以发现，历经多年宏观和微观情境的变迁，其环境决策参与和弱势群体代言力度、技巧、效用都在提升，但仍未达至理想状态，依然在"非参与"和"表面参与"的低阶徘徊。

1. 隔空打牛：政策倡导中的表达困境

第一，单方积极。前文指出，近年来环保组织实现了从"政策接收者"到"政策倡导者"的身份变化。其通过"进入政策子系统—组建政策倡议联盟—获取政策倡导资源—择取政策场地—开展政策学习"的动态过程，努力将自身的政策信念、政策规划、政策路径传递给政府部门。但纵使环保 NGO 政策参与的主观能动性日益提升，却因受制于内外多方

① 唐文玉：《社会组织公共性和政府角色》，社会科学文献出版社 2017 年版，第 51 页。

因素掣肘，其倡导之路依然曲折。这种曲折的根源在垃圾治理战略上，即政社之间存在着从宏观到微观层面的信念体系差异。这种差异使得双方在政策制定过程中形成了一种“积极言说”和“选择聆听”的关系，也即当社会组织的政策建议恰好与国家战略方向吻合时，政府表现出积极姿态，借助社会组织的沟通力和实践力，完善并推行政策。但当社会组织的建议会触动政策体系的根本理念时，政府则可能通过“表面参与”给其提供象征性的建言空间以示安抚，或者直接“不闻不问”，坚持推进既有决定。

第二，反馈不畅。从政策倡导方面来看，由于我国政治体制正由“封闭”走向“开放”，公众决策参与的路径数量在增加，但质量还不够高。这在一定程度上压抑了社会组织为弱势群体发声的愿望，禁锢了其表达功能的发挥。部分组织选择在两会期间向相关代表、委员推荐提案，然而提案转化为政府决策需要经历漫长的博弈与竞争，社会组织又无法如官僚系统内的政策企业家一般随时跟进并游说，导致部分倡导缺乏反馈，无疾而终。此外，政策改变与社会组织倡导之间的关联同样是难解之谜，由于缺乏与决策者的沟通渠道，倡导者只能从时间线来揣测自身努力与新政策出台的关联。倡导绩效无法衡量，不利于倡导策略的持续改进。从环境监督来看，地方政府环境决策信息公开程度不足、环境公益诉讼中主体资格受限、环保行政决策公示走过场现象依然存在，限制了环保社会组织的表意机会。

第三，支持有限。“随着改革开放的深入和市场经济体制的完善，政府单靠自身资源，在政策推行、公共服务供给等方面均力不从心，不得不谋求其他力量的支持”①，这提升了政府对社会的需求与包容。社会组织表达功能的彰显，正得益于这种需求与包容所创造的政治机会结构。2017 年 5 月，国家发布《关于社会智库健康发展的若干意见》，指出要引导以社会团体、社会服务机构、基金会等组织形式注册的社会智库健康发展，并提出了拓展社会智库参与决策咨询服务的四条有效途径。这意味着公益组织在智库中有了“自己人”，无论是自己设立智库还是找智库

① Zhan X., Tang S., “Political Opportunities, Resource Constraints and Policy Advocacy of Environmental NGOs in China”, *Public Administration*, Vol. 91, No. 2, 2013, pp. 381 - 399.

合作参与政策咨询都将更加容易。而且有了制度化的参与渠道，人微言轻也不用担心搭不上话、递不出建议。[①] 但在具体实践中，相较于公共服务领域的友好携手，社会组织政策倡导获得的政府支持却非常有限。一家社会组织的政策官员将其总结为“三难”：首先，难以联系政府。除了把握住两会这一窗口，依托知名环保组织的理事资源递交议案提案外，平时几乎没有更好的途径与相关部门沟通，也很难开掘相关资源。其次，难以获取经费。政府并不会专门购买社会组织的政策倡导服务，但一项真正负责任、有价值政策建议，需要在前期调研或实践中投入大量人财物。最后，难以聚集人力。社会组织大部分的精力都投入提供公共服务中以获取项目和经费，维持社会组织生存发展。而政策倡导往往属于其“捎带”着做的工作，心有余而力不足。各方资源的有限支持直接制约了社会组织向参与高阶梯的攀爬。

2. 自我设限：冲突化解中的表达枷锁

第一，表达意愿的自我设限。冲突是一把双刃剑，在挑战社会秩序的同时，也能发挥“安全阀”效用，疏解社会矛盾、促进社会发展、带动社会整合，个中关键在于如何借助冲突治理的契机，将事件内蕴的能量导向建设性方向。公共部门在冲突治理过程中面临自上而下的结构性压力、科层制的体制性迟钝、冲突治理权责混沌、中立性较差、被动的事后监管模式等困境[②]，相较而言，社会组织具有接近公众、利益中立、灵活善变等特征，能够有效地弥补新型治理模式下“政府失灵”的困境。因此，将政府权威式管理转变为政府引导式协作，将恰当的治理职能放权给社会组织，形成密度分散、结构扁平的社会冲突治理网络，[③] 有助于提升冲突治理效能。但现阶段，在大部分环境冲突中，一些正式的、理应扮演好角色的社会组织始终没有出现。本书中能列举出直接参与反焚冲突的社会组织同样数量鲜少，且基本都会用“温和、理性、避免激进、隐匿”等词语来描述自身策略。这种无奈的自我审查一方面有助于防止

---

① 《政策倡导无门？中央出手了，要发展社会智库鼓励社会组织参与决策咨询》，2017 年 5 月 8 日，https：//m. sohu. com/a/139126539_ 648461，2020 年 10 月 8 日。

② 赵伯艳：《社会组织在公共冲突治理中的角色定位》，《理论探索》2013 年第 1 期。

③ 张勇杰：《邻避冲突中环保 NGO 参与作用的效果及其限度——基于国内十个典型案例的考察》，《中国行政管理》2018 年第 1 期。

矛盾激化，但另一方面也削弱了社会组织作为谈判促进者和方案建议者的行动效力，有时候甚至不得不主动放弃本该属于社会力量的阵地，不得已停留在参与阶梯的“操纵”和“教导”位置。

第二，表达策略的自我设限。基于社会组织工作愿景和自我保护的目的，社会组织不仅会有意识避免介入冲突，即便积极进入，也会尽可能将公众维权的私人议题导向环境治理的公共议题，进行话语和诉求转化。这虽是理性且可持续的选择，有助于冲突从根源处化解，但当焦点从维权群体转移到公共议题上时，弱势群体也就失去了代言人。在为环境风险缓解出谋划策的同时，也可能疏忽了社会稳定风险的持续酝酿。这一细微矛盾已经在个别反建事件中有所体现，维权居民在感谢 NGO 帮助的同时表示：“我们在听取 NGO 的意见时，也是很有选择的，我们没有把自己做成一个 NGO 的传声筒，而是会针对自己的特点，把相关的内容变成我们的诉求去反映。NGO 观点都很专业，看得很长远。我不想在专业上说那么详细，大家都看不懂。政府作为管理部门，他要是看不懂，对付过去也就对付过去了。后来 NGO 问：你把我的话都删改了？我说变成我们的话更好一点，能够让政府部门接受并操作。”（焚烧厂周边居民访谈记录，20151013）因此，在冲突化解中，社会组织如何与政府对话，既能从现实处敦促其回应公众的合理诉求，同时又能在宏观层面导向公共问题治理，是未来需要考量的核心。

（二）协商式合作：用包容与提质登上高阶梯

长期来看，无参与或形式参与会削弱政府公信力、耗散社会能量，深度授权尤其是公众主导也不适应于我国的政治体制。因此，“实质参与”中的政社合作便成为公共决策中的优选。通过合作，政府能吸纳民间智慧，而社会组织的表达也有的放矢。然而，双方如何能共同登上合作阶梯，实现平衡？根据既有研究，这和如下几个影响因素有关[①]（见图 10.7）：第一，决策理念，即政府在多大程度上愿意接纳社会组织参与公共决策。第二，问题性质，即决策问题是结构化的还是非结构化的，是否还有可以调适的空间。第三，合作成本，即引入社会组织参与需要付

① ［美］约翰·克莱顿·托马斯：《公共决策中的公民参与》，孙柏英等译，中国人民大学出版社 2010 年版，第 32 页。

出的时间、沟通、质量等成本。第四，合作收益，即引入社会组织参与给政策科学性、合理性、接受度以及政府形象等方面带来的收益。为了实现合作，双方有必要在如上几个方面达成共识，并从对方视角予以考虑和改进。总体来说，政府应该秉持更包容的理念，赋予社会组织更广阔的表达空间，而社会组织需要持续提升表达的专业性，用理性对话的方式降低合作成本，提升合作收益，共同建立一种适应于中国本土的“协商式合作”形态。具体实现路径如下：

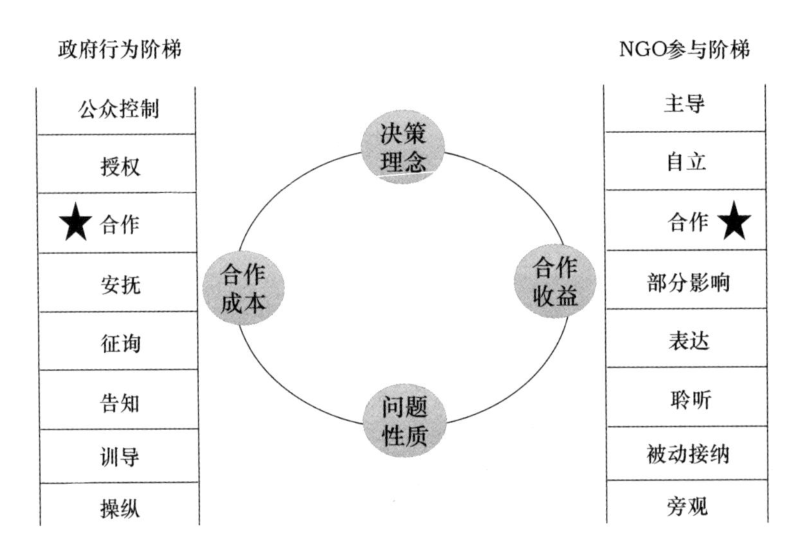

图 10.7　政社协商式合作及其影响因素

1. 面向“风险社会”，树立包容开放的决策理念。在传统的“封闭型”决策体制中，政府被赋予决策权力，同时也被要求承担决策责任。但在当代风险社会当中，决策风险呈现扩散性、耦合性、复杂性等特征，远非单一主体能够承受。因此，我们需要建立一个基于权责对等原则的“分布式的决策责任体系”。政府、社会组织、企业、公众都应该为决策共担责任，同时也应享有参与决策的权利。其中，社会组织是群众民主参与社会管理，进行社会协同的平台，在基层社会管理中发挥重要作用，[①] 从速建立社会

① 王爱君：《加强和完善社会组织 促进基层社会管理创新》，《法制与社会》2013 年第 28 期。

组织参与政府公共决策机制势在必行。不同于如医疗、核电等专业壁垒很高的决策，类似于垃圾治理这类生活化议题，公众和社会组织均有能力提供观点。况且，当前我国社会组织已经在垃圾分类、环境教育、污染监督、冲突化解等多场域中积累了较为丰富的实践经验，将相关社会组织在一线田野中所发现的潜在风险纳入决策体系将有助于降低决策盲目和偏狭。因此，用包容开放的理念倾听社会组织的政策建议，结合公示、征询、听证、论辩等多元方式在恰当范围内展开政策辩论，积极接受好的意见并给予倡导者反馈，不仅能够增强政社间信任，塑造双方责任共担的意识，同时也能在不断调试与纠错过程中强化决策体系的弹性与韧性，建立起嵌入式的新能力，与社会抗议在双向运动中实现新的动态平衡。[①]

2. 正确界定问题性质，给社会组织提供“在场”机会。无论是基于公共利益的政策倡导，还是弱势群体利益的维权代言，社会组织能否“在场”并顺畅表达，首先取决于政府对决策问题的界定。如果一个问题被界定为不可更改的结构化问题或简单的维稳问题，政府部门就会自然地使用行政力量掌控整个治理进程，而不必也不应引入第三方。鉴于此，双方如果要在政策制定或决策推行过程中达成协商式合作，需要对问题性质做重新判断，并从两方面努力：首先，避免问题结构化，扩大公众对方案的选择范围。比如垃圾焚烧的战略布局、焚烧设施的规划、垃圾分类的考核指标等，如果在社会组织表达意见之前就已经被结构化为“可行—不可行”或“全部—没有”等非此即彼的选择，双方就失去了斡旋妥协的空间。其次，挖掘问题根源，这对于冲突治理尤其适用。前文所提到“冲突转化”案例中，均出现了政社合作对反焚诉求的再审视，即不将其视作单纯的非理性抗议，而是与社会组织一起深入挖掘维权者的环境诉求，寻找折中方案，并最终将其融入公民环境责任体系，在缓建的同时实现了环境多元治理体系的建构。通过对问题性质的重新界定和对根源的追溯，拓展了治理空间，也给社会组织提供了作为治理主体的表达正当性。此外，目前在北京已经出现了社会组织身份的社会稳定

---

① 彭勃、杨志军：《从“凝闭”走向“参与”——公共事件冲击下的政策体制转向》，《探索与争鸣》2013 年第 9 期。

风险评估机构，在政府支持下有效发挥决策评估、民意代言和辅助落实等功能，为更多社会组织进入决策场域提供了借鉴。

3. 社会组织强化参与能力，降低合作成本。政府对协商合作的担忧还来自成本考量。具体包括：第一，时间成本，也即向社会组织或公众解释具体政策并与之讨论的成本。当共识难以达成时，这个过程会非常漫长。[①] 第二，沟通成本，也即担心社会组织会在提出意见时加入过多的感情因素而阻碍有效沟通，比如卡普斯就曾描述："有时，公民组织会以过分戏剧化、夸张或尖叫的方式表达他们的不满和抱怨。"[②] 第三，质量成本，也即认为在某些领域只有科学家才有资格和能力做出相应判断和决定，而社会组织可能因无法准确理解决策中的知识而提出非专业化意见，反而影响决策质量。[③] 第四，公利成本，社会组织虽然在经济利润方面并无独立追求，但也并非一定代表公共利益。不同于政府需要在公共利益间艰难平衡，每个社会组织都有自身愿景、关注焦点和服务的特定群体，其对社会组织愿景的追逐或许会与某一社会阶段的社会整体利益出现冲突，反而损失了更为广泛的社会目标。[④] 对于这些担忧，政府建立"决策容错机制"非常必要，但同样重要的是，社会组织要提升自身作为公共利益代言者的中立性、专业性和参与技巧，用尽可能高的站位、尽可能宏观的视野以及高效、理智的表达输出意见建议，降低合作成本。

4. 社会组织提升参与绩效，丰富合作收益。在降低成本的同时，社会组织若能为决策增益，将更容易得到政府接纳。比如 2015 年，河南省郑州市电子垃圾回收站修建消息一出，公众反应强烈。在邻避运动即将引发之际，环保组织河南绿色中原通过科学理性解读项目对环保的益处，

---

① ［美］约翰·克莱顿·托马斯：《公共决策中的公民参与》，孙柏英等译，中国人民大学出版社 2010 年版。

② Cupps D. S. , "Emerging problems of citizen participation", *Public Administration Review*, Vol. 37, 1977, p. 482.

③ Dutton D. , *The impact of public participation in biomedical policy: Evidence from four case studies*, In J. C. Petersen (Ed.), *Citizen Participation in science policy*, Amherst: University of Massachusetts Press. 1984, p. 170.

④ Rydell R. J. , *Solving political problems of nuclear technology: The role of public participation*, In J. C. Petersen (Ed.), *Citizen Participation in Science Policy*, Amherst, MA: University of Massachusetts Press, 1984, pp. 183 – 184.

帮助公众了解地方政府决策背景，在一定程度上避免了冲突发生。[①] 可见，在为公众代言的同时做好环境决策的解释工作，或立足现实提出可操作的解决方案等都是社会组织可以贡献的力量。达到此目的需要其秉持“科学公益”理念，在表达诉求之前，做好扎实的田野调研、一线实践，用政言政语将经验教训做好提炼，提出批评的同时给予建设性意见。为促使 NGO 的表达功能更好发挥，政府也需要加大支持。如切实转变对社会组织的过分警惕和控制，依托法律和政策工具为其搭建公共决策参与的行动框架；积极搭建会议、论坛、培训等形式的交流平台，让各方观点得以交流融汇，增强彼此了解与信任；通过服务购买、组织培育等形成多方共治的常态化合作关系，与社会组织一起加强能力建设等。

概言之，社会组织作为联系公众和政府的中介，可以向政府发出预警，组织和动员社会力量，落实公共决策并向政府作出反馈，充当国家与个人、国家与社会之间的缓冲器、减压阀。[②] 但在环境政策倡导和环境冲突化解的实践中，社会组织往往呈现“戴着镣铐跳舞”的自我审查状态，在一定程度上阻碍了其表达型功能的发挥。因此，未来需要政府和社会组织强化信任、相互理解、意见共商，推动政策优化，提升政策实施的合法性、科学性和接受性。

三 互嵌式合作：复合型功能下的政社关系进阶

（一）竞合关系的成本与风险

如前文所述，随着环境问题爆发、社会治理格局变迁、社会组织不断成长，其功能也随之演变，或是纵向精细，或是横向拓展。现阶段，在环境宣教和污染监督场域中，社会组织就发挥了复合型功能，同时扮演公共服务提供者和公共利益表达者两种角色，二者之间微妙的张力导致政府与社会组织呈现“竞争”与“协作”的双重关系。这种形态非常类似于商界中的“竞合（coopetition）”关系。“竞合（coopetition）”一词源于商界，是合作和竞争的融合，可以狭义地定义为两个竞争公司之间

① 马茜：《社会组织是多元共治的重要力量》，《中国环境报》2017 年 4 月 25 日。

② 沈建良：《社会安全视野中的“第三者”——非营利组织在解决社会安全问题中的作用机制分析》，硕士学位论文，同济大学，2005 年。

的二元关系[①]，也可以广义地定义为组织网络中合作和竞争的关系集合[②]。协作关系无需多论，竞争关系则主要体现在三方面：一是服务竞争。在复杂的风险社会中，政府不再是唯一的公共服务供给者，需要市场、社会在政府做不好或做不到的领域予以补足。这在一定程度上会影响政府的掌控力和权威性，尤其当非政府组织起到完全替代性作用的时候。二是资源竞争。政府和非政府组织均要从社会中汲取资源。在不由政府直接提供资助的领域中，双方可能形成竞争态势。[③] 三是话语竞争，通过NGO的表达功能予以呈现。在对某些信息、知识和观点进行传播时，政府和社会组织持不同意见，二者会在一定范畴内进行辩论、争夺受众。比如，在环境宣教时，社会组织通过承接政府项目，履行垃圾分类理念的宣传、分类技能的科普、分类行为的督促功能，与政府亲密合作。但当面对末端处置时，二者的观点则出现了明显分歧，政府关注焚烧优势，支持焚烧战略，而社会组织则侧重焚烧风险，对焚烧持谨慎甚至反对态度。基于此，在焚烧监督场域，双方的行动策略也存在差异。政府不断加强对企业的排污监督，而社会组织双管齐下，一方面与政府共同督企，另一方面则聚焦政府，严格监督其环境管理行为。由于双方在经济发展与环境保护的权衡、不同风险治理优先顺序的权衡中存在分歧，合作的旋律中也夹杂着竞争。双重关系看似共同制约着政府和社会组织，使二者力量趋于均衡，但长期来看，其中弊端也十分明显。

1. 导致公共领域资源消耗。有学者认为，传统的对抗性竞争造成了社会资源浪费，而单一的合作又不是一种稳定状态。作为竞争和合作的有机统一体，竞合战略是企业突破危机、逆境奋进的良方。[④] 的确，对于企业而言，市场是一个蛋糕，参与者都希望能分得一部分，而且都想获得更多。竞合并不意味着消灭了竞争，它只是从组织自身发展的角度和

---

① Maria Bengtsson, Sören Kock, "'Coopetition' in Business Networks—to Cooperate and Compete Simultaneously", *Industrial Marketing Management*, Vol. 29, No. 5, 2000, pp. 411 – 426.

② Brandenburger A. M. & Nalebuff B. J., "*Coopetition*", New York: Bantam Doubleday Dell Publishing Group, 1996, p. 122.

③ 曹爱军：《互动与合作：公共服务中NGO与政府的关系模式》，《经济研究导刊》2008年第11期。

④ Maria Bengtsson, Sören Kock, "'Coopetition' in Business Networks—to Cooperate and Compete Simultaneously", *Industrial Marketing Management*, Vol. 29, No. 5, 2000, pp. 411 – 426.

社会资源优化配置的角度出发，对组织间关系进行调整，从单纯的对抗竞争走向一定程度的合作，促使所有参与者共同贡献价值把蛋糕做大，然后让每个参与者最终分得的部分都相应增加。但在公共领域，政府和社会组织均应为公益代言，二者利益更趋同，也即把蛋糕做大，让服务对象获得更多，而非和企业一样自我得利。此时，竞争的存在会使蛋糕分配过程出现冲突、对抗，导致资源消耗，反而不利于问题解决。

2. 引发社会组织功能“脱嵌”。社会组织的服务功能与表达功能本应是相互促进之关系，即通过服务加深对现实的体察和问题的理解，再通过表达提出针对性意见与建议。但是当政社双方是竞合关系时，为了获得与政府合作的机会，有的社会组织就不得不淡化甚至放弃表达功能，同样地，为了坚持对争议性议题的表达权利，部分社会组织也会主动或被动地与政府疏离。在调研过程中，笔者就曾发现，有一家在焚烧监督领域扎根已久、经验丰富的社会组织在面对“焚烧设施对外开放”这一服务项目时犹豫不决：“这个开放其实可以做得更深入，而不是简单地带公众去转一圈。有很多风险点是应该在这个过程中给老百姓去科普的，这是我们想做的事。”（社会组织访谈，20191105）而与之对应，政府在选择带领参观设施的合作方时，也会对社会组织资质、立场等做谨慎审查。由此可见，竞争与合作并存并不容易，社会组织有时需要通过放弃某一功能来实现另一功能的有效发挥。

3. 推升社会环境风险焦虑。在服务项目合作的同时，政府与社会组织在环境风险认知方面的分歧和话语竞争始终存在。以宣传教育为例，近些年为了给焚烧正名，降低公众恐惧感，政府和企业共同推行邻避设施开放参观、融媒体平台互动、公众心态实时监测、多元主体面对面交流等策略，还设立相关科研项目和征文竞赛，吸纳自然科学和社会科学的专家共同探讨，与批判性话语形成对峙。相对应地，社会组织和维权群体则以自媒体为平台进行焚烧风险传播，并保持着与权威的疏离，将其开展的各类沟通行动冠以“漂绿”之名，双方鲜少在公开平台上有效沟通。并且由于其都将胜利作为主要诉求，试图压倒对方，以至于在决策过程中出现不同话语体系的“自言自语”，充满对立的环境宣传反而推升了普通公众的风险焦虑和邻避情绪，而竞争关系也导致双方关系宛如一条紧绷的橡皮筋，稍有不慎就可能断裂，科学与社会的分歧进一步扩大。①

（二）互嵌式合作：基于科学风险观的竞合关系调试

在公共治理领域中，政府和社会组织的价值创造和价值占有更是一种集体行为②，更容易产生合作需求③。而竞争与协作并存的双重关系潜藏的成本和负面影响也决定了合作更有利于社会组织复合型功能的发挥。在宣传教育和污染监督场域，双方竞争的核心在于对垃圾处置过程中"风险"的认知与解读。因此化解这一挑战的核心也在于达成风险共识并形成科学风险观导引下的相互嵌入，即各主体、层次、要素相互勾连、内嵌在一起，你中有我、我中有你。互相包容，各自扩大自身"领地"，但又不断收敛分歧，构筑共同理念与合作空间④。具体从如下三方面入手：

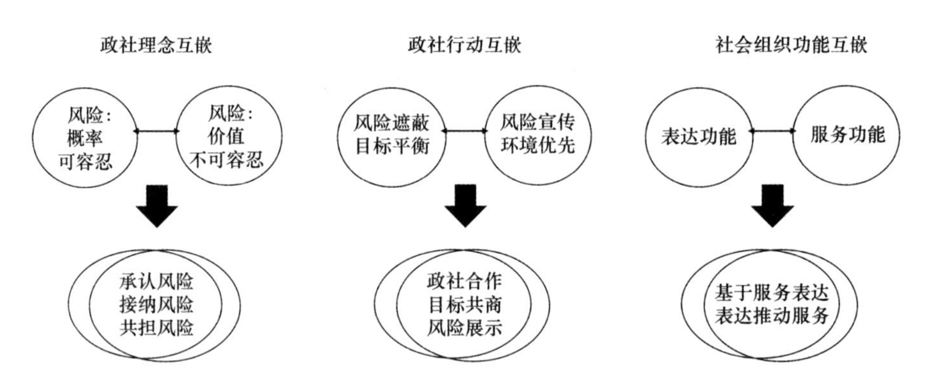

图 10.8 基于科学风险观的政社互嵌式合作

① 谭爽：《从知识遮蔽到知识共塑：我国邻避项目决策的范式优化》，《中国特色社会主义研究》2019 年第 6 期。

② Paavo Ritala, Pia Hurmelinna-Laukkanen, "What's in it for me? Creating and appropriating value in innovation-related coopetition", *Technovation*, Vol. 29, No. 12, 2009, pp. 819 – 828.

③ 万幼清、王云云：《产业集群协同创新的企业竞合关系研究》，《管理世界》2014 年第 8 期。

④ 樊鹏：《互嵌与合作：改革开放以来的"国家—社会"关系》，《云南社会科学》2019 年第 1 期。

1. 基于科学风险观的政社理念互嵌。科学认识风险，既要求对发展中的风险抱有警惕态度，防患于未然，同时能够根据实际情况接纳风险并把握风险中的机遇。由前文对政府和社会组织话语及知识竞争的分析不难发现，双方的风险观存在较大差异。政府用客观视角看待风险，认为焚烧风险是一种可计算的客观概率，可以依照专家的科学算法确定风险的可接受和可容忍范畴。但对于社会组织而言，专家并不可信，再小的概率也可能使弱势群体受到伤害。因此，减除风险不仅是事实更是一种价值考量，必须基于对公众负责的态度尽最大可能控制风险。不同的风险观决定了二者在进行知识宣教和污染监督时的立场、态度、力度均有差异。弥合这种差异首先需要双方在理念层面适当妥协，相互嵌入。对于政府而言，要提升对风险的敏感性，并勇敢承认、勇于展示经济发展和技术手段应用时的风险，用坦诚的心态与利益相关方共同面对，进而培育全社会风险共担的文化。对于社会组织而言，则要在警惕的同时接纳风险的必然性，体察政府在多重风险中权衡的艰难，避免情绪或言语过激反致社会风险放大。基于风险观的相互包容，双方能够进一步理解对方环境治理中的行为和话语，并找到“最大公约数”，在环境传播内容和污染监督目标上寻求共识。

2. 基于科学风险观的政社行动互嵌。当政社双方在风险认知上达成共识后，竞争态势便会逐渐向合作转化。比如在环境宣教时，风险沟通也应成为一项核心目标。以垃圾议题为例，政府在购买服务时，可以将关注焚烧风险的社会组织作为对象，与其共同探讨如何理性、有效地将末端焚烧风险和前端垃圾分类整合在一起进行传播，让公众知晓混合垃圾焚烧的风险及自身在风险化解中的重要角色，通过风险紧迫感倒逼其环保行动。在涉及对焚烧战略或规划的社会监督时，环保组织也可适当调整对建设“零废弃社会”的期待和节奏，不盲目“反焚”，而是与政府共同制定垃圾治理的长期规划，明确“安全焚烧”“清洁焚烧”“减少焚烧”“去焚烧”等阶段的顺序和恰当时机。通过上述行动的相互嵌入，不仅缓和政社竞争的张力，形成强大合力，同时也能促使公众全面、有序地面对环境问题、参与环境决策。

3. 基于科学风险观的社会组织功能互嵌。风险观趋于一致在调适政社关系的同时，也有助于化解社会组织的功能“脱嵌”。从政府角度来看，其对社会组织的认识加深、接纳度提高，可以为之提供更多参与服务的机会和表达意见的空间，使之知行合一。从社会组织角度而言，要想完成服务和表达“一体双翼”的功能建构，除了与政府达成理念一致，也需要具备足够的专业与智慧。在告知风险、扮演“环境意识布道者”的同时，理性引导、与公众共同行动，防止环境焦虑蔓延。在监督曝光污染企业、扮演“舆论压力制造者”的同时，也立足专业，与地方政府和涉事企业积极合作，共商解决方案。

本章小结

本章基于“结构—功能—关系”三重视窗梳理总结了垃圾治理各场域中政社关系的变迁与现状。在此基础上，以社会组织基本功能为导向，将五个场域进一步凝练为“服务型功能”“表达型功能”“复合型功能”三种类型，用“分类合作”理念对每种类型中政府与社会组织关系的特征、问题、原因进行总结，提出“超越工具主义的发展式合作”“登上高阶梯的协商式合作”“调和新分歧的互嵌式合作”三类适应性目标，并分别构建了达成路径。最终呈现一个适宜于不同层次、不同性质、不同功能社会组织参与的政社合作结构。这一结论虽然是以城市垃圾风险治理作为观察样本得出，但依托于对场域和功能的概化，本书尽最大可能实现了研究发现从微观行动场景向中观垃圾议题再向宏观环境风险的拓展，对于同类环境问题的治理具有借鉴意义。

结　语

政社关系是理解国家变迁、政府改革、社会生长的经典议题。若干年来，中国学者游走于田野与书斋之间，凝练出“分类控制”“嵌入式合作”“依附性自主”等具有解释力的概念。本书正是立足“巨人之肩”，选取风险社会景观的一隅——城市垃圾风险——作为背景，尝试解读中国环境治理体系和治理能力现代化进程中的政社关系。

人们通常不会将“垃圾”视作风险。因为它既不像地震海啸一样来势汹汹，亦不如新冠疫情一般危及性命，它只是人类生产生活中再平常不过的伴生物。然而，正是其“灰犀牛”的属性，让中国城市治理者一度掉以轻心。直至2009年前后，北京、上海、广州、深圳等地接连爆发“反焚”邻避抗争，将“垃圾围城”困局推至前台，决策者们才意识到一片无处安放的废弃物可能引发环境风险，继而带来社会风险，更严重者还会像意大利那不勒斯的主政者一样面临政治风险。于是，当用风险视角关注这头“灰犀牛”时，我们看到了原生、次生和衍生风险的耦合叠加，也找到了立基于此探究政府与社会组织关系的价值所在。当社会组织被视为风险防控主体时，其行动空间与功能大大拓展，与政府的关系也从常态化的协作延伸至非常态化下的博弈、竞争甚至对抗。本书正是希望通过对城市垃圾风险治理场域的拆解，透视社会组织的行动逻辑、多元化的政社关系以及双方合作的可能路径。

从方法论的角度，笔者并无雄心给中国现阶段的政社关系做宏观总结，而是结合公共管理学、社会学、传播学等多学科理论，立足中观组织层次和微观行动层次，依托“怎么想—怎么样—怎么说—怎么做”这一四维框架，通过对具体案例的条分缕析，解释双方在不同情景下的互动方式。通过观察和写作，笔者有如下深刻体会：

第一，环境风险治理中的“政社关系”具有相当程度的“权变性”。虽然国家与社会的权力格局和政治体制变迁密切相关，但终究是附着在具体场域之中，场域会赋予行动者空间、机遇、准则。政府与社会组织在城市垃圾风险监管、沟通、抗争、治理各环节中，立场和诉求不断发生变化，有时候为了工作顺利开展，还会出现“言行不一”的状况。因此，在动态实践中，关系表征时常是模糊的，很难简单地用“控制”“依附”“鼓励”等语汇进行结构性概括。也是基于这样的感受，本书对每个场域做独立分析，让读者能在一个个故事中理解政社关系的复杂性与权变性，在把握整体骨架的同时感受丰满的血肉。总体来看，导致政社关系产生差异的根源，一方面在于场域的可控性，另一方面在于社会组织的目标性。当双方处在可控性较高的场域中且社会组织以服务为目标时，其价值取向趋同，合作动力较强，社区垃圾分类便是典型；相反，当场域自身存在不确定性，且社会组织以表达为目标时，双方就出现了价值分歧。比如在环境抗争中，地方政府必须以维护社会秩序为首，而后考虑发展、环保等复合价值；社会组织则率先聚焦环境权益，其次才是社会稳定和经济发展。对此，只有采取巧妙的价值耦合策略，才有可能实现合作。

第二，环境风险治理中“政社关系”的底色依然由国家主导。我们的田野观察始于十余年前的“环境冲突治理”场域，所见政社关系的第一张面孔是“博弈”。社会组织期望为环境弱势群体代言，地方政府则担心其激化矛盾。由于缺乏制度保障和约束，双方不知该如何有效交流、协同增效。围绕这一困境，政府持续发力，建立健全了环境公众参与、社会稳定风险评估、焚烧厂污染监督、垃圾源头治理等公共政策，为社会组织提供了制度内的行动指引，政社关系的底色也由过度警惕、零和博弈转化为社会监督、民主协商。由此可见，关系的调适首先建立在国家治理战略优化和治理能力提升的基础之上，政府应运用政策工具，确立合作基调。在许多故事中，我们看到政府与社会组织彼此需要、紧密协作，但这不意味着后者已经游刃有余，也不意味着双方已经达致理论意义上的“合作优势”，差异化的环境风险观、工具主义的协作模式、低阶的决策参与等现象依然存在。突破这些障碍，同样有赖于政府率先变革。管理者需充分意识到，自己无法独立承担环境风险防范化解的责任，其余社会主体亦能扮演风险识别、评估、治理的能动者角色。因此，应将社会组织从优势借用的“伙计”变为共生共存的“伙伴”，从“工具性支持”向“主体性支持”转型。不仅立足“效能提升”的目标为社会组织赋能，同时也充分尊重社会组织作为独立个体的价值。同时，还应将环境风险治理和社会治理协同起来，将生态环保部门和其他职能部门协调起来，将环保社会组织与工青妇等人民团体、行业协会、枢纽型组织统筹起来，基于“高质量合作发展”理念实现环境治理体系现代化。

第三，环境风险治理中“政社关系”的轮廓与社会组织的行动密不可分。近年来，国家治理势能发生了结构性变化。中国社会组织整体虽然依旧弱小，但已逐渐摆脱纯粹的“依附”角色，越发具有自觉性和自为性，在与政府的交往中尝试争取更多主动权。印象非常深刻的是，当我们担心社会组织有些苛刻的环境监督会影响与政府合作关系的建立时，其工作人员回应：“有的事就是需要一些人去批评，甚至是所谓的‘挑刺’。俗话说‘取法乎上得乎中’，如果我们‘取法乎中’，那不就只能‘得乎下’。”在那一刻，笔者突然意识到，原来温情脉脉的友好并不是唯一可追求的关系形态，有时候正是那份放弃建立“友谊”的勇气，让一些潜在风险持续被关切、被呼喊，最终被感知、被解决。当然，除了勇气，社会组织也越发具有智慧。无论在敏感的冲突性场域中，还是在共赢的服务性场域中，它们都用生机勃勃、坚韧不拔的姿态回应一切挑战。在形象上，其不再扮演备受诟病的“激进的对手”，却也并未完全规避对抗性[①]、重返“女性的温柔”，而是展露出审时度势、灵活多变的策略；在行动上，有别于学者所提及的“嵌入体制内”[②] 或“顺从政府吸纳”以获得发展空间、资源和认同[③]，其始终坚持自身价值追求，努力保持独立；在能力上，其通过公益网络的建立，不断自我增能，再与政府、企

① 陈涛、郭雪萍：《共情式营销与专业化嵌入——民间环保组织重构多元关系的实践策略》，《中国行政管理》2021 年第 2 期。

② Ho P., Edmonds R., *China's Embedded Activism: Opportunities and Constraints of a Social Movement*, New York: Routledge Press, 2008.

③ 方巍：《从草根组织到工会志愿服务站——协同治理视角下的 NGO 转型研究》，《社会科学》2016 年第 3 期。

业、公众等主体建立“价值耦合”，实现资源互借与协同攻关。总之，在城市垃圾风险以及更为广阔的环境议题中，社会组织正尝试在“对抗”和“嵌入”这两极之间开辟一条“积极但不激进”的道路，描绘出“强国家—巧社会”的关系轮廓，以吻合中华民族“以和为美”“和而不同”的文化底色。这种格局更适应于中国当前的发展特征，也即当社会还在成长、“强政府—强社会”结构尚未形成时，社会组织可以通过提升工作创新性和精细化，有效调动各方需求、借力打力、拓展空间，尽可能降低资源消耗，靠巧治、妙治撬动善治。“巧社会”既是达致“强社会”的过渡阶段，也应是“强社会”的题中之义，其灵活、高效将为国家与社会的共生共赢提供坚实支撑。[①]

中国的政治体制决定了社会组织的生存环境与行动路径具有独特性，其在环境风险治理中理想功能的发挥也以诸多复杂条件为基础，难以一言蔽之。尽管本书尽可能拓宽了议题和样本的覆盖面，力求达到“管中窥豹”之效，但政府部门和社会组织的行动实践无法被完全规训，必须取决于具体的问题特征、场域特性、组织形态等。对此，笔者将在未来依托更丰富、更长期的观察予以完善。

至此，这个关于“垃圾”的故事即将画上句点。落笔之时，不禁回想起几年前，在一场“零废弃联盟”成员的聚会上，来自全国各地、大大小小环保组织的工作人员一一讲述自己与垃圾的缘分和对垃圾治理的畅想。笔者亦有感而发，表达了将他们“与垃圾斗争”的故事记录下来的心愿。此后，笔者一直为实现这个“豪言壮语”耕耘，与社会组织之间的关系也从陌生、质疑、不解转变为熟悉、关切、合作。我们在会议上相互交流、在微信里彼此请教，也在餐厅中大快朵颐、在浦江畔惬意漫步。这些生动的交往让笔者意识到，与任何一种关系一样，政府与社会组织的关系绝非仅仅依靠“理”、依靠制度与模型就能解释和推动，其本质依然包含诸多“情感”的部分，最终将落脚至政府部门的人和社会组织中人的关系。正如本书开篇所建构的四维框架，双方需要“看得见”“听得到”“读得懂”“摸得着”对方，用开放、包容、热忱的“情感”

---

① 谭爽、张晓彤：《“弱位”何以生“巧劲”？——中国草根 NGO 推进棘手问题治理的行动逻辑研究》，《公共管理学报》2021 年第 4 期。

去对话。情理交融，方能在合作道路上持续携手。

最后，谨向为本书提供重要支持的中国矿业大学（北京）文法学院的领导和同事，在调研中毫无保留予以回应的当事人，以及与笔者一同走入田野又埋头书斋的课题组成员致以诚挚谢意，感谢你们赋予笔者这段美妙的学术旅程！

谭　爽

2022 年冬于北京

参考文献

一　专著类

邓国胜：《非营利组织评估》，社会科学文献出版社 2001 年版。

高芳芳：《环境传播：媒介公众与社会》，浙江大学出版社 2016 年版。

康晓光：《非营利组织管理》，中国人民大学出版社 2011 年版。

马全中：《促进与合作：论非政府组织与服务型政府的相互建构》，中国社会科学出版社 2018 年版。

彭少锋：《政社合作何以可能》，湖南大学出版社 2016 年版。

唐文玉：《社会组织公共性和政府角色》，社会科学文献出版社 2017 年版。

汪锦军：《走向合作治理：政府与非营利组织合作的条件、模式和路径》，浙江大学出版社 2012 年版。

王名：《社会组织论纲》，社科文献出版社 2013 年版。

徐迎春：《绿色关系网：环境传播和中国绿色公共领域》，中国社会科学出版社 2014 年版。

张康之：《合作的社会及其治理》，上海人民出版社 2014 年版。

赵伯艳：《社会组织在公共冲突治理中的作用研究》，人民出版社 2012 年版。

[德] 乌尔里希·贝克：《风险社会》，何博闻译，译林出版社 2004 年版。

[美] 保罗·A. 萨巴蒂尔：《政策过程理论》，彭宗超、钟开斌等译，生活·读书·新知三联书店 2004 年版。

[美] 保罗·C. 纳特、罗伯特·W. 巴可夫：《公共和第三部门组织的战略管理：领导手册》，陈振明等译，中国人民大学出版社 2002 年版。

［美］莱斯特・M. 萨拉蒙、S. 沃加斯・索可洛斯基等：《全球公民社会——非营利部门国际指数》，北京大学出版社 2007 年版。

［美］莱斯特・M. 萨拉蒙：《公共服务中的伙伴——现代福利国家中政府与非营利组织的关系》，田凯译，商务印书馆 2008 年版。

［美］罗伯特・D. 帕特南：《使民主运转起来》，王列、赖海榕译，江西人民出版社 2001 年版。

［美］约翰・克莱顿・托马斯：《公共决策中的公民参与》，孙柏英等译，中国人民大学出版社 2010 年版。

Adams P. S. , *Corporatism and comparative politics*: *Is there a new century of corporatism*? New directions in comparative politics, Routledge, 2019.

Brandenburger A. M. & Nalebuff B. J. , " *Coopetition* ", New York, NY: Bantam Doubleday Dell Publishing Group, 1996.

Downing J. , *Radical Media*: *Rebellious Communication and Social Movements* , London: Sage publication, 1993.

Gidron B. , Salamon L. M. , Kramer R. M. , *Government and the third sector*: *Emerging relationships in welfare states*, Jossey-Bass, 1992.

Hielscher S. , Seyfang G. , Smith A. , *Grassroots Innovations for Sustainable Energy*: *Exploring Niche development Processes among Community—Energy Initiatives*, Edward Elgar Publishing, 2013.

Ho P. , Edmonds R. , *China's Embedded Activism*: *Opportunities and Constraints of a Social Movement*, New York: Routledge Press, 2008.

Palmlund I. , *Social drama and risk evaluation*, Bmc Medical Ethics, 1992.

Rydell R. J. , *Solving political problems of nuclear technology*: *The role of public participation*, In J. C. Petersen (Ed.), *Citizen Participation in Science Policy*, Amherst, MA: University of Massachusetts Press, 1984.

Van Dijk T. , *Discourse and Knowledge*: *A Sociocognitive Approach*, Cambridge: University Press, 2014.

Vayrynen R. , *New directions in conflict theory*, London: Sage Publications, 1991.

二 论文类

安戈、刘庆军、王尧:《中国的社会团体、公民社会和国家组合主义:有争议的领域》,《开放时代》2009 年第 11 期。

毕素华:《法团主义与我国社会组织发展的理论探析》,《哲学研究》2014 年第 5 期。

曹海林、王园妮:《“闹大”与“柔化”:民间环保组织的行动策略——以绿色潇湘为例》,《河海大学学报》(哲学社会科学版)2018 年第 3 期。

常健、张晓燕:《冲突转化理论及其对公共领域冲突的适用性》,《上海行政学院学报》2013 年第 4 期。

陈宝胜:《从“政府强制”走向“多元协作”:邻比冲突治理的模式转换与路径创新》,《公共管理与政策评论》2015 年第 4 期。

陈楚洁:《公民媒体的构建与使用:传播赋权与公民行动——以台湾 PeoPo 公民新闻平台为例》,《公共管理学报》2010 年第 4 期。

陈红霞:《英美城市邻避危机管理中社会组织的作用及对我国的启示》,《中国行政管理》2016 年第 2 期。

陈涛、郭雪萍:《共情式营销与专业化嵌入——民间环保组织重构多元关系的实践策略》,《中国行政管理》2021 年第 2 期。

崔晶:《中国城市化进程中的邻避抗争:公民在区域治理中的集体行动与社会学习》,《经济社会体制比较》2013 年第 3 期。

葛道顺:《中国社会组织发展:从社会主体到国家意识——公民社会组织发展及其对意识形态构建的影响》,《江苏社会科学》2011 年第 3 期。

龚文娟:《城市生活垃圾治理政策变迁——基于 1949—2019 年城市生活垃圾治理政策的分析》,《学习与探索》2020 年第 2 期。

顾昕、王旭:《从国家主义到法团主义——中国市场转型过程中国家与专业团体关系的演变》,《社会学研究》2005 年第 2 期。

郭巍青、陈晓运:《风险社会的环境异议——以广州市民反对垃圾焚烧厂建设为例》,《公共行政评论》2011 年第 1 期。

何平立、沈瑞英:《资源、体制与行动:当前中国环境保护社会运动析论》,《上海大学学报》(社会科学版)2012 年第 1 期。

何艳玲：《“中国式”邻避冲突：基于事件的分析》，《开放时代》2009 年第 12 期。

何艳玲、周晓锋、张鹏举：《边缘草根组织的行动策略及其解释》，《公共管理学报》2009 年第 1 期。

黄荣贵、桂勇：《互联网与业主集体抗争：一项基于定性比较分析方法的研究》，《社会学研究》2009 年第 5 期。

黄荣贵、郑雯、桂勇：《多渠道强干预、框架与抗争结果——对 40 个拆迁抗争案例的模糊集定性比较》，《社会学研究》2015 年第 5 期。

敬乂嘉：《社会服务中的公共非营利合作关系研究——一个基于地方改革实践的分析》，《公共行政评论》2011 年第 5 期。

康晓光、韩恒：《分类控制：当前中国大陆国家与社会关系研究》，《社会学研究》2005 年第 6 期。

郎友兴、薛晓婧：《“私民社会”：解释中国式“邻避”运动的新框架》，《探索与争鸣》2015 年第 12 期。

李健、成鸿庚、贾孟媛：《间断均衡视角下的政社关系变迁：基于 1950—2017 年我国社会组织政策考察》，《中国行政管理》2018 年第 12 期。

吕维霞、杜娟：《日本垃圾分类管理经验及其对中国的启示》，《华中师范大学学报》（人文社会科学版）2016 年第 1 期。

苏曦凌：《政府与社会组织关系演进的历史逻辑》，《政治学研究》2020 年第 2 期。

孙其昂、孙旭友、张虎彪：《为何不能与何以可能：城市生活垃圾分类难以实施的“结”与“解”》，《中国地质大学学报》（社会科学版）2014 年第 6 期。

谭成华、郝宏桂：《邻避运动中我国环保民间组织与政府的互动》，《人民论坛》2014 年第 11 期。

谭爽：《城市生活垃圾分类政社合作的影响因素与多元路径——基于模糊集定性比较分析》，《中国地质大学学报》（社会科学版）2019 年第 2 期。

谭爽：《从知识遮蔽到知识共塑：我国邻避项目决策的范式优化》，《中国特色社会主义研究》2019 年第 6 期。

谭爽：《焚烧风险，邻避运动与垃圾治理：社会维度的系统思考》，《世界环境》2018 年第 6 期。
谭爽、胡象明：《邻避运动与环境公民的培育——基于 A 垃圾焚烧厂反建事件的个案研究》，《中国地质大学学报》（社会科学版）2016 年第 5 期。
谭爽、胡象明：《我国大型工程社会稳定风险治理悖论及其生成机理——基于对 B 市 A 垃圾焚烧厂反建事件的扎根分析》，《甘肃行政学院学报》2015 年第 6 期。
谭爽：《邻避运动与环境公民社会建构——一项“后传式”的跨案例研究》，《公共管理学报》2017 年第 2 期。
谭爽：《“缺席”抑或“在场”？我国邻避抗争中的环境 NGO——以垃圾焚烧厂反建事件为切片的观察》，《吉首大学学报》（社会科学版）2018 年第 2 期。
谭爽、张晓彤：《“弱位”何以生“巧劲”？——中国草根 NGO 推进棘手问题治理的行动逻辑研究》，《公共管理学报》2021 年第 4 期。
唐文玉：《行政吸纳服务——中国大陆国家与社会关系的一种新诠释》，《公共管理学报》2010 年第 1 期。
陶鹏、童星：《“邻避”行动的社会生成机制》，《江苏行政学院学报》2013 年第 1 期。
王树文、文学娜、秦龙：《中国城市生活垃圾公众参与管理与政府管制互动模型构建》，《中国人口·资源与环境》2014 年第 4 期。
杨宝、杨晓云：《从政社合作到“逆向替代”：政社关系的转型及演化机制研究》，《中国行政管理》2019 年第 6 期。
杨立华、周志忍、蒙常胜：《走出建筑垃圾管理困境——以多元协作性治理机制为契入》，《河南社会科学》2013 年第 9 期。
叶岚、陈奇星：《城市生活垃圾处理的政策分析与路径选择——以上海实践为例》，《上海行政学院学报》2017 年第 2 期。
应星：《草根动员与农民群体利益的表达机制——四个个案的比较研究》，《社会学研究》2007 年第 2 期。
俞可平：《中国公民社会：概念、分类与制度环境》，《中国社会科学》2006 年第 1 期。
郁建兴、沈永东：《调适性合作：十八大以来中国政府与社会组织关系的策略性变革》，《政治学研究》2017 年第 3 期。

曾繁旭：《NGO 媒体策略与空间拓展——以绿色和平建构“金光集团云南毁林”议题为个案》，《开放时代》2006 年第 6 期。

张劼颖：《从“生物公民”到“环保公益”：一个基于案例的环保运动轨迹分析》，《开放时代》2016 年第 2 期。

张勇杰：《邻避冲突中环保 NGO 参与作用的效果及其限度—基于国内十个典型案例的考察》，《中国行政管理》2018 年第 1 期。

郑准镐：《非政府组织的政策参与及影响模式》，《中国行政管理》2004 年第 5 期。

周志家：《环境保护、群体压力还是利益波及厦门居民 PX 环境运动参与行为的动机分析》，《社会》2011 年第 1 期。

Ahsan A., Alamgir M., Imteaz M., et al. “Role of NGOs and CBOs in waste management”, *Iranian Journal of Public Health*, Vol. 41, No. 6, 2012.

Andrew M., ““Fragmented Authoritarianism 2.0”: Political Pluralization in the Chinese Policy Process”, *China Quarterly*, Vol. 200, No. 12, 2009.

Ansell C., Gash A., “Collaborative Governance in Theory and Practice”, *Journal of PublicAdministration Research & Theory*, Vol. 18, No. 4, 2007.

Benjamin V. R., “The People vs. Pollution: understanding citizen action against pollution in China”, *Journal of Contemporary China*, Vol. 19, No. 63, 2010.

Benjamins M. P., “International actors in NIMBY controversies: Obstacle or opportunity for environmental campaigns?” *China Information*, Vol. 28, No. 3, 2014.

Brinkerhoff D. W., “Government-nonprofit partners for health sector reform in Central Asia: family group practice associations in Kazakhstan and Kyrgyzstan”, *Public Administration & Development*, Vol. 22, No. 1, 2010.

Brinkerhoff, Derick W., “Exploring State-Civil Society Collaboration: Policy Partnerships in Developing Countries”, *Nonprofit and Voluntary Sector Quarterly*, Vol. 28, No. 1, 1999.

Cho Sungsook, Gillespie D. F., "A Conceptual Exploring the Dynamics of Government-Nonprofit Service Delivery", *Nonprofit and Voluntary Sector Quar-terly*, Vol. 35, No. 3, 2006.

Coston J. M., "A Model and Typology of Government-NGO Relationships", *Nonprofit& Voluntary Sector Quarterly*, Vol. 27, No. 3, 1998.

Dennis R. Young, "Alternative Models of Government-Nonprofit Sector Relations: Theoretical and International Perspective", *Nonprofit Policy Forum*, Vol. 29, No. 1, 2000.

Cox R., "Nature's 'Crisis Disciplines': Does Environmental Communication Have an Ethical Duty?" *Environmental Communication*, Vol. 1, No. 1, 2007.

Danış D., Nazlı D., "A faithful alliance between the civil society and the state: Actors and mechanisms of accommodating Syrian refugees in Istanbu", *International Migration*, Vol. 57, No. 2, 2019.

Gash A. A., "Collaborative Governance in Theory and Practice", *Journal of Public Administration Research & Theory J Part*, Vol. 18, No. 4, 2008.

Gazley B., Brudney J. L., "The purpose (and perils) of government-nonprofit partnership", *Nonprofit and voluntary sector quarterly*, Vol. 36, No. 3, 2007.

Hermansson H., "The Ethics of NIMBY Conflicts", *Ethical Theory & Moral Practice*, Vol. 23, No. 34, 2007.

J. T. Tukahirwa, A. P. J. Mol, P. Oosterveer, "Civil society participation in urban sanitation and solid waste management in Uganda", *Local Environment*, Vol. 15, No. 1, 2010.

Joann Carmin, "Voluntary associations, professional organisations and the environmental movement in the United States", *Environmental Politics*, Vol. 8, No. 1, 1999.

Julie Sze, "Asian American activism for environmental justice", *Peace Review*, Vol. 16, No. 2, 2004.

Kamaruddin S. M., Pawson E., Kingham S., "Facilitating Social Learning in Sustainable Waste Management: Case Study of NGOs Involvement in Selangor, Malaysia", *Procedia-Social and Behavioral Sciences*, Vol. 105, No. 1, 2013.

Kim Y. & Roh C., "Beyond the Advocacy Coalition Framework in Policy Process", *International Journal of Public Administration*, No. 6, 2008.

Krimsky S., Golding D., "Social theories of risk", *Routledge Handbook of Social & Cultural Theory*, Vol. 240, No. 1992.

Kwan C. Y., "Increasing returns, individuality and use of the common pool", *Australian Journal of Agricultural and Resource Economics*, Vol. 60, No. 1, 2016.

Laland K. N., Brien M. J., "Cultural Niche Construction: An Introduction", *Biological Theory*, No. 16, 2011.

Lang Graeme & Ying Xu, "Anti-Incinerator Campaigns and the Evolution of Protest Politics in China", *Environmental Politics*, No. 5, 2013.

Lee Clarke, "Explaining Choices among Technological Risks", *Social Problems*, Vol. 35, No. 1, 1988.

McCarthy J. & Zald M., "The Trends of Social Movements in America: Professionalization and Resource Mobilization", *Morristown, PA: General Learning Press*, 1973.

Michael T. Hannan, John Freeman, "The Population Ecology of Organizations", *American Journal of Sociology*, Vol. 82, No. 5, 1977.

Najam A., "The four C's of government third Sector-Government relations", *Nonprofit management and leadership*, Vol. 10, No. 4, 2000.

Paavo Ritala, Pia Hurmelinna-Laukkanen, "What's in it for me? Creating and appropriating value in innovation-related coopetition", *Technovation*, Vol. 29, No. 12, 2009.

Pei M., "Chinese Civic Associations: An Empirical Analysis", *Modern China*, Vol. 1, No. 24, 1998.

Persson Å., "Environmental policy integration and bilateral development assistance: challenges and opportunities with an evolving governance framework", *International Environmental Agreements: Politics, Law and Economics*, Vol. 9, No. 4, 2009.

Philippe C. , Schmitter, "Still in the century of corporatism?" *The Review of Politics*, Vol. 36, No. 1, 1974.

Qing W. U. , Li Yu, "The Repersentation of Landscape Pattern to Land Economic Niche Changes: A Case Study of Huizhou City in Guangdong Province", *Scientia Geographica Sinica*, Vol. 34, No. 6, 2014.

Ra jamanikam R. , Poyyamoli G. , Kumar S. , et al, "The role of non-governmental organizations in residential solid waste management: a case study of Puducherry, a coastal city of India", *Waste Management & Research the Journal of the International SolidWastes & Public Cleansing Association Iswa*, Vol. 32, No. 9, 2014.

Ragin C. C. , "Fuzzy-set social science", *Contemporary Sociology*, Vol. 30, No. 4, 2000.

Shalev M. , "Limits of and Alternatives to Multiple Regression in Macro-Comparative Research", *Comparative Social Research*, Vol. 24, No. 24, 2007.

Sidor M. , Abdelhafez D. , "NGO-Public Administration Relationships in Tackling the Homelessness Problem in the Czech Republic and Poland", *Administrative Sciences*, Vol. 11, No. 1, 2021.

Snavely K. , Desai U. , "Mapping Local Government-Nongovernmental Organization Interactions: A Conceptual Framework", *Journal of Public Administration Research and Theory: J-PART*, Vol. 11, No. 2, 2001.

Soberón J. , "Grinnellian and Eltonian Niches and Geographic Distributions of Species", *Ecology Letters*, Vol. 10, No. 12, 2007.

Stratford J. S. , J. Stratford, Bordeianu S. , "Privatization in four European countries: Comparative studies in government-third sector relationships", *Journal of Government Information*, Vol. 21, No. 4, 1994.

Unger J. , Chan A. , "China, corporatism, and the East Asian model", *The Australian Journal of Chinese Affairs*, No. 33, 1995.

Unger J. Bridges, "Private Business, the Chinese Government and the Rise of New Associations", *The China Quarterly*, Vol. 147, No. 3, 1996.

Xueyong Zhan, Shui-yan Tang, "Political Opportunities, Resource Constraints, and Policy Advocacy of Environmental NGOs in China", *Public Administration*, *Vol.* 91, No. 2, 2013.

Yeo K. J., Lee S. H., Handayani L., "Effort of NGO in Promoting Comprehensive Sexuality Education to Improve Quality of Life among Local and Refugee Communities", *International Journal of Evaluation and Research in Education*, Vol. 7, No. 1, 2018.